工业和信息化精品系列教材

网络技术

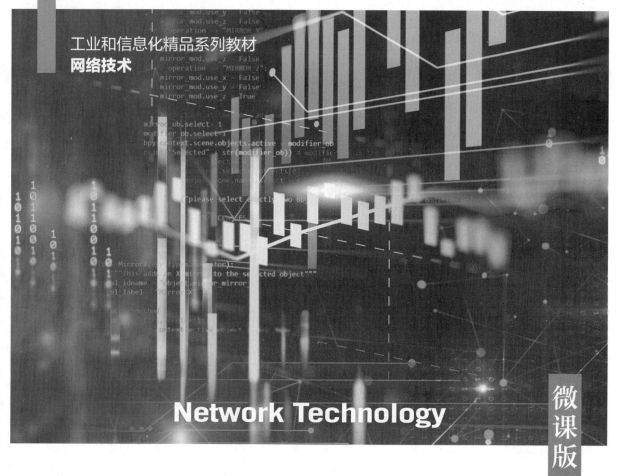

Network Technology

微课版

Linux
操作系统基础
项目教程
（CentOS 8）（第2版）

尤澜涛 张运嵩 ◉主编

肖荣 强薇 吕雅丽 ◉副主编

U0191502

人民邮电出版社

北京

图书在版编目（CIP）数据

Linux 操作系统基础项目教程：CentOS 8：微课版 /
尤澜涛，张运嵩主编. -- 2 版. -- 北京：人民邮电出
版社，2024. --（工业和信息化精品系列教材）.
ISBN 978-7-115-64996-6

Ⅰ. TP316.85

中国国家版本馆 CIP 数据核字第 20242RS331 号

内 容 提 要

　　本书以 CentOS 8 操作系统为平台，系统、全面地介绍 Linux 操作系统的基本概念和使用方法。全书语言通俗易懂、深入浅出，共 4 篇 10 个项目，内容包括安装与配置 Linux 操作系统、初探 CentOS 8、用户管理、文件系统管理、磁盘管理、软件管理、网络管理、进程服务管理、学习 Shell 脚本和学习 Python。

　　本书可作为高校计算机相关专业的教材，也可作为广大计算机爱好者自学 Linux 操作系统的参考书。

◆ 主　　编　尤澜涛　张运嵩
　　副 主 编　肖　荣　强　薇　吕雅丽
　　责任编辑　郭　雯
　　责任印制　王　郁　焦志炜

◆ 人民邮电出版社出版发行　　北京市丰台区成寿寺路 11 号
　　邮编　100164　电子邮件　315@ptpress.com.cn
　　网址　https://www.ptpress.com.cn
　　三河市祥达印刷包装有限公司印刷

◆ 开本：787×1092　1/16
　　印张：16　　　　　　　　　　　　　2024 年 11 月第 2 版
　　字数：458 千字　　　　　　　　　　2025 年 1 月河北第 3 次印刷

定价：59.80 元

读者服务热线：(010)81055256　印装质量热线：(010)81055316
反盗版热线：(010)81055315
广告经营许可证：京东市监广登字 20170147 号

　　党的二十大报告提出，以国家战略需求为导向，集聚力量进行原创性引领性科技攻关，坚决打赢关键核心技术攻坚战。操作系统被认为是计算机之"魂"，推动国产操作系统自主创新，事关信息技术竞争力，更关乎国家信息安全。操作系统国产化既是实现科技自立自强的重要一环，也是提升国家科技创新能力的必然要求。

　　目前，国产操作系统多以 Linux 操作系统为基础进行二次开发。Linux 操作系统自诞生以来，凭借其安全、稳定、开源和免费等诸多特性，在企业级市场获得广泛应用。同时，越来越多的个人用户选择使用 Linux 操作系统。CentOS 是众多 Linux 操作系统发行版的优秀代表。本书以 CentOS 8 为平台，旨在培养学生应用 Linux 操作系统进行基础配置和系统管理的能力。

　　本书第 1 版自 2021 年 10 月出版以来，得到众多院校师生的喜爱。为了更好地满足广大师生的用书需求，编者根据用书师生的反馈意见，结合《职业院校教材管理办法》《"十四五"职业教育规划教材建设实施方案》等文件精神，以及编者团队近几年的教学实践经验，精心规划教材结构、科学编排教材内容，对本书第 1 版进行修订。本次修订的主要内容如下。

　　（1）进一步优化内容编排，将本书内容分为 4 篇，分别是入门篇、基础篇、提高篇和运维篇。这种安排既考虑了知识的难易程度，又顺应了知识的逻辑递进关系。在运维篇，编者增加了时下流行的 Python 自动化运维相关内容，帮助学生了解并学习行业的新技术和新规范。

　　（2）进一步突出应用能力培养。一方面，对全书内容进行重新梳理，仅保留基础、核心和必要的理论知识，力求叙述简明扼要、通俗易懂。另一方面，针对工作岗位核心技能专门设计相应的实验进行强化练习。实验步骤力求严谨、细致，让学生掌握解决实际问题的思路和方法。

　　（3）进一步突出德技并修的人才培养目标。在设计项目案例时融入思政元素，使学生在学习理论知识与实操技能的同时，提升职业素养，培育职业精神。

　　（4）进一步丰富配套资源。除常规的教学课件、微课视频、课程标准和教案等配套资源外，本书依托职业教育国家教学资源库建设项目，在职教云平台开设 SPOC 课程。学生可根据个人需求免费参加课程学习并领取配套资源。

　　本书具有以下几个特点。

　　（1）思政贯穿，德技并修，将价值观培养与知识传授放在同等重要的位置，突出知识传授与价值观培养协同并进。

　　（2）能力为本，强化实践，重点培养学生应用知识解决实际问题的能力，并在贴近企业真实工作情境的实训任务中强化学生的知识应用能力。

　　（3）项目驱动，任务导向，通过 10 个项目和 22 个任务，打造模块化教学和分层教学新模式。

（4）校企合作，联合开发，由教学名师和企业专家构成的编写团队充分保证教材内容的实用性与先进性。

（5）配套完善，立体多样，通过建设高质量的在线开放课程为学生打造生动活泼、内容丰富的自主学习空间，也为学生开展探究式学习提供素材。欢迎读者登录智慧职教，或扫描下方二维码免费观看本书配套的慕课视频。

本书参考学时为 72 学时，其中理论部分占 18 学时，实践部分占 54 学时，各项目参考学时详见学时分配表。

学时分配表

主题	项目	课程内容	理论学时	实践学时	总计学时
入门篇：进入 Linux 精彩世界	项目 1	安装与配置 Linux 操作系统	1	3	4
	项目 2	初探 CentOS 8	2	6	8
基础篇：掌握 Linux 基本技能	项目 3	用户管理	2	6	8
	项目 4	文件系统管理	2	6	8
	项目 5	磁盘管理	2	6	8
	项目 6	软件管理	1	3	4
提高篇：成为 Linux 专业人士	项目 7	网络管理	2	6	8
	项目 8	进程服务管理	2	6	8
运维篇：让工作更轻松	项目 9	学习 Shell 脚本	2	6	8
	项目 10	学习 Python	2	6	8
总计学时			18	54	72

本书由尤澜涛、张运嵩任主编，肖荣、强薇、吕雅丽任副主编。另外，本书的编写得到了江苏阅衡智能科技有限公司的大力支持。

由于编者水平有限，书中难免存在疏漏和不足之处，殷切希望广大读者批评指正。同时，读者一旦发现问题，请及时与编者联系，以便尽快更正，编者将不胜感激。编者 QQ 号为 280284941，邮箱为 zyunsong@qq.com。

编 者

2024 年 3 月

入门篇：进入 Linux 精彩世界

目 录

基础篇：掌握 Linux 基本技能

项目

3 用户管理   55

项目

4 文件系统管理   72

目 录

运维篇：让工作更轻松

目 录

入门篇：进入Linux精彩世界

亲爱的同学们：

　　欢迎和我们一起踏上激动人心的Linux操作系统探索之旅。翻开本书的扉页，意味着你已经揭开Linux操作系统的神秘面纱，即将进入一个充满意外和无限可能的精彩世界。在这里，我们不仅能享受不输于Windows操作系统的桌面体验，还可以在Linux命令的海洋中乘风破浪，动动手指敲几行命令就能构建复杂的网络服务，高效地完成各种工作。

　　Linux是一个出自芬兰大学生莱纳斯·托瓦尔兹之手的开源操作系统。自诞生以来，Linux凭借开源、免费、稳定、安全、高效等优点，迅速得到了无数计算机技术爱好者与专业人士的喜爱。如今，Linux在云计算、大数据、人工智能等前沿科技领域大放异彩，为这些前沿技术提供了稳定可靠的运行环境，其作为底层操作平台的重要性日益凸显。从企业云端的数据中心到本地的网络服务器，从智能手机到工业控制，Linux的身影无处不在。

　　随着信息技术的不断进步，Linux的应用领域还将继续拓展。如果你渴望在日新月异的信息产业中勇立潮头，成为技术革新和产业变革进程中的"弄潮儿"，那么，掌握Linux的应用技能无疑将为你的职业生涯添砖加瓦，助力你在信息技术领域大有作为。

　　在本篇，我们将通过两个项目介绍Linux的基本概念，包括Linux的发展历史、层次结构和系统版本。了解这些概念将有助于建立对Linux操作系统的整体认识，为后续学习打下基础。另外，我们还将带领你一步步地安装一个Linux操作系统。完成这些以后，你就可以自豪地向外界宣告：你已经打开了Linux世界的大门。

　　当然，学习之路从来不是一帆风顺。但是请你相信，只要我们保持对知识的渴望和对技术的热爱，葆有一份信心和勇气，方向明确，方法正确，并且持之以恒，就一定能够克服学习中的各种困难，一定能收获成功的喜悦。

　　同学们，让我们携手并肩，在Linux的广阔天地中自由翱翔！永远都要记得，学习的路上你从不孤独！

你们的学习伙伴和朋友

张运嵩

项目1
安装与配置Linux操作系统

 学习目标

知识目标

- 了解计算机系统的组成和操作系统的作用。
- 了解 Linux 操作系统的发展历史。
- 熟悉 Linux 操作系统的体系结构。
- 熟悉 Linux 操作系统的内核版本和常见的 Linux 发行版。

能力目标

- 能够安装 VMware 并创建虚拟机。
- 能够在 VMware 中创建虚拟机并安装 CentOS 8。
- 能够在 VMware 中创建虚拟机快照和克隆虚拟机。

素质目标

- 学习操作系统的组成，理解事物整体和局部的关系以及分层设计的思路和方法，学会从整体着眼、从细节着手。
- 学习 Linux 的发展历史，培养开放、共享的精神特质。同时，学会尊重他人劳动成果，明确"自由"软件并非"免费"软件。

项目引例

小朱是一所高职院校计算机网络技术专业的一年级学生。学习之余，小朱在校外的一家网络安全公司找了一份暑期兼职工作，主要职责是协助运维部门的网络工程师管理和维护公司网络服务器。公司的网络服务器运行的是CentOS 8，这对小朱来说是一个陌生的领域。不过公司的张经理在这方面经验丰富。张经理告诉小朱，CentOS是Linux操作系统的优秀代表；Linux学习之路不会一帆风顺，要做好"打硬仗"的心理准备；学成之后，肯定会对日后的发展大有帮助。他叮嘱小朱，既要注重基础理论知识的学习，还要在实践上多下功夫。小朱自信地点了点头，他告诉自己要勇敢地接受这份挑战，通过不懈的努力提交一份满意的答卷。

📖 任务陈述

Linux 操作系统在很大程度上借鉴了 UNIX 操作系统的成功经验，继承并发展了 UNIX 操作系统的优良特性。由于 Linux 具有开源特性，因此一经推出便得到广大操作系统开发爱好者的积极响应和支持，这也是 Linux 得以迅速发展壮大的关键因素之一。本任务的主要内容为操作系统概述、Linux 发展历史、Linux 体系结构及 Linux 系统版本等。另外，由于本书采用 CentOS 8 作为理论讲授与实训学习的操作平台，而 CentOS Linux（以下简称 CentOS）源于 Red Hat Enterprise Linux，因此本任务会在最后简要说明 CentOS 与 Red Hat Enterprise Linux 的关系。

📚 知识准备

1.1.1　操作系统概述

计算机系统由硬件系统和软件系统两大部分组成，操作系统是软件系统中重要的基础软件。一方面，操作系统直接向各种硬件下发指令，控制硬件的运行；另一方面，所有的应用程序都运行在操作系统之上。操作系统为计算机用户提供了良好的操作界面，使用户可以方便地使用各种应用程序完成不同的任务。因此，操作系统是计算机用户或应用程序与硬件交互的"桥梁"，控制着整个计算机系统的硬件和软件资源。操作系统不仅提高了硬件的利用效率，还极大地方便了普通用户使用计算机。

图 1-1 所示为计算机系统的层次结构。狭义地说，操作系统只是覆盖硬件设备的内核，具有设备管理、作业管理、进程管理、文件管理和存储管理五大核心功能。操作系统与硬件设备直接交互，而不同硬件设备的架构设计有很大的差别，因此，在一种硬件设备上运行良好的操作系统很可能无法运行于另一种硬件设备上，这就是操作系统的移植性问题。广义地说，操作系统还包括一套系统调用接口，用于为高层应用程序提供各种接口以方便应用程序的开发。库函数是由开发者编写的可重用的代码，可以帮助用户实现各种常用的操作，如文件处理、网络通信等。外壳程序是一个命令解释器，它为用户提供了一个与操作系统内核进行交互的命令行界面，允许用户在该界面中输入命令，并传递给内核执行。外壳程序将在项目 2 中详细介绍。

微课

V1-1　计算机系统的组成

图 1-1　计算机系统的层次结构

Linux 作为一种操作系统，既有一个稳定、性能优异的内核，又有丰富的系统调用接口。

1.1.2　Linux 发展历史

回顾 Linux 的历史，可以说它是"踩着巨人的肩膀"逐步发展起来的。在 Linux 之前已经出现了一些非常成功的操作系统，Linux 在设计上借鉴了这些操作系统的成功之处，并充分利用了自由软件所带来的巨大便利。下面简单介绍在 Linux 的发展历史中具有代表性的重要人物和事件。

1. Linux 的前身

（1）UNIX

谈到 Linux，就不得不提 UNIX。最早的 UNIX 原型是美国贝尔实验室的肯·汤普森（Ken Thompson）于 1969 年 9 月使用汇编语言开发的，取名为 Unics。Unics 是使用汇编语言开发的，和硬件联系紧密，为了提高 Unics 的可移植性，肯·汤普森和丹尼斯·里奇（Dennis Ritchie）使用 C 语言实现了 Unics 的第 3 版内核，并将其更名为 UNIX，于 1973 年正式对外发布。UNIX 和 C 语言作为计算机领域两颗闪耀的新星，从此开始了一段光辉的历程。

在 UNIX 诞生的早期，肯·汤普森和丹尼斯·里奇并没有将其视为"私有财产"据为己有。相反，他们把 UNIX 源码免费提供给各大科研机构研究学习，研究者可以根据自己的实际需要对 UNIX 进行改写。因此，在 UNIX 的发展历程中，有上百种 UNIX 版本陆续出现。在众多 UNIX 版本中，有些版本的生命周期很短，早早淹没在历史的浪潮中。然而，有两个重要的 UNIX 版本分支对 UNIX 的发展产生了深远的影响，即 System V 系列和 BSD UNIX。

V1-2　UNIX 操作系统家族

（2）Minix

UNIX 的开源特性在 1979 年迎来终结。从那时起，大学教师无法继续使用 UNIX 源码进行授课。为了能在学校继续讲授 UNIX 相关课程，1984 年，荷兰阿姆斯特丹自由大学的安德鲁·塔嫩鲍姆（Andrew Tanenbaum）教授在不参考 UNIX 核心代码的情况下，完成了 Minix 操作系统的开发。Minix 取 Mini UNIX 之意，即迷你版的 UNIX。Minix 与 UNIX 兼容，主要用于教学和科学研究，用户支付很少的授权费即可获得 Minix 源码。由于 Minix 的维护主要依靠安德鲁·塔嫩鲍姆教授，无法及时响应众多使用者的改进诉求，Minix 最终未能成功发展为一款被广泛使用的操作系统。不过，Minix 在学校的应用却培养了一批对操作系统有浓厚兴趣的学生，其中最有名的莫过于 Linux 的发明人莱纳斯·托瓦尔兹（Linus Torvalds）。

2. Linux 的出现

莱纳斯·托瓦尔兹于 1988 年进入芬兰赫尔辛基大学计算机科学系，在那里他接触到了 UNIX 操作系统。由于学校当时的实验环境无法满足莱纳斯·托瓦尔兹的需求，他萌生了自己开发一套操作系统的想法。莱纳斯·托瓦尔兹将安德鲁·塔嫩鲍姆教授开发的 Minix 操作系统安装到自己贷款购买的一台 Intel 80386 计算机上，并从 Minix 的源码中学习有关操作系统的设计理念。莱纳斯·托瓦尔兹将当时放置内核代码的 FTP（文件传送协议）目录取名为 Linux，因此大家就把这个操作系统称为 Linux。

莱纳斯·托瓦尔兹于 1991 年底发布了 Linux 内核的早期版本。此后，莱纳斯·托瓦尔兹并没有采用与安德鲁·塔嫩鲍姆教授相同的方式维护自己的作品。相反，莱纳斯·托瓦尔兹在网络中积极寻找一些志同道合的伙伴，组成了一个虚拟团队，共同完善 Linux。1994 年，在莱纳斯·托瓦尔兹和众多志愿者的通力协作下，Linux 内核 1.0 版本正式对外发布。1996 年，Linux 内核 2.0 版本开发完成。

V1-3　Linux 内核版本演化

现如今，Linux 在企业服务器市场获得了巨大的成功。在个人消费市场，Linux

也被越来越多的个人用户使用。这归功于 Linux 具有开源免费、硬件要求低、安全稳定、多用户多任务和支持多平台等诸多优秀特征。

1.1.3 Linux 体系结构

前文提到了计算机系统的层次结构。下面参考图 1-1 详细说明 Linux 操作系统的层次结构。按照从内到外的顺序，Linux 操作系统分为内核、命令解释层和高层应用程序三大部分。

5

1. 内核

内核是整个操作系统的"心脏"，与硬件直接交互，在硬件和其他应用程序之间提供了一层接口。内核包括进程管理、内存管理、虚拟文件系统、系统调用接口、网络接口和设备驱动程序等几个主要模块。内核是否稳定、高效直接决定了整个操作系统的性能表现。

2. 命令解释层

Linux 内核的外面一层是命令解释层，图 1-1 中的外壳程序即位于命令解释层。这一层为用户提供了一个与内核进行交互的操作环境，用户的各种输入经命令解释层转交给内核进行处理。外壳程序（Shell）、桌面（Desktop）及窗口管理器（Window Manager）是 Linux 中几种常见的操作环境。这里要特别说明的是 Shell。Shell 类似于 Windows 操作系统中的命令行界面，用户可以在这里直接输入命令，由 Shell 负责解释、执行。Shell 还有自己的解释型编程语言，允许用户编写大型的脚本文件来执行复杂的管理任务。

3. 高层应用程序

Linux 内核的最外层是高层应用程序。对于普通用户来说，Shell 的工作界面不太友好，通过 Shell 完成工作在技术上也不现实。用户接触更多的是各种各样的高层应用程序。这些高层应用程序为用户提供了友好的图形化操作界面，帮助用户完成各种工作。

1.1.4 Linux 系统版本

虽然在普通用户看来，Linux 操作系统是一个整体，但其实 Linux 的版本由内核版本和发行版本两部分组成，每一部分都有不同的含义和规定。

1. Linux 内核版本

Linux 的内核版本一直由其创始人莱纳斯·托瓦尔兹领导的开发小组控制。内核版本号的格式是"主版本号.次版本号.修订版本号"。主版本号和次版本号对应内核的重大变更，修订版本号则表示某些小的功能改动或优化。一般把若干优化整合在一起统一对外发布。在 3.0 版本之前，次版本号有特殊的含义。当次版本号是偶数时，表示这是一个可以正常使用的稳定版本；当次版本号是奇数时，表示这是一个不稳定的测试版本。例如，2.6.2 是稳定版本，2.3.12 是测试版本。但 3.0 版本之后的 Linux 内核版本没有继续使用这个命名规定，所以 3.7.5 也是一个稳定版本。

2. Linux 发行版本

如果没有高层应用程序的支持，只有内核的操作系统是无法供用户使用的。Linux 的内核是开源的，任何人都可以对内核进行修改，有一些商业公司以 Linux 内核为基础，开发了配套的应用程序，并将其组合在一起以 Linux 发行版本（Linux Distribution）的形式对外发行，又称 Linux 套件。现在人们提到的 Linux 操作系统一般指的是这些 Linux 发行版本，而不是 Linux 内核。常见的 Linux 发行版本有 Red Hat、CentOS、Ubuntu、openSUSE、Fedora、Debian，以及国产的红旗 Linux、统信 UOS、麒麟系统等，如图 1-2 所示。

微课

V1-4　Linux 发行版本

图 1-2　常见的 Linux 发行版本

3. CentOS 与 Red Hat Enterprise Linux 的关系

Red Hat 公司面向企业发行的 Linux 套件名为 Red Hat Enterprise Linux（RHEL）。由于它是基于 GPL（GNU 通用公共许可证）的方式发行的，所以其源码也一同对外发布，其他人可以自由修改并发行。CentOS 是重新编译 RHEL 的源码后形成的版本，但是在编译时删除了所有的 Red Hat 商标，关系如图 1-3 所示。所以，CentOS 是 RHEL 的重建版本，也可以说是 RHEL 的"克隆"版本。以这种方式发行的 CentOS 完全符合 GPL 定义的自由规范。CentOS 8 源自 RHEL 8，本书的示例和实验均以 CentOS 8 为操作平台。

图 1-3　CentOS 与 Red Hat Enterprise Linux 的关系

 任务实施

必备技能 1：探寻 Linux 的发展轨迹

Linux 的诞生离不开 UNIX。Linux 继承了 UNIX 的许多优点，并凭借开源的特性迅速发展壮大。读者可参阅相关计算机书籍或在互联网上查阅相关资料，了解 Linux 与 UNIX 的区别与联系。

 小贴士乐园——UNIX 及其分支

作为 Linux 的"老大哥"，UNIX 对操作系统的发展起到了巨大的推动作用，并且凭借诸多优秀的特性一直沿用至今。历史上，有多达上百个 UNIX 分支，System V 系列和 BSD UNIX 是其中最重要的两个分支。System V 系列和 BSD UNIX 的详细信息详见本书配套电子资源。

任务 1.2　安装 Linux 操作系统

 任务陈述

学习 Linux 需要做很多实验，因此必须有一台能稳定工作的、安装了 Linux 操作系统的计算机。利用现在非常流行的虚拟化技术，可以在一台物理机中安装多个操作系统，降低学习成本。本任务的主要内容是在虚拟平台 VMware 中安装 CentOS 8，这是后续所有理论学习和实践的基础。

知识准备

1.2.1　选择合适的 Linux 发行版

对于 Linux 初学者而言，选择合适的 Linux 发行版是学习 Linux 的第一步。如果选择昂贵的商业版 Linux 操作系统，难免给自己带来经济压力。好在有一些免费的社区版 Linux 操作系统，它们在功能和稳定性上不比商业版逊色，完全可以满足初学者的学习需求。另外，不同的 Linux 发行版其实是相通的，操作起来大同小异。正如前文所说，Linux 发行版都遵循相同的 Linux 标准规范，集成了很多相同的开源软件。因此，如果能在一种 Linux 发行版上把 Linux 基础知识学好、学透，那么日后可以很容易地将所学内容迁移到其他 Linux 发行版上。

CentOS 是一款广受欢迎的社区版 Linux 操作系统，它"克隆"自 Red Hat 公司的商业版操作系统 RHEL，功能强大、稳定性好，在众多的 Linux 爱好者中有较好的口碑。本书选择较新的 CentOS 8 作为知识讲解和实验操作的平台。后文在演示 CentOS 8 的安装时使用 CentOS 8 镜像文件作为安装源，CentOS 8 镜像文件可以从 CentOS 的官方网站下载。对于国内用户而言，更快速的下载途径是国内的镜像站点，比较常用的有清华大学开源镜像站点、浙江大学开源镜像站点等。大家可以在互联网中搜索这些开源镜像站点并下载 CentOS 8 镜像文件。

1.2.2　虚拟化技术简介

在计算机中安装操作系统有多种方法。其中一种方法是在硬盘中划分一块单独的空间，然后在这块硬盘空间中安装操作系统。采用这种安装方法时，计算机就成为一个"多启动系统"，因为新安装的操作系统和计算机原有的操作系统（可能有多个）是相互独立的，用户在启动计算机时需要选择使用哪个操作系统。这种安装方法的缺点是计算机同一时刻只能运行一个操作系统，不利于本书的理论学习和实践。如果每学习一种操作系统就采用这种方法在计算机中安装一个操作系统，那么对计算机的硬件配置要求很高，提高了学习成本。而虚拟化技术可以很好地解决这个问题。

虚拟化技术是指在物理硬件中创建多个虚拟机实例（后文简称虚拟机），在每个虚拟机中运行独立操作系统。虚拟机之所以能独立地运行操作系统，是因为每个虚拟机都包含一套"虚拟"的硬件资源，包括内存、硬盘、网卡、声卡等。这些虚拟的硬件资源是通过虚拟化软件实现的。安装虚拟化软件的计算机称为物理机或宿主机。如今普遍的做法是先在物理机上安装虚拟化软件，通过虚拟化软件为要安装的操作系统创建一个虚拟环境，再在虚拟环境中安装操作系统，如图 1-4 所示。用户几乎可以在虚拟机操作系统中完成在物理机中所能执行的所有任务。在不同虚拟机操作系统之间切换就像在普通应用程序之间切换一样方便。近年来，随着云计算等技术的广泛应用，虚拟化技术的优势得到了充分体现。虚拟化技术不仅大大地降低了企业的信息技术成本，还提高了系统的安全性和可靠性。

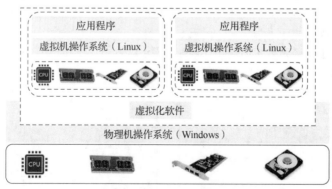

图 1-4　使用虚拟化技术安装 Linux

常用的虚拟化软件有 VMware Workstation（以下简称 VMware）、VirtualBox、KVM 等，本书使用 VMware。VMware 是 VMware 公司推出的一款虚拟化软件，可以从 VMware 公司的官方网站下载及安装。注意，VMware 是一款收费软件，大家可以付费购买使用许可证，也可以在试用期内免费体验。

🔍 任务实施

经过近一周的"闭关"，小朱总算明白了 Linux 操作系统是怎么一回事。但是他不确信 Linux 是不是真有别人说的那么好，毕竟还没有亲眼见过 Linux 的"真容"。于是他找到张经理汇报自己的学习心得。张经理告诉小朱，百闻不如一见，学习 Linux 最好的方法就是自己安装 Linux 并动手实践，在实践中感受 Linux 操作系统的魅力。公司目前正在筹备建设一间智慧办公室作为公司新员工的培训场所，计划购买 20 台计算机，全部安装 CentOS 8。张经理决定把这个任务交给小朱。在这之前，他打算先指导小朱如何在 VMware 中安装 CentOS 8。张经理从创建虚拟机开始，逐步向小朱讲解 CentOS 8 的安装过程。

必备技能 2：安装 CentOS 8

1. 创建 Linux 虚拟机

本书采用的 VMware 版本是 VMware Workstation Pro 16.1.0，安装好的 VMware 的工作界面如图 1-5 所示。

微课

V1-5　安装 CentOS 8

选择【文件】→【新建虚拟机】命令，或单击图 1-5 所示界面右侧主工作区中的【创建新的虚拟机】按钮，弹出图 1-6 所示的【新建虚拟机向导】对话框。

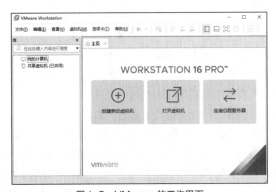

图 1-5　VMware 的工作界面

图 1-6　【新建虚拟机向导】对话框

在图 1-6 所示界面中选择默认的【典型(推荐)】安装方式，单击【下一步】按钮，进入【安装客户机操作系统】界面，从中可以选择是通过光盘还是光盘映像文件来安装操作系统。由于要在虚拟的空白硬盘中安装光盘映像文件，并且要自定义一些安装策略，所以这里一定要选中【稍后安装操作系统】单选按钮，设置如图 1-7 所示。

单击【下一步】按钮，进入【选择客户机操作系统】界面，客户机操作系统设为【Linux】，版本设为【CentOS 8 64 位】，设置如图 1-8 所示。

图 1-7　设置虚拟机安装来源

图 1-8　设置操作系统及版本

单击【下一步】按钮，进入【命名虚拟机】界面，将新的虚拟机命名为 CentOS8，并设置虚拟机的安装位置为 F:\CentOS8，如图 1-9 所示。

单击【下一步】按钮，进入【指定磁盘容量】界面，为新建的虚拟机指定虚拟磁盘的最大容量。这里指定的容量是虚拟机文件在物理硬盘中可以使用的最大容量，本次安装将其设为 50GB，同时选中【将虚拟磁盘存储为单个文件】单选按钮，如图 1-10 所示。

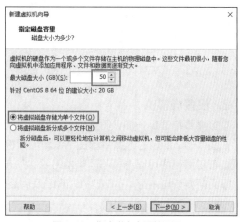

图 1-9　设置虚拟机名称和安装位置　　　　　　图 1-10　指定磁盘容量并设置

注意

　　　将虚拟磁盘存储为单个文件或是拆分成多个文件主要取决于物理机的文件系统。如果文件系统是FAT32，由于FAT32支持的单个文件最大容量是4GB，则为虚拟机指定的虚拟磁盘的最大容量不能大于这个数字。如果文件系统是NTFS（New Technology File System，新技术文件系统），那么就没有这个限制，因为NTFS支持的单个文件最大容量达到了2TB。现在的计算机磁盘分区大多使用NTFS。

单击【下一步】按钮，进入【已准备好创建虚拟机】界面，显示虚拟机配置信息摘要，如图 1-11 所示。单击【完成】按钮，即可完成虚拟机的创建，如图 1-12 所示。

图 1-11　虚拟机配置信息摘要　　　　　　　　图 1-12　完成虚拟机的创建

在物理机中打开虚拟机所在目录（在本实验中为 F:\CentOS），可以看到虚拟机的配置文件和其他辅助文件，如图 1-13 所示。其中，CentOS8.vmx 文件就是虚拟机的主配置文件。

图 1-13　虚拟机的配置文件和其他辅助文件

2．设置虚拟机

虚拟机和物理机一样，需要硬件资源才能运行。下面介绍如何为虚拟机分配硬件资源。

在图 1-12 所示的界面中单击【编辑虚拟机设置】选项，弹出【虚拟机设置】对话框，如图 1-14 所示。在对话框中可以选择不同类型的硬件并进行相应设置，如内存、处理器、硬盘（SCSI）、显示器等。下面简要说明内存、CD/DVD(IDE)及网络适配器的设置。

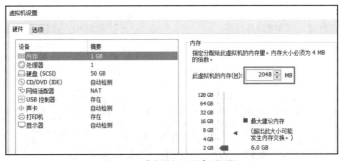

图 1-14　【虚拟机设置】对话框

选择【内存】选项，在对话框右侧可设置虚拟机内存大小。一般建议将虚拟机内存设置为小于或等于物理机内存。这里将其设置为 2048MB（2GB）。

选择【CD/DVD(IDE)】选项，设置虚拟机的安装源。如图 1-15 所示，在对话框右侧选中【使用 ISO 映像文件】单选按钮，并选择实际的镜像文件。

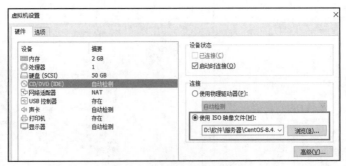

图 1-15　设置虚拟机的安装源

选择【网络适配器】选项，设置虚拟机的网络连接，如图 1-16 所示。可通过 3 种方式设置虚拟机的网络连接，分别是桥接模式、NAT（Network Address Translation，网络地址转换）模式和仅主机模式。由于这里的设置不影响后续的安装过程，因此暂时保留默认选中的【NAT 模式(N)：用于共享主机的 IP 地址】单选按钮。单击【确定】按钮，回到图 1-12 所示的界面。

以上操作只是在VMware中创建了一个新的虚拟机条目并完成了安装前的基本配置，并不是真正安装了CentOS 8。

注意

3. 安装 CentOS 8

在图 1-12 所示的界面中单击【开启此虚拟机】选项，开始在虚拟机中安装 CentOS 8。俗话说，万事开头难。很多 Linux 初学者第一次在虚拟机中安装操作系统时，往往会在这一步得到 Intel VT-x 错误提示，如图 1-17 所示。

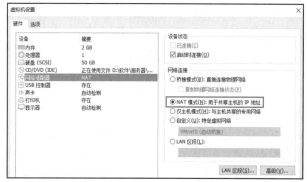

图 1-16　设置虚拟机的网络连接

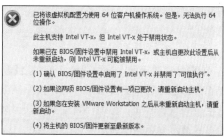

图 1-17　Intel VT-x 错误提示

这是一个很普遍的问题。Intel VT-x 是美国英特尔（Intel）公司为解决纯软件虚拟化技术在可靠性、安全性和性能上的问题，在其硬件产品上引入的虚拟化技术。该技术可以让单个 CPU（中央处理器）模拟多个 CPU 并行运行。这个错误提示的意思是物理机支持 Intel VT-x，但是当前处于禁用状态，因此需要启用 Intel VT-x。解决方法一般是在启动计算机时进入系统的基本输入输出系统（Basic Input Output System，BIOS），在其中选择相应的选项。至于进入系统 BIOS 的方法，则取决于具体的计算机生产商及相应的型号。Intel VT-x 的问题解决之后就可以继续安装操作系统了。

首先进入的是 CentOS 8 安装引导界面，如图 1-18 所示。注意：要想让虚拟机捕获鼠标和键盘的输入，可以将鼠标指针移至虚拟机内部（即图 1-18 中的黑色区域）后单击，或者按【Ctrl+G】组合键；将鼠标指针移出虚拟机或按【Ctrl+Alt】组合键，可将鼠标和键盘的输入返回至物理机。在图 1-18 所示界面的黑色区域单击，通过键盘中的上、下方向键选择【Install CentOS Linux 8】安装选项，然后按 Enter 键进入 CentOS 8 安装程序。

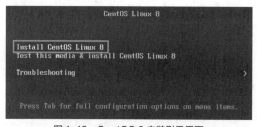

图 1-18　CentOS 8 安装引导界面

安装程序开始加载系统镜像文件，然后进入欢迎界面，在欢迎界面中可以选择安装语言。CentOS 8 提供了多种语言供用户选择，本次安装选择的语言是简体中文。选择好安装语言后，单击【继续】按钮进入【安装信息摘要】界面，如图 1-19 所示。

图1-19 【安装信息摘要】界面

【安装信息摘要】界面是整个安装过程的入口，分为本地化、软件、系统和用户设置四大部分，每一部分都包含若干安装项目。可以按顺序或随机设置各个项目，只要单击相应的安装项目图标即可进入相应的设置界面。注意：有些安装项目图标带有黄色警告标志，表示这是必须完成的安装项目。其他不带警告标志的项目是可选的，表示可以使用默认设置，也可以自行设置。

本地化设置比较简单，包括键盘、语言支持、时间和日期3项。其中，键盘采用默认的汉语，语言支持沿用上一步选择的安装语言，这两项都不需要修改。单击【时间和日期】，进入【时间和日期】界面。先在这个界面中选择合适的城市，然后在界面的底部设置时间和日期，设置好之后单击【完成】按钮返回【安装信息摘要】界面。

单击【软件选择】，进入【软件选择】界面，选择要安装的软件包，如图1-20所示。本次安装采用默认的【带GUI的服务器】环境，也就是带图形用户界面的操作系统。CentOS默认使用GNOME作为图形用户界面。单击【完成】按钮，返回【安装信息摘要】界面。

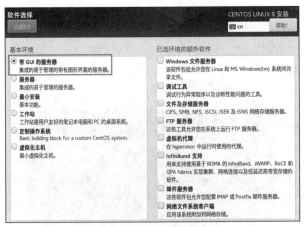

图1-20 选择要安装的软件包

单击【安装目的地】，进入【安装目标位置】界面，选择要在其中安装操作系统的硬盘并指定分区方式，选中【自定义】单选按钮，如图1-21所示，单击【完成】按钮，进入【手动分区】界面，设置如图1-22所示。

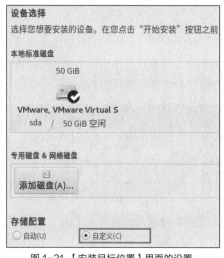

图 1-21 【安装目标位置】界面的设置   图 1-22 【手动分区】界面的设置

在【手动分区】界面中可以配置磁盘分区与挂载点。项目 5 会详细介绍磁盘分区与挂载点的相关概念与操作。简单起见，在【新挂载点将使用以下分区方案】下拉列表中选择【标准分区】选项后单击【点击这里自动创建它们】，安装程序会自动创建几个标准的分区，如图 1-23 所示。选择根分区 sda3（/），将期望容量设为 20GiB。单击【完成】按钮进入【更改摘要】界面，如图 1-24 所示，在这里可以看到分区的结果以及为使分区生效安装程序将执行哪些操作。注意：磁盘的分区表类型是 MSDOS，相关概念将在项目 5 中详细介绍。单击【接受更改】按钮，返回【安装信息摘要】界面。可以看到，设置完成后该界面中的黄色警告标志自动消失。

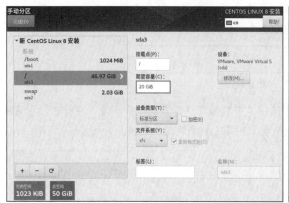

图 1-23　创建分区   图 1-24 【更改摘要】界面

单击【网络和主机名】，在网络和主机名界面中将主机名设为 centos8，如图 1-25 所示，单击【应用】按钮使配置生效。项目 7 会详细介绍网络配置相关知识，因此这里暂时跳过。单击【完成】按钮，返回【安装信息摘要】界面。

在用户设置部分，单击【根密码】进入【ROOT 密码】界面。在这里可以为 root 用户设置密码，如图 1-26 所示。root 用户是系统的超级用户，具有操作系统的所有权限。root 用户的密码一旦泄露，将会给操作系统带来巨大的安全风险，因此这里要为其设置一个复杂的密码。如果设置的密码没有通过安装程序的复杂性检查，那么需要单击两次【完成】按钮加以确认。单击【完成】按钮，返回【安装信息摘要】界面。

图1-25　设置主机名

图1-26　为root用户设置密码

　　root用户的权限过大时，为了防止以root用户的身份登录系统后产生误操作，一般会在系统中创建一些普通用户。正常情况下，以普通用户的身份登录系统即可。如果需要执行某些特权操作，则切换为root用户，具体方法会在项目3中详细介绍。单击【创建用户】，进入【创建用户】界面。在这里创建一个全名为zhangyunsong、用户名为zys的普通用户，如图1-27所示。注意：全名是操作系统登录界面显示的名称，用户名是操作系统内部存储的名称。如果没有特殊说明，本书的例子默认以用户zys的身份执行。单击【完成】按钮，返回【安装信息摘要】界面。

图1-27　创建普通用户

　　在【安装信息摘要】界面单击【开始安装】按钮，安装程序开始安装操作系统，并实时显示安装进度，如图1-28所示。安装完成后单击【重启系统】按钮，重新启动计算机，如图1-29所示。

图1-28　安装进度

图1-29　安装结束

重启系统后首先进入【初始设置】界面进行系统初始设置。单击【许可信息】，在【许可信息】界面中选中下方的【我同意许可协议】复选框，如图 1-30 所示。

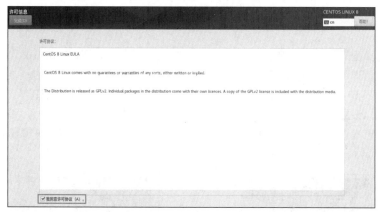

图 1-30　操作系统使用许可协议

单击【完成】按钮，回到【初始设置】界面。单击右下角的【结束配置】按钮，系统随之进入登录界面。在等待登录界面的中间部分，单击用户 zhangyunsong 后输入密码，然后单击【登录】按钮或直接按 Enter 键验证用户身份，如图 1-31 所示。

图 1-31　登录界面

首次登录操作系统需要设置系统工作环境，包括系统语言、键盘布局、隐私条款、在线账号等。由于操作比较简单，此处不详细演示。完成系统基本设置后，即可看到期待已久的 CentOS 8 桌面环境，如图 1-32 所示。CentOS 8 的桌面风格与之前版本的有所不同，看起来"空空如也"，似乎是为了给用户创设一个想象的空间。至于其中到底蕴含了哪些功能，大家继续往下看吧。

图 1-32　CentOS 8 桌面环境

必备技能 3：熟悉 CentOS 8 桌面环境

在图 1-32 所示的 CentOS 8 桌面环境中，整个桌面可以分为两大部分，即菜单栏和桌面工作区。

（1）菜单栏

V1-6　熟悉
CentOS 8 桌面环境

菜单栏位于桌面的顶部。菜单栏中部显示了系统的当前日期和时间，单击日期和时间会显示更详细的日历信息和系统通知。菜单栏右侧有两个功能区。单击带有 zh 字样的图标，弹出的下拉列表中包含一些与语言相关的选项，如图 1-33 所示。在这里可以设置系统语言和输入法等信息。单击音量和电源图标会弹出一个下拉列表，可以设置系统音量和网络连接，以及进行切换用户、注销用户、关机或重启系统等，如图 1-34 所示。

图 1-33　与语言相关的选项

图 1-34　音量和电源图标的下拉列表

单击菜单栏左侧的【活动】菜单，在活动概览图中可以看到当前已打开的应用程序，如图 1-35 所示。1 号箭头处垂直排列了一些常用的应用程序图标，如浏览器、文件资源管理器等图标。这里还有后文最常使用的 Linux 终端窗口，通过单击 2 号箭头指向的图标打开。单击 3 号箭头处的圆点图标可以查看全部应用程序。4 号箭头处显示的是虚拟桌面缩略图。大多数 Linux 发行版都提供 4 个可用的虚拟桌面，也称为工作区，用户可以在每个工作区中独立完成不同的工作。这个设计可以扩展用户的工作界面，方便用户合理安排工作。目前高亮显示第 1 个工作区，5 号箭头处列出了当前在这个工作区中打开的应用程序。按 Esc 键可以退出活动概览图。

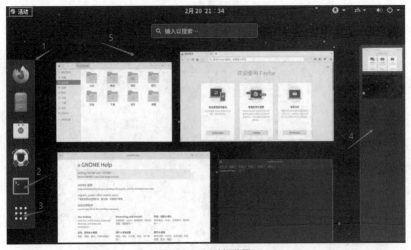

图 1-35　活动概览图

在图 1-35 所示的界面中，显示所有应用程序后单击系统设置图标，或者在图 1-34 所示的下拉列表中单击左下角的系统设置图标，可以打开 CentOS 8 的设置主界面，如图 1-36 所示。在这里可以进行网络、背景、通知、区域和语言等方面的设置，很像 Windows 操作系统中的控制面板。

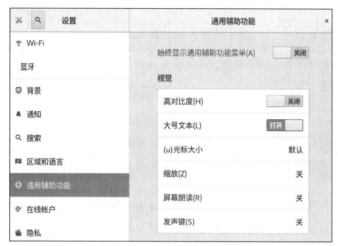

图 1-36　CentOS 8 的设置主界面

（2）桌面工作区

CentOS 8 的默认桌面很有特点，没有任何图标。可以通过快捷菜单更换桌面壁纸、查看当前显示设置或打开系统设置界面，如图 1-37 所示。

由于在后面的学习中很少用到这些图形用户界面操作，因此这里不过多介绍 CentOS 8 的桌面环境。需要说明的是，经过这么多年的发展，Linux 操作系统的图形用户界面越来越人性化，学习门槛也越来越低。熟悉 Windows 操作系统的用户可以很容易地切换到 Linux 操作系统，因为很多操

图 1-37　快捷菜单

作方式都是类似的甚至是相同的。大家可以在 VMware 中创建一台虚拟机并安装 CentOS 8，在图形用户界面中多做一些尝试，不用担心把计算机"玩坏"。因为经过前文的学习，对于大家来说，创建虚拟机应该是一件非常简单的事了。

必备技能 4：创建虚拟机快照

在虚拟机中安装 CentOS 8 后，就可以像在物理机中一样完成各种工作，非常方便。这也意味着如果不小心执行了错误的操作，则很可能会破坏虚拟机操作系统的正常运行，甚至导致无法启动。VMware 提供了一种创建虚拟机快照的功能，可以保存虚拟机在某一时刻的状态。如果虚拟机出现故障或者因为其他某些情况需要退回过去的某个状态，就可以利用虚拟机快照这一功能。一般来说，在下面几种情况下需要创建虚拟机快照。

微课

V1-7　创建虚拟机快照

（1）第一次安装好操作系统时。这时创建的虚拟机快照保留了虚拟机的原始状态，也是最"干净"的虚拟机状态。利用这个快照可以让一切"从头开始"。

（2）进行重要的系统设置前。这时创建虚拟机快照，以便系统设置出现错误时恢复到设置之前的状态。

（3）安装某些软件前。这时创建虚拟机快照，以便软件运行出错时恢复到软件安装前的状态。

（4）进行某些实验或测试前。这时创建虚拟机快照，以便在实验或测试结束后恢复虚拟机状态。

下面介绍在 VMware 中创建虚拟机快照的方法。

在图 1-12 所示的界面中，左侧的工作区显示了已经创建好的虚拟机。单击需要创建快照的虚拟机（这里为 CentOS 8），在【虚拟机】菜单中选择【快照】→【拍摄快照】命令，如图 1-38 所示。在弹出的对话框中，输入快照的名称和描述，单击【拍摄快照】按钮即可，如图 1-39 所示。

图 1-38　选择【拍摄快照】命令　　　　　　　图 1-39　设置快照名称和描述

创建好的虚拟机快照显示在【虚拟机】菜单中，快照列表如图 1-40 所示。选择相应的快照即可将虚拟机恢复到创建该快照时的状态。注意：恢复快照会删除虚拟机当前的系统设置，因此务必谨慎操作。

图 1-40　快照列表

必备技能 5：克隆虚拟机

跟着张经理学完 CentOS 8 的安装方法后，小朱又在自己的笔记本计算机中实验了几次，现在小朱已经可以熟练地安装 CentOS 8 了。可是小朱现在又有了新的困惑：如果在 20 台计算机中重复同样的安装操作，未免有些枯燥和浪费时间，难道没有快速的安装方法？张经理告诉小朱确实有这样的方法。VMware 提供了"克隆"虚拟机的功能，可以利用已经安装好的虚拟机创建一个新的虚拟机，新虚拟机的系统设置和原来的虚拟机完全相同。张经理并不打算带着小朱完成这个实验，他把这个实验作为一次考验让小朱自己寻找答案。小朱从网上找了一些资料，经过梳理后，他按照下面的步骤完成了张经理布置的作业。

微课

V1-8　克隆虚拟机

在 VMware 界面中，单击需要克隆的虚拟机，选择【虚拟机】→【管理】→【克隆】命令，如图 1-41 所示，打开【克隆虚拟机向导】对话框。注意：要在虚拟机关机状态下才能对其进行克隆操作。

单击【下一步】按钮，进入【克隆源】界面，在这里选择从虚拟机的哪个状态创建克隆。克隆虚拟机向导提供了两种克隆源。如果选中【虚拟机中的当前状态】单选按钮，那么克隆虚拟机向导会根据虚拟机的当前状态创建一个虚拟机快照，然后利用这个快照克隆虚拟机。如果选中【现有快照(仅限关闭的虚拟机)】单选按钮，那么克隆虚拟机向导会根据已创建的虚拟机快照进行克隆，但这要求该虚拟机当前处于关机状态。这里选择第 1 种克隆源，如图 1-42 所示。

图 1-41 选择【克隆】

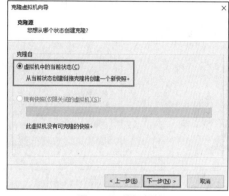

图 1-42 选择克隆源

单击【下一步】按钮，进入【克隆类型】界面，在这里可选择使用哪种方法克隆虚拟机。第 1 种方法是【创建链接克隆】。链接克隆是对原始虚拟机的引用，其原理类似于在 Windows 操作系统中创建快捷方式。这种克隆方法需要的磁盘存储空间较小，但是克隆的虚拟机需要原虚拟机处于运行状态时才能使用。第 2 种方法是【创建完整克隆】。这种克隆方法会完整克隆原始虚拟机的当前状态，运行时完全独立于原始虚拟机，但是需要较大的磁盘存储空间。这里选中【创建完整克隆】单选按钮，如图 1-43 所示。

单击【下一步】按钮，进入【新虚拟机名称】界面，从中可设置新虚拟机的名称和位置，如图 1-44 所示。单击【完成】按钮开始克隆虚拟机，完成之后单击【关闭】按钮，结束克隆虚拟机向导。在 VMware 工作界面中可以看到克隆好的虚拟机，如图 1-45 所示。

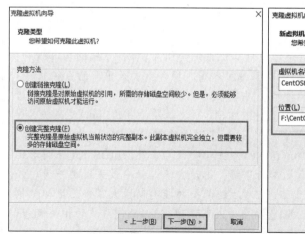

图 1-43 选择克隆方法

图 1-44 设置新虚拟机的名称和位置

最后简单介绍移除或删除虚拟机的方法。右击虚拟机条目，在弹出的快捷菜单中选择【移除】命令，如图 1-46 所示，可将选中的虚拟机从 VMware 的虚拟机列表中移除。注意：这个操作没有把虚拟机从物理磁盘中删除，因为被移除的虚拟机是可以恢复的。方法是选择【文件】→【打开】命令，选中虚拟机的主配置文件（即图 1-13 中的 CentOS8.vmx），即可将移除的虚拟机重新添加到虚拟机列表中。所以确切地说，移除虚拟机只是让虚拟机在 VMware 工作界面中"隐身"。

图 1-45　克隆好的虚拟机　　　　　　　　图 1-46　移除虚拟机

要想把虚拟机从物理磁盘中彻底删除，可以在图 1-41 所示的子菜单中选择【从磁盘中删除】命令。需要特别提醒的是，这个操作是不可逆的，执行时一定要谨慎。

掌握了虚拟机的克隆技术，小朱顿时觉得压力小了许多。只要在一台计算机中安装好虚拟机，剩下的工作基本上就是复制文件。他现在希望公司购买的计算机早点到货，这样就可以练习自己这段时间学习的技能了。

✍ 小贴士乐园——两种磁盘容量单位

我们平时经常使用 MB 或 GB 等作为磁盘的容量单位。细心的读者可能已经注意到，在图 1-21、图 1-23 中出现了几个不常见的容量单位，如 MiB 和 GiB。二者的对应关系详见本书配套电子资源。

🔍 项目小结

　　本项目包含两个任务。任务1.1主要介绍了计算机系统的组成、操作系统的基本概念，以及Linux操作系统的发展历史、体系结构及系统版本等。操作系统是重要的系统软件，是高层应用程序和底层硬件资源沟通的桥梁，Linux操作系统以其稳定、高效、开源等诸多特点在企业市场中得到越来越多的应用。CentOS 8是一款非常优秀的Linux发行版，是Linux大家庭的一颗"明星"。本书的所有理论知识和实验操作都以CentOS 8为基础平台。任务1.2重点讲解了利用VMware安装CentOS 8的方法和步骤。安装CentOS 8是在图形化界面中进行的，要求大家对磁盘分区有基本的了解，这是安装过程中最关键的一步。任务1.2还介绍了如何创建虚拟机快照和克隆虚拟机，这两个功能有助于大家恢复虚拟机状态或快速批量安装虚拟机。任务1.1和任务1.2旨在为大家梳理Linux操作系统的相关概念，同时创建一个可供后续学习和实验的CentOS 8环境。

项目练习题

1. 选择题

（1）Linux 操作系统最早是由芬兰赫尔辛基大学的（　　）开发的。

    A. Richard Pelersen   B. Linus Torvalds

    C. Rob Pick   D. Linux Sarwar

（2）在计算机系统的层次结构中，位于硬件和系统调用之间的一层是（　　）。

    A. 内核   B. 库函数

    C. 外壳程序（Shell）   D. 高层应用程序

（3）下列选项中，（　　）不是常用的操作系统。

    A. Windows 7   B. UNIX   C. Linux   D. Microsoft Office

（4）Linux 操作系统基于（　　）发行。

    A. GPL   B. LGPL   C. BSD   D. NPL

（5）下列选项中，（　　）不是 Linux 的特点。

    A. 开源、免费   B. 硬件要求低   C. 支持单一平台   D. 多用户、多任务

（6）采用虚拟化软件安装 Linux 操作系统的一个突出优点是（　　）。

    A. 系统稳定性大幅提高   B. 系统运行更加流畅

    C. 获得更多的商业支持   D. 节省软件和硬件成本

（7）下列关于 Linux 操作系统的说法中，错误的一项是（　　）。

    A. Linux 操作系统不限制应用程序可用内存的大小

    B. Linux 操作系统是免费软件，可以通过网络下载

    C. Linux 是一个类 UNIX 的操作系统

    D. Linux 操作系统支持多用户，在同一时间可以有多个用户登录系统

（8）Linux 操作系统是一种（　　）的操作系统。

    A. 单用户、单任务   B. 单用户、多任务

    C. 多用户、单任务   D. 多用户、多任务

（9）安装 Linux 操作系统时设置的 root 分区（　　）。

    A. 包含 Linux 内核及系统引导过程中所需的文件

    B. 是根目录所在的分区

    C. 是虚拟内存分区

    D. 会保存本地用户数据

（10）下列（　　）是安装 Linux 操作系统时可选择的分区系统类型。

    A. FAT16   B. FAT32   C. ext4   D. NTFS

（11）CentOS 是基于（　　）的源码重新编译而发展起来的一个 Linux 发行版。

    A. Ubuntu   B. RHEL   C. openSUSE   D. Debian

（12）严格地说，原始的 Linux 只是一个（　　）。

    A. 简单的操作系统内核   B. Linux 发行版

    C. UNIX 操作系统的复制品   D. 具有大量应用程序的操作系统

（13）下列关于 Linux 内核版本的说法中不正确的一项是（　　）。

    A. 内核有两种版本：测试版本和稳定版本

B. 次版本号为偶数，说明该版本为测试版本

C. 稳定版本只修改错误，测试版本继续增加新的功能

D. 2.5.75 是测试版本

（14）以下属于 GNU 计划推出的"自由软件"的是（　　　　）。

　　A. GCC　　　　　B. Microsoft Office　　　　C. RHEL　　　　　D. Oracle Database

2. 填空题

（1）计算机系统由_____和_____两大部分组成。

（2）一个完整的 Linux 操作系统包括_____、_____、_____3 个主要部分。

（3）在 Linux 操作系统的组成中，_____和硬件直接交互。

（4）UNIX 在发展过程中有两个主要分支，分别是_____和_____。

（5）Linux 是基于_____软件授权模式发行的。

（6）Linux 的版本由_____和_____构成。

（7）将 Linux 内核和配套的应用程序组合在一起对外发行，称为_____。

（8）CentOS 是基于_____"克隆"而来的 Linux 操作系统。

（9）按照 Linux 内核版本传统的命名方式，当次版本号是偶数时，表示这是一个_____。

3. 简答题

（1）计算机层次体系结构包括哪几部分？每一部分的功能是什么？

（2）Linux 操作系统由哪 3 部分组成？每一部分的功能是什么？

（3）简述 Linux 操作系统的主要特点。

4. 实训题

【实训 1】

Linux 操作系统包含内核、命令解释层和高层应用程序三大部分，深刻理解 Linux 操作系统的层次结构对于之后的学习有很大的帮助。本实训的主要目的是加深读者对 Linux 的层次结构及其相互关系的理解，进一步认识 Linux 内核的角色和功能。请根据以下内容深入学习 Linux 操作系统的基本概念。

（1）研究 Linux 层次结构的组成及相互关系。

（2）学习 Linux 内核的角色和功能。

（3）学习 Linux 命令解释层的角色和功能。

（4）学习 Linux 高层应用程序的特点和分类。

【实训 2】

虚拟机共享物理机的硬件资源，包括磁盘、网卡等。对于用户来说，使用虚拟机就像是使用物理机，几乎可以完成在物理机中所能执行的所有任务。本实训的主要任务是在 Windows 物理机中安装 VMware，并在其中安装 CentOS 8。请根据以下实训内容完成 CentOS 8 的安装与基本配置。

（1）在 Windows 物理机中安装 VMware。

（2）在 VMware 中新建虚拟机。

（3）修改虚拟机的设置。

（4）使用镜像文件安装 CentOS 8，要求如下。

① 将虚拟机磁盘空间设置为 60GB，将内存设置为 4GB。

② 选择安装带图形用户界面的系统环境。

③ 将主机名设置为 centos8。

④ 为 root 用户设置密码 toor@0211；创建普通用户 zys，将其密码设置为 868@srty。

项目2
初探CentOS 8

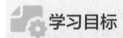 学习目标

知识目标

- 熟悉 Linux 命令的结构和特点。
- 熟悉常用的 Linux 命令。
- 熟悉 vim 的 3 种模式及其常用操作。

能力目标

- 熟练使用命令行界面执行基本命令。
- 熟练使用 vim 编辑文本。

素质目标

- 学习 Linux 命令行操作方式，体验 Linux 命令的强大功能，探寻图形用户界面操作背后的命令，培养从复杂的表面现象中提取问题本质的能力。
- 练习不同 vim 模式下的常用操作，明白任何专业技能的获得都是长期积累的过程，只有经过反复的练习才能达到熟能生巧的境界。

项目引例

在张经理的悉心指导下，小朱已经掌握了在VMware中安装CentOS 8的方法。对于安装过程中的常见问题，小朱也能轻松应对。看到CentOS 8清爽的桌面环境，小朱心中泛起一丝好奇，这么清爽的桌面环境背后究竟隐藏了哪些"好玩"的功能？和Windows操作系统有什么不同？小朱把这些问题告诉了张经理，期望从他那里得到想要的答案。可是张经理告诉小朱，如果没有亲身使用过CentOS 8，无论如何也体会不到它的优点。他还告诉小朱，安装好CentOS 8只是"万里长征"的第一步。现在的首要任务是尽快熟悉CentOS 8的基本使用方法，尤其是以后会经常使用的Linux命令和vim文本编辑器。张经理告诉小朱可以从CentOS 8的登录开始，逐步探索CentOS 8的强大功能。

任务 2.1　认识 Linux 命令行界面

任务陈述

本书后面的所有实验基本上都是在 Linux 命令行界面中完成的，所以熟练掌握 Linux 命令行界面的基本操作对后面的理论学习和实验操作非常重要。Linux 命令行的特点和使用方法是本任务的核心知识点，请大家务必熟练掌握。

知识准备

2.1.1　Linux 命令行界面

从现在开始，我们把学习重点转移到 Linux 命令行界面。Linux 命令行界面也被称为终端界面或终端窗口等。不同于图形用户界面，命令行界面是一种字符型的工作界面。命令行界面中没有按钮、下拉列表、文本框等图形用户界面中常见的元素，也没有酷炫的窗口切换效果。用户能做的只是把要完成的工作以命令的形式传达给操作系统，然后等待响应。

如果直接在命令行界面中工作，则可能大部分 Linux 初学者都会感到极不适应。命令行界面更适合经验丰富的 Linux 系统管理员使用。对于普通用户或初学者来说，可以通过 Shell 来体验命令行界面的工作环境。

单击桌面菜单栏左侧的【活动】菜单，在活动概览图中单击左侧的终端图标，即图 1-35 中 2 号箭头处的图标，即可打开一个 Linux 终端窗口，如图 2-1 所示。

终端窗口的最上方是标题栏。在标题栏的中间位置（箭头 1 处）显示了登录终端窗口的用户名及主机名。标题栏下方是菜单栏（箭头 2 处），从左至右共有 6 个菜单，用户可以选择相应的菜单来完成相应的操作。菜单栏下方是终端窗口的工作区，显示用户输入的命令及其执行结果。由于当前没有执行任何命令，因此只显示命令提示符（箭头 3 处）。

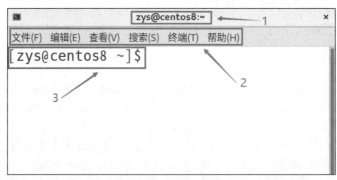

图 2-1　Linux 终端窗口

这里重点说明命令提示符的组成及含义。以图 2-1 中的[zys@centos8~]$为例，[ ]是命令提示符的边界。在其内部，zys 是当前的登录用户名，centos8是系统主机名（即在图 1-25 所示的界面中设置的主机名），二者用@符号分隔。系统主机名右侧是用户的工作目录。如果工作目录发生改变，命令提示符的这一部分也会随之改变。注意：这里的～表示用户的主目录，又称为家目录，相关概念将在后文详细介绍。注意：[ ]右侧还有一个$符号，它是当前登录用户的身份级别指示符。如果是普通用户，就用$符号表示；如果是 root 用户，则用#符号表示。命令提示符的格式可以根据用户习惯自行设置。

微课

V2-1　Linux 命令提示符

2.1.2 Linux 命令结构

学习 Linux 操作系统总会涉及大量 Linux 命令。在学习具体的 Linux 命令之前，有必要先了解 Linux 命令的基本结构。Linux 命令一般包括命令名、选项和参数 3 个部分，基本格式如下。

命令名　　[选项]　　[参数]

其中，选项和参数对命令来说不是必需的。在介绍具体命令的格式时，本书采用统一的表示方法，[ ]括起来的部分表示非必需的内容，参数用斜体表示。

微课

V2-2　Linux 命令的结构

（1）命令名

命令名可以是 Linux 操作系统自带的工具软件、源程序编译后生成的二进制可执行程序，或者是包含 Shell 脚本的文件名等。命令名严格区分英文字母大小写，所以 cd 和 CD 在 Linux 中是两个完全不同的命令。

（2）选项

如果只输入命令名，那么命令只会执行基本的功能。若要执行更高级、更复杂的功能，就必须为命令提供相应的选项。以常用的 ls 命令为例，ls 命令的基本功能是显示某个目录中可显示的内容，即非隐藏的文件和子目录。如果想把隐藏的文件和子目录也显示出来，那么必须使用-a 或--all 选项。其中，-a 是短格式选项，即减号后跟一个字符；--all 是长格式选项，即两个减号后跟一个字符串。可以在一条命令中同时使用多个短格式选项和长格式选项，选项之间用一个或多个空格分隔。另外，多个短格式选项可以组合在一起使用，组合后只保留一个减号。例如，-a、-l 两个选项组合后变成-al。例 2-1 演示了 Linux 命令中选项的基本用法。

例 2-1：Linux 命令中选项的基本用法

```
[zys@centos8 ~]$ ls                // 只输入命令名
公共  模板  视频  图片  文档  下载  音乐  桌面
[zys@centos8 ~]$ ls -a             // 使用短格式选项
.      图片    .bash_logout    .esd_auth
..     文档    .bash_profile        .ICEauthority
[zys@centos8 ~]$ ls --all          // 使用长格式选项，效果与 ls -a 的相同
.      图片    .bash_logout    .esd_auth
..     文档    .bash_profile    .ICEauthority
[zys@centos8 ~]$ ls -al            // 组合使用两个短格式选项，相当于 ls -a -l
总用量       36
drwxr-xr-x.   2   zys    zys    6      2 月  20  17:41  公共
drwxr-xr-x.   2   zys    zys    6      2 月  20  17:41  桌面
-rw-------.   1   zys    zys    502    2 月  21  21:54  .bash_history
-rw-r--r--.   1   zys    zys    18     1 月  12  2021   .bash_logout
```

注意

在 ls -al 命令的输出中，第 1 行显示了当前目录中所有文件和子目录的总磁盘用量。限于篇幅，在本书后面的示例中，若无特殊需要，均省略这一行输出。

（3）参数

参数表示命令作用的对象或目标。有些命令不需要使用参数，但有些命令必须使用参数才能正确执行。在例 2-2 中，使用 cd 命令将工作目录切换到/home 目录。此时，/home 就是 cd 命令的参数。注意：cd 命令执行后，命令提示符中的工作目录随之改变。

例 2-2：Linux 命令中参数的基本用法

```
[zys@centos8 ~]$ cd /home          // /home 是 cd 命令的参数
[zys@centos8 home]$
```

需要强调的是，如果同时使用多个参数，那么各个参数之间必须用一个或多个空格分隔。命令名、选项和参数之间也必须用空格分隔。另外，选项和参数没有严格的先后顺序关系，甚至可以交替出现，但命令名必须始终写在最前面。

2.1.3　Linux 命令行操作技巧

Linux 命令行有一些经常使用的操作技巧，熟练掌握这些技巧可以提高工作效率。下面通过几个简单的例子介绍几个常用的 Linux 命令行操作技巧。

V2-3　Linux 命令行常用操作技巧

1.　自动补全

在输入命令名时，可以利用 Shell 的自动补全功能来提高输入速度并减少错误。自动补全是指在输入命令开头的几个字符后直接按 Tab 键，如果系统中只有一个命令以当前已输入的字符开头，那么 Shell 会自动补全该命令的完整命令名。如果连续按两次 Tab 键，则系统会把所有以当前已输入字符开头的命令名显示在窗口中，如例 2-3 所示。除了自动补全命令名外，还可以使用相同的方法自动补全命令中的路径或文件名参数。

例 2-3：自动补全

```
[zys@centos8 home]$ log          // 输入 log 后按两次 Tab 键
logger      loginctl      logout          logsave
login       logname       logrotate
[zys@centos8 home]$ logname      // 输入 logn 后按一次 Tab 键，然后按 Enter 键执行命令
zys
[zys@centos8 home]$ cd /tmp/     // 在 cd 命令后输入/tm，按一次 Tab 键可自动补全路径
[zys@centos8 tmp]$
```

2.　换行输入

如果一条命令太长，需要换行输入，则可以先在行末输入转义符\，按 Enter 键后换行继续输入。在例 2-4 中，使用 touch 命令创建两个文件。由于文件名太长，在第 1 个文件名后输入转义符\，并按 Enter 键换行继续输入。注意：转义符\后不能有多余的空格或其他字符。

例 2-4　换行输入命令

```
[zys@centos8 tmp]$ touch file_with_a_very_long_name \     //输入\后按 Enter 键
> file_with_a_longer_name          // 换行继续输入
[zys@centos8 tmp]$ ls file_with*   // 显示名称以 file_with 开头的文件名
file_with_a_longer_name    file_with_a_very_long_name
```

3.　强行终止命令的执行

如果命令执行等待时间太长、命令执行结果过多或者不小心执行了错误的操作，可以按【Ctrl+C】组合键强制终止命令的执行，如例 2-5 所示。

例 2-5：强制终止命令的执行

```
[zys@centos8 tmp]$ ping 127.0.0.1
PING 127.0.0.1 (127.0.0.1) 56(84) bytes of data.
64 bytes from 127.0.0.1: icmp_seq=1 ttl=64 time=0.213 ms
64 bytes from 127.0.0.1: icmp_seq=2 ttl=64 time=0.063 ms
^C        <== 按【Ctrl+C】组合键强制终止命令的执行
```

另外，【Ctrl+Z】组合键和【Ctrl+D】组合键也经常使用。【Ctrl+Z】组合键可用于挂起当前正在执行的命令，并返回到命令行界面执行其他操作。被挂起的命令将暂停执行，可以使用 fg 命令将其恢复到前台

继续执行。项目 8 将会详细演示命令的挂起与恢复操作。【Ctrl+D】组合键通常表示用户输入的结束。如果需要在命令行中输入文件结束符，则可以使用该组合键。在交互式 Shell 中，【Ctrl+D】组合键的作用与 exit 命令或 quit 命令的类似，表示退出当前 Shell 会话。例 2-6 演示了【Ctrl+D】组合键的两种用法。

例 2-6：【Ctrl+D】组合键的两种用法

```
[zys@centos8 tmp]$ cat
user input here          // 输入这一行按 Enter 键
user input here          // 这一行是回显的内容，按【Ctrl+D】组合键表示输入结束
[zys@centos8 tmp]$ bc
3*7                      // 输入这一行按 Enter 键
21                       // 这一行是结果，按【Ctrl+D】组合键或执行 quit 命令退出当前会话
[zys@centos8 tmp]$
```

4．执行历史命令

在 Shell 终端窗口中，按上、下方向键可调出之前执行的历史命令。项目 9 会详细介绍 Shell 的历史命令功能。

2.1.4　Linux 常用命令

在后续的学习过程中，我们会频繁用到各种各样的 Linux 命令完成不同的任务。下面先来学习与文件和目录相关的常用命令以及其他一些常用命令。

1．文件和目录查看类命令

（1）pwd 命令

Linux 操作系统中的许多命令都需要一个具体的目录或路径作为参数，如果没有为这类命令明确指定目录参数，那么 Linux 操作系统默认把当前的工作目录设为参数，或者以当前工作目录为起点搜索命令所需的其他参数。如果要查看当前的工作目录，则可以使用 pwd 命令。pwd 命令用于显示用户当前的工作目录，使用该命令时并不需要指定任何选项或参数，如例 2-7 所示。

微课

V2-4　文件和目录
查看类命令

例 2-7：pwd 命令的基本用法

```
[zys@centos8 ~]$ pwd
/home/zys
```

用户打开终端窗口登录系统后，默认的工作目录是用户的主目录。例如，例 2-7 显示了用户 zys 登录系统后的默认工作目录是/home/zys。

（2）cd 命令

cd 命令可以从一个目录切换到另一个目录，基本语法如下。

```
cd [目标路径]
```

cd 命令后面的参数表示将要切换到的目标路径。如果 cd 命令后面没有任何参数，则表示切换到当前登录用户的主目录。在例 2-8 中，使用 cd 命令先从目录/home/zys 切换到其他目录，再返回用户 zys 的主目录。

例 2-8：cd 命令的基本用法

```
[zys@centos8 ~]$ pwd
/home/zys                <== 当前工作目录
[zys@centos8 ~]$ cd /tmp          // 切换到/tmp 目录
[zys@centos8 tmp]$ pwd
/tmp                     <== 当前工作目录为/tmp
[zys@centos8 tmp]$ cd             // 不加参数，返回用户 zys 的主目录
[zys@centos8 ~]$ pwd
/home/zys                <== 当前工作目录为用户 zys 的主目录
```

使用 cd 命令时，还可以使用一些特殊符号表示目标路径，如表 2-1 所示。

表 2-1 表示目标路径的特殊符号

特殊符号	说明	在 cd 命令中的含义
.	句点	切换至当前目录
..	两个句点	切换至当前目录的上一级目录
-	减号	切换至上次所在的目录，即最近一次 cd 命令执行前的工作目录
~	波浪号	切换至当前登录用户的主目录
~用户名	波浪号后跟用户名	切换至指定用户的主目录

cd 命令中特殊符号的用法如例 2-9 所示。

例 2-9：cd 命令中特殊符号的用法

```
[zys@centos8 ~]$ pwd
/home/zys              <== 工作目录
[zys@centos8 ~]$ cd .           // 切换至当前目录
[zys@centos8 ~]$ pwd
/home/zys              <== 工作目录并未改变
[zys@centos8 ~]$ cd ..          // 切换至当前目录的上一级目录
[zys@centos8 home]$ pwd
/home                  <== 工作目录变为上一级目录
[zys@centos8 home]$ cd -        // 切换至上次所在的目录，即/home/zys
/home/zys
[zys@centos8 ~]$ pwd
/home/zys
[zys@centos8 ~]$ cd ~           // 切换至当前登录用户的主目录
[zys@centos8 ~]$ pwd
/home/zys
[zys@centos8 ~]$ cd ~root       // 切换至 root 用户的主目录
bash: cd: /root: 权限不够
```

（3）ls 命令

ls 命令的主要作用是显示某个目录中的内容，前文已多次使用。ls 命令的基本语法如下。

```
ls   [-CFRacdilqrtu]   [dir]
```

其中，参数 *dir* 表示要查看具体内容的目标目录，如果省略，则表示查看当前工作目录的内容。ls 命令有许多选项，可以根据需要显示不同的内容。ls 命令的常用选项及其功能说明如表 2-2 所示。

表 2-2 ls 命令的常用选项及其功能说明

选项	功能说明
-a	列出所有文件，包括以 . 开头的隐藏文件
-d	将目录作为一种特殊的文件显示，而不是列出目录的内容
-f	按磁盘存储顺序显示文件，而不是按文件名顺序显示文件
-i	显示文件的 inode 编号
-l	显示文件的详细信息，且一行只显示一个文件
-u	将文件按其最近访问时间（Access Time，ATime）排序
-t	将文件按其最近修改时间（Modify Time，MTime）排序
-c	将文件按其状态修改时间（Change Time，CTime）排序
-r	将输出结果逆序排列，和-t、-S 等选项配合使用
-R	显示目录及其所有子目录的内容
-S	按文件大小排序，默认文件大的在前

默认情况下，ls 命令按文件名的顺序显示所有的非隐藏文件。ls 命令用颜色区分不同类型的文件，其中，蓝色表示目录，黑色表示普通文件。可以使用一些选项改变 ls 命令的默认显示方式。例如，使用-a 选项可以显示隐藏文件。在 Linux 操作系统中，文件名以.开头的文件是隐藏文件，使用-a 选项可以方便地显示这些文件。ls 命令中使用最多的选项应该是-l，通过它可以在每一行中显示每个文件的详细信息。文件的详细信息包含 7 列，每一列的含义如表 2-3 所示。

表 2-3 文件的详细信息中每一列的含义

列数	含义	列数	含义
第 1 列	文件类型及权限	第 5 列	文件大小，默认以字节为单位
第 2 列	引用计数	第 6 列	文件时间戳
第 3 列	文件所有者	第 7 列	文件名
第 4 列	文件所属用户组		

ls 命令的基本用法详见例 2-1。这里重点说明另一个经常使用的-d 选项，该选项用于显示目录本身的信息，如例 2-10 所示。在 Linux 操作系统中，目录是一种特殊类型的文件，具体信息将在项目 4 中详细介绍。

例 2-10：ls 命令-d 选项的用法

```
[zys@centos8 ~]$ ls -ld /home/zys          // 显示目录本身的信息
drwx------.  15  zys  zys  4096  2月 22 10:08  /home/zys
```

（4）cat 命令

cat 命令的作用是把文件内容显示在标准输出设备（通常是显示器）上。cat 命令的基本语法如下。

```
cat    [-AbeEnstTuv]    [file_list]
```

其中，参数 *file_list* 表示一个或多个文件名，文件名以空格分隔。例 2-11 演示了 cat 命令的基本用法。

例 2-11：cat 命令的基本用法

```
[zys@centos8 ~]$ cat /etc/centos-release          // 显示文件内容
CentOS Linux release 8.4.2105
[zys@centos8 ~]$ cat -n /etc/centos-release          // 显示行号
    1    CentOS Linux release 8.4.2105
```

cat 命令还可以同时打开并显示多个文件，如例 2-12 所示。

例 2-12：cat 命令的基本用法——同时打开并显示多个文件

```
[zys@centos8 ~]$ cat -n /etc/centos-release
    1    CentOS Linux release 8.4.2105
[zys@centos8 ~]$ cat -n /etc/hostname
    1    centos8
[zys@centos8 ~]$ cat -n /etc/centos-release /etc/hostname     // 同时打开并显示两个文件
    1    CentOS Linux release 8.4.2105          <== 第 1 个文件的内容
    2    centos8        <== 第 2 个文件的内容
```

（5）head 命令

cat 命令会一次性地把文件的所有内容全部显示出来，但有时候我们只想查看文件的开头部分，而不是文件的全部内容。此时，使用 head 命令可以方便地实现这个功能。head 命令的基本语法如下。

```
head    [-cnqv]    file_list
```

默认情况下，head 命令只显示文件的前 10 行。head 命令的基本用法如例 2-13 所示。

例 2-13：head 命令的基本用法

```
[zys@centos8 ~]$ head /etc/aliases
#
#   Aliases in this file will NOT be expanded in the header from
#   Mail, but WILL be visible over networks or from /bin/mail.
…          <== 默认显示 10 行，此处省略
[zys@centos8 ~]$ head -c 8 /etc/aliases          // 显示文件的前 8 个字节
#
#   Ali[zys@centos8 ~]$ head -n 2 /etc/aliases          // 显示文件的前 2 行
#
#   Aliases in this file will NOT be expanded in the header from
```

注意

在这个例子中，在显示文件的前8个字节时，第1行连同第2行的"# Ali"看起来只有7个字符（#和Ali之间有两个空格）。这是因为在Linux操作系统中，每行行末的换行符占用一个字节。这一点和Windows操作系统有所不同。在Windows操作系统中，行末的回车符和换行符各占一个字节。

（6）tail 命令

和 head 命令相反，tail 命令只显示文件的末尾部分。-c 和-n 选项对 tail 命令也同样适用。tail 命令的基本用法如例 2-14 所示。

例 2-14：tail 命令的基本用法

```
[zys@centos8 ~]$ tail -c 9 /etc/aliases          // 显示文件最后 9 个字节
t:          marc
[zys@centos8 ~]$ tail -n 3 /etc/aliases          // 显示文件最后 3 行

# Person who should get root's mail
#root:          marc
```

tail 命令的强大之处在于当它使用-f 选项时，可以动态刷新文件内容。这个功能在调试程序或跟踪日志文件时尤其有用。例如，如果某个程序在运行过程中不断产生日志，则可以使用 tail -f 命令查看日志文件的动态变化，如例 2-15 所示。按【Ctrl+C】组合键可终止 tail 命令的执行。注意：这个例子需要用 root 用户身份完成。切换用户身份的方法将在项目 3 中详细介绍。

例 2-15：tail 命令的基本用法——动态刷新文件内容

```
[zys@centos8 ~]$ su - root
密码：     <== 输入 root 用户密码
[root@centos8 ~]# tail -f /var/log/messages
Feb 22 09:26:43 centos8 su[4253]: (to root) zys on pts/0
Feb 22 09:27:12 centos8 systemd[1]: fprintd.service: Succeeded.
…
[root@centos8 ~]# exit   // 退出 root 用户登录状态
注销
[zys@centos8 ~]$
```

（7）more 命令

使用 cat 命令显示文件内容时，如果文件内容太长，则终端窗口中只能显示文件的最后一页，即最后一屏。若想查看前面的内容，则必须使用垂直滚动条。more 命令可以分页显示文件，即一次显示一页内容。more 命令的基本语法如下。

```
more    [选项]   文件名
```

使用 more 命令时一般不加任何选项。当使用 more 命令打开文件后，可以按 F 键或 Space 键向下翻一页，按 D 键或【Ctrl+D】组合键向下翻半页，按 B 键或【Ctrl+B】组合键向上翻一页，按 Enter 键向下移动一行，按 Q 键退出。more 命令的基本用法如例 2-16 所示。

例 2-16：more 命令的基本用法

```
[zys@centos8 ~]$ more /etc/aliases
......
lp:            root
sync:          root
shutdown:      root
--更多--(32%)            <== 第 1 页只能显示 32%的内容
```

（8）less 命令

less 命令是 more 命令的增强版，除了具有 more 命令的功能外，还支持用户按 U 键或【Ctrl+U】组合键向上翻半页，或按上、下、左、右方向键改变窗口显示内容，具体操作这里不演示。

（9）wc 命令

wc 命令用于统计并输出一个文件的行数、单词数和字节数。wc 命令的基本语法如下。

```
wc    [-clLw]   文件列表
```

如果在文件列表中同时指定多个文件，那么 wc 命令会汇总各个文件的统计信息并显示在最后一行。wc 命令的基本用法如例 2-17 所示。

例 2-17：wc 命令的基本用法

```
[zys@centos8 ~]$ wc /etc/aliases              // 显示文件行数、单词数和字节数
   97   239 1529 /etc/aliases
[zys@centos8 ~]$ wc -c /etc/aliases           // 显示文件字节数
1529 /etc/aliases
[zys@centos8 ~]$ wc -l /etc/aliases           // 只显示文件行数
97 /etc/aliases
[zys@centos8 ~]$ wc -L /etc/aliases           // 显示文件最长的行的长度
66 /etc/aliases
[zys@centos8 ~]$ wc -w /etc/aliases           // 只显示文件单词数
239 /etc/aliases
[zys@centos8 ~]$ wc /etc/aliases /etc/hosts   // 查看多个文件统计信息
   97   239  1529  /etc/aliases
    2    10   158  /etc/hosts
   99   249  1687  总用量
```

（10）匹配行内容

grep 命令是一个十分强大的行匹配命令，可以从文本文件中提取符合指定匹配表达式的行。grep 命令的基本语法如下。

```
grep   [选项]   [匹配表达式]   文件
```

grep 命令的基本用法如例 2-18 所示。要想发挥 grep 命令的强大功能，就必须将它和正则表达式配合使用。关于正则表达式的详细用法详见项目 9。

例 2-18：grep 命令的基本用法

```
[zys@centos8 ~]$ grep -n web /etc/aliases       // 提取包含 web 字符串的行
40:webalizer:  root
82:www:        webmaster
83:webmaster:root
[zys@centos8 ~]$ grep -n -v "^#" /etc/aliases   // 反向匹配，提取不以#开头的行
```

```
9:
11:mailer-daemon: postmaster
12:postmaster:    root
```

2. 文件和目录操作类命令

（1）touch 命令

touch 命令的基本语法如下。

```
touch   [-acmt]   文件名
```

V2-5 文件和目录
操作类命令

touch 命令的第 1 个主要作用是创建一个新文件。当指定文件名的文件不存在时，touch 命令会在当前目录下用指定的文件名创建一个新文件。touch 命令的第 2 个主要作用是修改已有文件的时间戳。其中，-a 和-m 选项分别用于修改文件访问时间和文件修改时间。touch 命令的基本用法如例 2-19 所示。

例 2-19：touch 命令的基本用法

```
[zys@centos8 ~]$ touch /tmp/file1
[zys@centos8 ~]$ ls -l /tmp/file1
-rw-rw-r--.  1  zys  zys  0  2月 22 10:00    /tmp/file1
[zys@centos8 ~]$ touch -a -t 2402221001 /tmp/file1
[zys@centos8 ~]$ ls -l --time=atime /tmp/file1
-rw-rw-r--.  1  zys  zys  0  2月 22 10:01    /tmp/file1
[zys@centos8 ~]$ touch -m -t 2402221101 /tmp/file1
[zys@centos8 ~]$ ls -l /tmp/file1
-rw-rw-r--.  1  zys  zys  0  2月 22 2024    /tmp/file1
```

（2）dd 命令

dd 命令从标准输入（如键盘）或源文件中复制指定大小的数据，然后输出到标准输出（如显示器）或目标文件中，复制时可以同时对数据进行格式转换。dd 命令的基本语法如下。

```
dd   [if=file]   [of=file]   [ ibs | obs | bs | cbs] =bytes   [skip | seek | count] =blocks
[ conv=method]
```

下面举两个简单的例子。例 2-20 是从源文件/dev/zero 中读取 5MB 的数据，然后输出到目标文件 file1 中。/dev/zero 是一个特殊的文件，可以认为这个文件中包含无穷多的空字符（null）。因此，这个例子的作用其实是创建指定大小的文件并用空字符进行初始化。

例 2-20：dd 命令的基本用法——创建指定大小的文件

```
[zys@centos8 ~]$ dd if=/dev/zero of=/tmp/file1 bs=1M count=5
记录了 5+0 的读入
记录了 5+0 的写出
5242880 bytes (5.2 MB, 5.0 MiB) copied, 0.00340522 s, 1.5 GB/s
[zys@centos8 ~]$ ls -lh /tmp/file1 // 注意 ls 命令的-h 选项的用法
-rw-rw-r--.  1  zys  zys  5.0M  2月 22 10:23    /tmp/file1
```

例 2-21 演示了如何把从标准输入（如键盘）中获取的内容转换为大写。通过 conv 参数还可以指定其他转换方式，每种转换方式的具体含义这里不详细介绍，大家可以查阅相关资料自行学习。

例 2-21：dd 命令的基本用法——转换数据格式

```
[zys@centos8 ~]$ dd conv=ucase
Centos 8 is great!      <== 输入完这一行按 Enter 键，然后按【Ctrl+D】组合键结束输入
CENTOS 8 IS GREAT!  <== 这一行是转换后的结果
```

（3）mkdir 命令

mkdir 命令可以创建一个新目录，基本语法如下。

```
mkdir   [-pm]   目录名
```

默认情况下，mkdir 命令只能直接创建下一级目录。如果在目录名参数中指定了多级目录，就必须使用-p 选项。例如，要想在当前目录中创建目录 dir1 并为其创建子目录 dir2，那么正常情况下可以使用两次 mkdir 命令分别创建目录 dir1 和目录 dir2。如果将目录名指定为 dir1/dir2 并且使用-p 选项，那么 mkdir 命令会先创建目录 dir1，然后在目录 dir1 中创建子目录 dir2。mkdir 命令的基本用法如例 2-22 所示。

例 2-22：mkdir 命令的基本用法

```
[zys@centos8 ~]$ mkdir dir1                    // 创建一个新目录
[zys@centos8 ~]$ ls -ld dir1
drwxrwxr-x. 2  zys  zys  6  2月 22 10:33   dir1
[zys@centos8 ~]$ mkdir dir2/subdir            // 不使用-p 选项连续创建两级目录
mkdir: 无法创建目录 "dir2/subdir"：没有那个文件或目录
[zys@centos8 ~]$ mkdir -p dir2/subdir         // 使用-p 选项连续创建两级目录
[zys@centos8 ~]$ ls -ld dir2 dir2/subdir
drwxrwxr-x. 3  zys  zys  20  2月 22 10:34   dir2
drwxrwxr-x. 2  zys  zys  6   2月 22 10:34   dir2/subdir <== 自动创建子目录 subdir
```

另外，mkdir 命令会为新创建的目录设置默认权限，除非使用-m 选项手动指定其他权限，如例 2-23 所示。文件和目录权限的具体含义会在项目 4 中详细介绍。

例 2-23：mkdir 命令的基本用法——为新创建的目录设置权限

```
[zys@centos8 ~]$ mkdir -m 755 dir3           // 手动指定新目录的权限
[zys@centos8 ~]$ ls -ld dir1 dir3            // 注意输出中第 1 列的不同
drwxrwxr-x. 2  zys  zys  6  2月 22 10:33  dir1
drwxr-xr-x. 2  zys  zys  6  2月 22 10:37  dir3
```

（4）rmdir 命令

rmdir 命令的作用是删除一个空目录。如果是非空目录，那么使用 rmdir 命令就会报错。如果使用-p 选项，则 rmdir 命令会递归地删除各级子目录，但它要求各级子目录都是空目录。rmdir 命令的基本用法如例 2-24 所示。

例 2-24：rmdir 命令的基本用法

```
[zys@centos8 ~]$ rmdir dir1                   // 目录 dir1 是空的
[zys@centos8 ~]$ rmdir dir2                   // 目录 dir2 非空，其中有子目录 subdir
rmdir: 删除 'dir2' 失败：目录非空
[zys@centos8 ~]$ rmdir -p dir2/subdir         // 递归删除各级子目录
[zys@centos8 ~]$ ls -ld dir1 dir2
ls: 无法访问'dir1'：没有那个文件或目录
ls: 无法访问'dir2'：没有那个文件或目录
```

（5）cp 命令

cp 命令的主要作用是复制文件或目录，使用不同的选项可以实现不同的复制功能，基本语法如下。

```
cp  [-abdfilprsuvxPR]  源文件或源目录  目标文件或目标目录
```

使用 cp 命令可以把一个或多个源文件或目录复制到指定的目标文件或目录中。如果第 1 个参数是一个普通文件，第 2 个参数是一个已经存在的目录，则 cp 命令会将源文件复制到已存在的目标目录中，且保持文件名不变。如果两个参数都是普通文件名，则第 1 个文件名代表源文件，第 2 个文件名代表目标文件，cp 命令会把源文件复制为目标文件。如果目标文件参数没有路径信息，则默认把目标文件保存在当前目录中，否则按照目标文件指明的路径存放。cp 命令的基本用法如例 2-25 所示。

例 2-25：cp 命令的基本用法

```
[zys@centos8 ~]$ touch file1 file2
[zys@centos8 ~]$ mkdir dir1
[zys@centos8 ~]$ cp file1 file2 dir1            // 复制文件 file1 和 file2 到目录 dir1 中
[zys@centos8 ~]$ ls dir1
file1    file2
[zys@centos8 ~]$ cp file1 file3                 // 复制文件 file1 为 file3，保存在当前目录中
[zys@centos8 ~]$ cp file2 /tmp/file2            // 复制文件 file2 为 file4，保存在/tmp 主目录中
```

使用-r 选项时，cp 命令还可以用于复制目录。如果第 2 个参数是一个不存在的目录，则 cp 命令会把源目录复制为目标目录，并将源目录内的所有内容复制到目标目录中，用法如例 2-26 所示。

例 2-26：cp 命令的基本用法——复制目录（目标目录不存在）

```
[zys@centos8 ~]$ ls dir1 dir2
ls: 无法访问'dir2'：没有那个文件或目录           <== 目录 dir2 当前不存在
dir1:
file1    file2
[zys@centos8 ~]$ cp -r dir1 dir2                // 自动创建目录 dir2 并复制源目录的内容
[zys@centos8 ~]$ ls dir2
file1    file2
```

如果第 2 个参数是一个已经存在的目录，则 cp 命令会把源目录及其所有内容作为一个整体复制到目标目录中，用法如例 2-27 所示。

例 2-27：cp 命令的基本用法——复制目录（目标目录已存在）

```
[zys@centos8 ~]$ mkdir dir4                     // 创建目录 dir4
[zys@centos8 ~]$ ls dir1
file1    file2
[zys@centos8 ~]$ cp -r dir1 dir4                // 注意：此时目录 dir4 已存在
[zys@centos8 ~]$ ls dir4                        // 也可以使用 ls  -R  dir4 查看
dir1
[zys@centos8 ~]$ ls dir4/dir1
file1    file2
```

（6）mv 命令

mv 命令用于移动或重命名文件或目录。mv 命令的基本语法如下。

```
mv  [-fiuv]  源文件或源目录   目标文件或目标目录
```

在移动文件时，如果第 2 个参数是一个和源文件同名的文件，则源文件会覆盖目标文件。如果使用-i 选项，则覆盖前会有提示。如果源文件和目标文件在相同的目录下，则 mv 命令的作用相当于将源文件重命名。mv 命令的基本用法如例 2-28 所示。

例 2-28：mv 命令的基本用法——移动文件

```
[zys@centos8 ~]$ mv file1 dir1                  // 把文件 file1 移动到目录 dir1 中
[zys@centos8 ~]$ ls file1
ls: 无法访问'file1'：没有那个文件或目录
[zys@centos8 ~]$ touch file1                    // 在当前目录中重新创建文件 file1
[zys@centos8 ~]$ rm -i file1 dir1               // 注意，此时目录 dir1 中已经有文件 file1
rm: 是否删除普通空文件 'file1'？ y
rm: 无法删除'dir1'：是一个目录                    <== 使用-i 选项会有提示
[zys@centos8 ~]$ mv file2 file3                 // 把文件 file2 重命名为 file3
```

如果 mv 命令的两个参数都是已经存在的目录，则 mv 命令会把第 1 个目录（源目录）及其所有内容作为一个整体移动到第 2 个目录（目标目录）中，用法如例 2-29 所示。

例 2-29：mv 命令的基本用法——移动目录

```
[zys@centos8 ~]$ ls dir1 dir2
dir1:
file1   file2            <== 目录 dir1 中有两个文件

dir2:
file1   file2            <== 目录 dir2 中有两个文件
[zys@centos8 ~]$ mv dir1 dir2        // 目录 dir1 被整体移动至目录 dir2 中
[zys@centos8 ~]$ ls -R dir2
dir2:
dir1   file1   file2

dir2/dir1:
file1   file2
```

（7）rm 命令

rm 命令用于永久删除文件或目录，基本语法如下。

```
rm   [-dfirvR]   文件或目录
```

使用 rm 命令删除文件或目录时，如果使用-i 选项，则删除前会有提示；如果使用-f 选项，则删除前不会有任何提示，因此使用-f 选项时一定要谨慎。rm 命令的基本用法如例 2-30 所示。

例 2-30：rm 命令的基本用法——删除文件

```
[zys@centos8 ~]$ touch file1 file2
[zys@centos8 ~]$ rm -i file1
rm: 是否删除普通空文件 'file1'? y   <== 使用-i 选项时有提示
[zys@centos8 ~]$ rm -f file2       <== 使用-f 选项时没有提示
```

另外，不能用 rm 命令直接删除目录，必须加上-r 选项。如果组合使用-r 和-i 选项，则在删除目录的每一个子目录和文件前都会有提示。用法如例 2-31 所示。

例 2-31：rm 命令的基本用法——删除目录

```
[zys@centos8 ~]$ mkdir dir1
[zys@centos8 ~]$ touch dir1/file1 dir1/file2
[zys@centos8 ~]$ ls dir1
file1   file2
[zys@centos8 ~]$ rm dir1
rm: 无法删除'dir1': 是一个目录      <== rm 命令不能直接删除目录
请尝试执行 "rm --help" 来获取更多信息。
[zys@centos8 ~]$ rm -ir dir1
rm: 是否进入目录'dir1'? y
rm: 是否删除普通空文件 'dir1/file1'? y       <== 删除前会有提示
rm: 是否删除普通空文件 'dir1/file2'? y
rm: 是否删除目录 'dir1'? y            <== 删除目录也会有提示
```

3. 关机重启命令

虽然在图形用户界面中关机和重启系统很方便，但其实还可以在终端窗口中使用 shutdown 命令以一种安全的方式关闭系统。所谓的"安全的方式"，是指所有的登录用户都会收到关机提示信息，以便这些用户能够保存正在执行的操作。使用 shutdown 命令可以立即关机，也可以在指定的时间或者延迟特定的时间后关机。shutdown 命令的基本语法如下。

```
shutdown   [-arkhncfF]   time   [关机提示信息]
```

其中，*time* 参数可以是 hh:mm 格式的绝对时间，表示在特定的时间点关机；也可以是+*m* 格式的时间，表示 *m* min 之后关机。例 2-32 演示了 shutdown 命令的基本用法。

例 2-32：shutdown 命令的基本用法

```
[zys@centos8 ~]$ shutdown -h now      // 立刻关机
[zys@centos8 ~]$ shutdown -h 21:30     // 21:30 关机
[zys@centos8 ~]$ shutdown -r +10       // 10min 后重启系统
```

与 shutdown 命令功能类似的命令有 halt、poweroff 和 reboot 等。halt 命令可以关闭操作系统并停止所有进程。默认情况下，halt 命令不会自动关闭电源，使用-p 选项可以自动关闭电源。halt 命令的--reboot 长格式选项可以用于重启系统。poweroff 命令相当于 shutdown -h now，表示立即停止系统并关闭电源。reboot 命令相当于 shutdown -r now，表示立即重启系统。

4．获取命令帮助信息

Linux 操作系统自带数量庞大的命令，许多命令的使用又涉及复杂的选项和参数。man 命令为用户提供了关于 Linux 命令的准确、全面、详细的说明。man 命令的使用方法非常简单，只要在 man 命令后面加上所要查找的命令名即可，基本用法如图 2-2 所示。man 命令提供的帮助信息非常全面，包括命令的名称、概述、描述选项和参数的具体含义等，这些信息对于深入学习某个命令很有帮助。

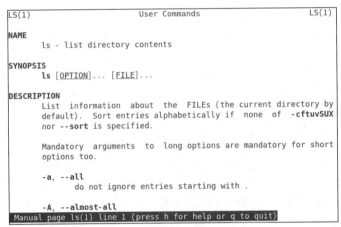

```
LS(1)                         User Commands                        LS(1)

NAME
       ls - list directory contents

SYNOPSIS
       ls [OPTION]... [FILE]...

DESCRIPTION
       List information about  the  FILEs (the current directory by
       default).  Sort entries alphabetically if  none  of  -cftuvSUX
       nor --sort is specified.

       Mandatory arguments  to  long options are mandatory for short
       options too.

       -a, --all
              do not ignore entries starting with .

       -A, --almost-all
Manual page ls(1) line 1 (press h for help or q to quit)
```

图 2-2　man 命令的基本用法

5．日期时间相关命令

timedatectl 是一个综合的日期时间管理命令，可以用于设置时区、日期、时间，还可以实现与远程 NTP（Network Time Protocol，网络时间协议）服务器的时间同步。timedatectl 命令的基本用法如例 2-33 所示。注意，修改系统日期时间需要以 root 用户身份进行。

例 2-33：timedatectl 命令的基本用法

```
[zys@centos8 ~]$ su - root
[root@centos8 ~]# timedatectl status      // 显示日期时间信息，直接使用 timedatectl 亦可
        Local time: 四 2024-02-22 14:28:05 CST
    Universal time: 四 2024-02-22 06:28:05 UTC
          RTC time: 四 2024-02-22 06:28:03
         Time zone: Asia/Shanghai (CST, +0800)
[root@centos8 ~]# timedatectl set-timezone Asia/Shanghai         // 修改时区
[root@centos8 ~]# timedatectl set-time 2024-02-29                // 仅修改日期
[root@centos8 ~]# timedatectl set-time 23:59:59                  // 仅修改时间
[root@centos8 ~]# timedatectl set-time "2024-02-29 23:59:59"     // 同时修改日期和时间
```

date 命令也可以用于查看和设置系统日期时间，但 date 命令还有一个更实用的功能，就是以不同的格式显示系统日期时间。date 命令的基本用法如例 2-34 所示。关于 date 命令的详细输出格式

这里不深入介绍，感兴趣的读者可以自行查阅相关资料。

例 2-34：date 命令的基本用法

```
[root@centos8 ~]# date          // 显示系统当前日期时间
2024 年 03 月 01 日 星期五 00:13:24 CST
[root@centos8 ~]# date -s "2024-02-22 14:43:05"          // 修改系统日期时间
2024 年 02 月 22 日 星期四 14:43:05 CST
[root@centos8 ~]# date +%m/%d/%Y
02/22/24
[root@centos8 ~]# date +%F          // 相当于 +%Y-%m-%d
2024-02-22
[root@centos8 ~]# date +"%Y-%m-%d %H:%M:%S"
2024-02-22 14:44:44
[root@centos8 ~]# exit
```

另外，cal 命令能够显示指定年份或月份的日期，没有参数时显示当前月份的日期；clock 命令用于查看和设置系统硬件时钟，即实时时钟（Real-Time Clock，RTC）。具体用法这里不展开介绍。

6. 其他常用命令

下面通过一个例子介绍其他一些经常使用的 Linux 命令，用法如例 2-35 所示。

例 2-35：其他常用 Linux 命令

```
[zys@centos8 ~]$ who          // 查看当前系统登录用户
zys          tty2          2024-02-22 11:39 (tty2)
zys          pts/1          2024-02-22 11:42 (192.168.62.1)
[zys@centos8 ~]$ echo "hello, this is $USER"          // 显示字符串或变量的值
hello, this is zys
[zys@centos8 ~]$ uname -a          // 显示系统信息
Linux centos8 4.18.0-305.3.1.el8.x86_64 #1 SMP Tue Jun 1 16:14:33 UTC 2021 x86_64
x86_64 x86_64 GNU/Linux
[zys@centos8 ~]$ history          // 显示最近执行的命令
    1  exit
    2  pwd
[zys@centos8 ~]$ clear          // 清除终端窗口内容
```

 任务实施

考虑到 Linux 命令行的重要性，张经理认为有必要让小朱多花些时间进行练习。张经理打算通过一个例子向小朱演示如何在 Linux 终端窗口中执行命令，同时演示 Linux 命令行操作技巧。

必备技能 6：练习 Linux 命令行操作

第 1 步，张经理先打开一个终端窗口，切换到 root 用户身份，然后注销。张经理让小朱观察命令提示符的变化，尤其是当前登录用户和工作目录，如例 2-36.1 所示。

例 2-36.1：练习 Linux 命令行操作——观察命令提示符的变化

```
[zys@centos8 ~]$ su - root
密码：
[root@centos8 ~]# exit
注销
[zys@centos8 ~]$
```

微课

V2-6   练习 Linux
命令行操作

第 2 步，张经理在当前目录下创建一个子目录，并在其中使用 touch 命令新建 5 个测试文件。在这一步，张经理向小朱演示换行输入命令的方法，如例 2-36.2 所示。张经理特别跟小朱强调，\后面

不能有空格或其他字符，必须直接按 Enter 键。

例 2-36.2：练习 Linux 命令行操作——换行输入命令

```
[zys@centos8 ~]$ mkdir tmp
[zys@centos8 ~]$ cd tmp
[zys@centos8 tmp]$ touch file1 file2 file3 \    // 输入\后直接按 Enter 键
> file4 file5
[zys@centos8 tmp]$ ls
file1   file2   file3   file4   file5
```

第 3 步，张经理问小朱如何能快速知道当前目录中有多少文件。小朱挠了挠头，只能想到一个个数的方法。张经理笑着输入一行命令，如例 2-36.3 所示。张经理解释说，这条命令里的│是 Linux 中经常使用的管道操作符，能够把前一个命令的输出当作后一个命令的输入。具体来说，先用 ls 命令得到当前目录中的所有文件名，这些文件名随后被交由 wc 命令进行计数。

例 2-36.3：练习 Linux 命令行操作——管道操作

```
[zys@centos8 tmp]$ ls | wc -l
5
```

第 4 步，小朱问张经理 wc 命令后面的 -l 选项有什么作用。张经理告诉他，在使用 Linux 的过程中，如果想学习某个命令的详细用法，除了通过互联网查阅资料外，还可以借助强大的 man 命令，如图 2-3 所示。通过查看该命令的执行结果，小朱很快就知道了-l 选项的作用是统计文本的行数。

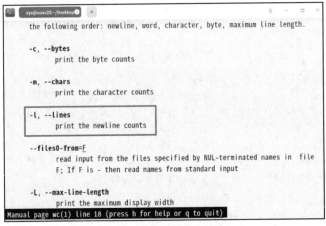

图 2-3　练习使用 man 命令

第 5 步，张经理告诉小朱，如果想把命令的执行结果保存到文件中，可以进行输出重定向，如例 2-36.4 所示。

例 2-36.4：练习 Linux 命令行操作——输出重定向

```
[zys@centos8 tmp]$ ls | wc -l >filecount
[zys@centos8 tmp]$ cat filecount
6
```

第 6 步，小朱看到张经理使用的命令越来越复杂，心里产生了一个疑问：如果不小心把命令写错了怎么办？张经理看出了小朱的疑问，告诉小朱按【Ctrl+C】组合键强制终止命令执行的方法，如例 2-36.5 所示。

例 2-36.5：练习 Linux 命令行操作——强制终止命令执行

```
[zys@centos8 tmp]$ ping 127.0.0.1
PING 127.0.0.1 (127.0.0.1) 56(84) bytes of data.
64 bytes from 127.0.0.1: icmp_seq=1 ttl=64 time=0.052 ms
```

```
64 bytes from 127.0.0.1: icmp_seq=2 ttl=64 time=0.055 ms
^C   <== 按【Ctrl+C】组合键强制终止命令的执行
--- 127.0.0.1 ping statistics ---
2 packets transmitted, 2 received, 0% packet loss, time 1049ms
rtt min/avg/max/mdev = 0.052/0.053/0.055/0.007 ms
```

最后，张经理叮嘱小朱，刚开始接触 Linux 命令行界面难免会遇到一些困难，这些都是正常的现象。只要勤动手、多练习，很快就可以掌握具体用法。到那时，隐藏在 Linux 命令行界面背后的"精彩世界"将如约而至……

 ### 小贴士乐园——Linux 虚拟控制台

虚拟控制台（Virtual Console）又被称为虚拟终端。Linux 默认提供了 6 个只有字符界面的虚拟控制台供用户登录，分别命名为 tty1～tty6。有关 Linux 虚拟控制台的使用方法详见本书配套电子资源。

任务 2.2 vim 文本编辑器

 ### 任务陈述

不管是专业的 Linux 系统管理员，还是普通的 Linux 用户，在使用 Linux 时都不可避免地要编辑各种文件。虽然 Linux 也提供了类似 Windows 操作系统中 Word 那样的图形化办公软件，但 Linux 系统管理员用得更多的还是字符型的文本编辑器 vi 或 vim。本任务将详细介绍 vim 文本编辑器的操作方法和使用技巧。

 ### 知识准备

2.2.1　vim 简介

vim 文本编辑器（以下简称 vim）的前身是 vi 文本编辑器。基本上所有的 Linux 发行版都内置了 vi 文本编辑器，而且有些系统工具会把 vi 作为默认的文本编辑器。vim 是增强型的 vi，沿用 vi 的操作方式。vim 除了具备 vi 的功能外，还可以用不同颜色区分不同类型的文本内容，尤其是在编辑 Shell 脚本文件或进行 C 语言编程时，能够高亮显示关键字和语法错误。相比 vi 专注于文本编辑，vim 还可以进行程序编辑。所以，把 vim 称为程序编辑器会更加准确。不管是专业的 Linux 系统管理员，还是普通的 Linux 用户，都应该熟练使用 vim。

V2-7　vi 与 vim

2.2.2　vim 工作模式

初次接触 vim 的 Linux 用户（假设用户没有 vi 的基础）可能会觉得 vim 使用起来很不方便，很难想象竟然还有人用这么原始的方法编辑文本。可是对那些熟悉 vim 的人来说，vim 是如此"魅力十足"，以至于每天的工作都离不开它。不管将来的你对 vim 是何种态度，现在我们都要认真学习 vim。因为如果不能熟练使用 vim，在以后的学习中将会寸步难行。下面我们就从 vim 的启动开始，逐步学习 vim 的基本操作。

1. 启动 vim

在终端窗口中输入 vim，再输入想要编辑的文件名，按 Enter 键后即可进入 vim 工作环境，如图 2-4（a）所示。只输入 vim，或者输入 vim 后再输入一个不存在的文件名，也可以启动 vim，如图 2-4（b）所示。

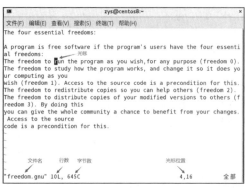

（a）打开已有文件

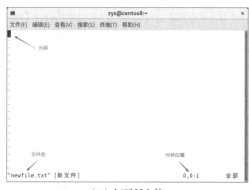

（b）打开新文件

图 2-4　启动 vim

不管文件名是否存在，启动 vim 后首先进入命令模式（Command Mode）。在命令模式下，可以使用键盘上的上、下、左、右方向键移动光标，或者通过一些特殊的命令快速移动光标，还可以复制、粘贴和删除文本。用户在命令模式下的输入被 vim 当作命令而不是普通文本。

在命令模式下按 I、O、A 或 R 中的任何一个键，vim 都会进入插入模式（Insert Mode），也称为输入模式。进入插入模式后，用户的输入被当作普通文本而不是命令，就像是在一个 Word 文档中输入文本一样。如果要回到命令模式，则可以按 Esc 键。

如果在命令模式下输入：、/或?中的任何一个字符，那么 vim 会把光标移动到窗口最后一行并进入末行模式（Last Line Mode），也称为命令行模式（Command-Line Mode）。用户在末行模式下可以通过一些命令对文件进行查找、替换、保存、退出等操作。如果要回到命令模式，同样可以按 Esc 键。

vim 的 3 种工作模式的转换如图 2-5 所示。注意，从命令模式可以转换到插入模式和末行模式，但插入模式和末行模式之间不能直接转换。

图 2-5　vim 的 3 种工作模式的转换

了解 vim 的 3 种工作模式及不同模式之间的转换方法后，下面学习在这 3 种工作模式下可以分别进行哪些操作。这是学习 vim 的重点，请大家务必多加练习。

2. 命令模式

在命令模式下可以完成的操作包括移动光标，以及复制、粘贴或删除文本等。光标表示文本中当前的输入位置，表 2-4 列出了在命令模式下移动光标的具体方法。

V2-8　vim 命令模式

表 2-4　在命令模式下移动光标的具体方法

操作	作用	操作	作用
H 或 ←	光标向左移动一个字符（见注[1]及注[2]）	L 或 →	光标向右移动一个字符（见注[2]）
K 或 ↑	光标向上移动一行，即移动到上一行的当前位置（见注[2]）	J 或 ↓	光标向下移动一行，即移动到下一行的当前位置（见注[2]）

操作	作用	操作	作用
W	移动光标到其所在单词的后一个单词的词首（见注[3]）	B	移动光标到其所在单词的前一个单词的词首（如果光标当前已在本单词的词首），或移动到本单词的词首（如果光标当前不在本单词的词首）（见注[3]）
E	移动光标到其所在单词的后一个单词的词尾（如果光标当前已在本单词的词尾），或移动到本单词的词尾（如果光标当前不在本单词的词尾）（见注[3]）	【Ctrl+F】	向下翻动一页，相当于按 Page Up 键
【Ctrl+B】	向上翻动一页，相当于按 Page Down 键	【Ctrl+D】	向下翻动半页
【Ctrl+U】	向上翻动半页	n <space>	输入数字后按 Space 键，表示光标向右移动 n 个字符，相当于先输入数字再按 L 键
n <Enter>	输入数字后按 Enter 键，表示光标向下移动 n 行并停在行首	0 或 Home 键	光标移动到当前行行首
$ 或 End 键	光标移动到当前行行尾	【Shift+H】	光标移动到当前屏幕第 1 行的行首
【Shift+M】	光标移动到当前屏幕中央 1 行的行首	【Shift+L】	光标移动到当前屏幕最后 1 行的行首
【Shift+G】	光标移动到文件最后 1 行的行首	n【Shift+G】	n 为数字，将光标移动到文件第 n 行行首
GG（见注[4]）	光标移动到文件首的行首，相当于 1G		

注[1]：这里的 H 代表键盘上的 H 键，而不是大写字母 H。当需要输入大写字母 H 时，本书统一使用按【Shift+H】组合键的形式，其他字母同样如此。

注[2]：如果在按 H、J、K、L 键前先输入数字，则表示一次性移动多个字符或多行。例如，15H 表示光标向左移动 15 个字符，20K 表示光标向上移动 20 行。

注[3]：同样，如果在按 W、B、E 键前先输入数字，则表示一次性移动到当前单词之前（或之后）的多个单词的词首（或词尾）。

注[4]：GG 表示连续按两次键盘上的 G 键，余同。

可以看出，在命令模式下移动光标，既可以使用键盘的上、下、左、右方向键，又可以使用一些具有特定意义的组合键，但是使用鼠标是不能移动光标的。

表 2-5 列出了在命令模式下复制、粘贴、删除文本的具体操作。

表 2-5 在命令模式下复制、粘贴、删除文本的具体操作

操作	作用	操作	作用
X	删除光标所在位置的字符，相当于按 Delete 键	【Shift+X】	删除光标所在位置的前一个字符，相当于按 Backspace 键
nX	删除从光标所在位置开始的 n 个字符（包括光标所在位置的字符）	n【Shift+X】	删除光标所在位置的前 n 个字符（不包括光标所在位置的字符）
S	删除光标所在位置的字符并随即进入插入模式，光标停在被删字符处	DD	删除光标所在的一整行
nDD	向下删除 n 行（包括光标所在行）	D 1【Shift+G】	删除从文件第 1 行到光标所在行的全部内容

续表

操作	作用	操作	作用
D【Shift+G】	删除从光标所在行到文件最后1行的全部内容	D0	删除光标所在位置的前一个字符直到所在行行首（光标所在位置的字符不会被删除）
D$	删除光标所在位置的字符直到所在行行尾（光标所在字符也会被删除）	YY	复制光标所在行
nYY	从光标所在行开始向下复制 n 行（包括光标所在行）	Y1【Shift+G】	复制从光标所在行到文件第1行的全部内容（包括光标所在行）
Y【Shift+G】	复制从光标所在行到文件最后1行的全部内容（包括光标所在行）	Y0	复制从光标所在位置的前一个字符到所在行行首的所有字符（不包括光标所在字符）
Y$	复制从光标所在字符到所在行行尾的所有字符（包括光标所在位置的字符）	P	将已复制数据粘贴到光标所在行的下一行
【Shift+P】	将已复制数据粘贴到光标所在行的上一行	【Shift+J】	将光标所在行的下一行移动到光标所在行行尾，用空格分开（将两行合并）
U	撤销前一个动作	【Ctrl+R】	重做前一个动作（和 U 的作用相反）
.	小数点，表示重复前一个动作		

3.插入模式

从命令模式进入插入模式，才可以对文件进行输入。表 2-6 说明了从命令模式进入插入模式的操作。

表 2-6　从命令模式进入插入模式的操作

操作	作用	操作	作用
I	进入插入模式，从光标所在位置开始插入	【Shift+I】	进入插入模式，从光标所在行的第1个非空白字符处开始插入（即跳过行首的空格、制表符等）
A	进入插入模式，从光标所在位置的下一个字符开始插入	【Shift+A】	进入插入模式，从光标所在行的行尾开始插入
O	进入插入模式，在光标所在行的下一行插入新行	【Shift+O】	进入插入模式，在光标所在行的上一行插入新行
R	进入替换模式，替换光标所在位置的字符一次	【Shift+R】	进入替换模式，一直替换光标所在位置的字符，直到 Esc 键被按下为止

4.末行模式

表 2-7 列出了在末行模式下查找与替换文本的具体操作。注意：在末行模式下，/、?、:、,、s、g 等特殊字符或命令的前后不需要输入空格。

微课

V2-9　vim 末行模式

表 2-7　在末行模式下查找与替换文本的具体操作

操作	作用
/ keyword	从光标当前位置开始向下查找下一个字符串 *keyword*，按 N 键继续向下查找字符串，按【Shift+N】组合键向上查找字符串
? keyword	从光标当前位置开始向上查找上一个字符串 *keyword*，按 N 键继续向上查找字符串，按【Shift+N】组合键向下查找字符串
: *n*1 , *n*2　s / *kw*1 / *kw*2 / g	*n*1 和 *n*2 为数字，在第 *n*1 行到第 *n*2 行之间搜索字符串 *kw*1，并用字符串 *kw*2 替换（见注）
: *n*1 , *n*2　s / *kw*1 / *kw*2 / gc	和上一行功能相同，但替换前向用户确认是否继续替换操作
: 1 , $ s / *kw*1 / *kw*2 / g : % s / *kw*1 / *kw*2 / g	全文搜索 *kw*1，并用 *kw*2 替换
: 1 , $ s / *kw*1 / *kw*2 / gc : % s / *kw*1 / *kw*2 / gc	和上一行功能相同，但替换前向用户确认是否继续替换操作

注：在末行模式下，:后面的内容区分大小写。此处的 s、g 表示需要输入小写字母 s 和 g，下同。

表 2-8 说明了在末行模式下保存、退出、读取文件等的具体操作。

表 2-8　在末行模式下保存、退出、读取文件等的具体操作

操作	作用	操作	作用
: w	保存文件内容	: w!	若文件属性为只读，则强制保存该文件。但最终能否保存成功，取决于文件的权限设置
: w filename	将文件内容保存至文件 *filename* 中	: *n*1 , *n*2　w filename	将第 *n*1 行到第 *n*2 行的内容保存到文件 *filename*
: q	退出 vim	: q!	不保存文件内容，强制退出 vim
: wq	保存后退出	: wq!	强制保存后退出
【Shift+Z+Z】	若文件没有修改，则直接退出 vim；若文件已修改，则保存后退出	: r filename	读取 *filename* 文件的内容并将其插入光标所在行的下面
: ! command	在末行模式下执行 *command* 并显示其结果。*command* 执行完后，按 Enter 键重新进入末行模式	: set nu	显示文件行号
: set nonu	与 set nu 的作用相反，隐藏文件行号		

2.2.3　vim 高级功能

除了前文介绍的基本操作，vim 还有一些高级功能，这些功能在某些特定的应用场景中特别有用。下面就来介绍几个 vim 的高级功能，帮助读者进一步认识 vim 的强大之处。

1．多文件编辑功能

如果先用 vim 打开一个文件，在命令模式下按两次 Y 键，复制一些数据后关闭此文件，然后用 vim 打开另一个文件，此时在命令模式下按 P 键是无法粘贴数据的。因为在前一个文件中复制的数据在文件关闭后就自动失效了。即使在两个 Shell 终端窗口中分别用 vim 打开文件，也不能用这种方法复制数据。其实，vim 命令后可以跟多个文件名，一次性打开多个文件，这样就可以通过 YY 和 P 键复制数据，因为这些文件共享同一个 vim 窗口。当需要在多个文件之间复制数据时，这个功能非常有用。

采用这种方式打开多个文件，在 vim 窗口中只能显示一个文件的内容。当需要进行文件切换时，可以使用几个特殊的操作，如表 2-9 所示。注意，表 2-9 中的命令要在末行模式下使用。

表 2-9　多文件编辑常用操作

操作	作用	操作	作用
： n	切换到下一个文件进行编辑	： N	切换到上一个文件进行编辑
： files	列出当前在 vim 窗口中打开的所有文件	： qa	关闭所有文件
： qa!	不保存文件内容，强制关闭所有文件	： wqa	保存所有文件后退出
： wqa!	强制保存所有文件后退出		

2. 多窗口编辑功能

前文提到的多文件编辑功能虽然能解决不同文件间复制数据的问题，但是有一个不方便之处，就是在一个 vim 窗口中只能显示一个文件。如果我们在编辑一个文件时需要参考本文件的其他内容，而这些内容又无法在一个 vim 窗口中同时显示出来，那么就要按【Ctrl+F】组合键和【Ctrl+B】组合键前后翻页。如果要参考其他文件的内容，则要进行文件切换。这肯定没有在一个 vim 窗口中同时显示两个文件友好。vim 提供的多窗口编辑功能可以很好地解决这个问题。

用 vim 打开一个文件后，在末行模式下输入 vs *filename* 或 sp *filename*，可以在同一个 vim 窗口的水平或垂直方向打开另一个文件。其中，*filename* 是要打开文件的文件名，如果没有文件名参数，直接输入 vs 或 sp，按 Enter 键，表示打开同一个文件。图 2-6（a）和图 2-6（b）分别演示了在水平方向和垂直方向上显示两个文件的效果。

（a）水平显示多个文件

（b）垂直显示多个文件

图 2-6　vim 多窗口编辑

多窗口编辑其实也是一种多文件编辑，只是通过 vim 子窗口同时显示多个文件，为用户提供了更友好的操作体验。多窗口编辑的常用操作如表 2-10 所示。

表 2-10　多窗口编辑的常用操作

操作	作用	操作	作用
： sp *filename*	在垂直方向上打开一个 vim 子窗口以显示文件 *filename*。如果没有 *filename* 参数，则显示同一个文件	： vs *filename*	在水平方向上打开一个 vim 子窗口以显示文件 *filename*。如果没有 *filename* 参数，则显示同一个文件

操作	作用	操作	作用
【Ctrl+W+J】 【Ctrl+W+↓】	切换到下方窗口进行编辑。方法是先按【Ctrl+W】组合键，然后按 J 键或下方向键。余同	【Ctrl+W+K】 【Ctrl+W+↑】	切换到上方窗口进行编辑
【Ctrl+W+H】 【Ctrl+W+←】	切换到左侧窗口进行编辑	【Ctrl+W+L】 【Ctrl+W+→】	切换到右侧窗口进行编辑
【Ctrl+W+W】	根据 vim 子窗口的排列顺序，切换到下一个窗口（右侧或下方）。如果当前已经在最后一个窗口中（最右侧或最下方），就切换到第 1 个窗口（最左侧或最上方）	: files	列出当前在 vim 窗口中打开的所有文件
: qa	关闭所有文件	: qa!	不保存文件内容，强制关闭所有文件
: wqa	保存所有文件后退出	: wqa!	强制保存所有文件后退出

注意　　表2-10中涉及窗口切换的几个命令要在命令模式下使用，其他几个命令要在末行模式下使用。在每个vim子窗口中，之前介绍的vim基本操作方法都是适用的。

3．区块编辑功能

在 vim 命令模式下进行的基本操作中，不管是复制数据还是删除文本，都是以字符或行为单位的。也就是说，可以复制某些字符，也可以复制某些行。但是如果想以列为单位复制或删除文本内容，这些基本操作方法就无能为力了。但借助 vim 的区块编辑功能，我们就能够实现这个功能。区块是指文件的特定范围，可以是连续的几行或几列，也可以是从某行的某个字符到另一行的某个字符之间的连续范围。区块编辑的关键是选中某个区块的内容，区块编辑的常用操作如表 2-11 所示。注意：表2-11 中的命令要在命令模式下使用。

表 2-11　区块编辑的常用操作

操作	作用
V	进入区块命令模式，光标经过的连续区域会被选中并高亮显示
【Shift+V】	进入区块命令模式，光标经过的行会被选中并高亮显示
【Ctrl+V】	进入区块命令模式，光标经过的矩形区域会被选中并高亮显示
Y	复制选中的内容
D	删除选中的内容
P	在光标处粘贴已复制的内容

 任务实施

必备技能 7：练习 vim 基本操作

张经理最近在 Windows 操作系统中用 C 语言编写了一个计算时间差的程序。现在张经理想把这个程序移植到 Linux 操作系统中，同时为小朱演示如何在 vim 中编写程序。下面是张经理的操作过程。

微课

V2-10　练习 vim
基本操作

45

第 1 步，进入 CentOS 8，打开一个终端窗口。在命令行中执行 vim 命令启动 vim。vim 命令后面不加文件名，启动 vim 后默认进入命令模式。

第 2 步，在命令模式下按 I 键进入插入模式，输入例 2-37 所示的程序。为了方便后文表述，这里把代码的行号也一并显示（张经理故意在这段代码中引入了一些语法和逻辑错误）。

例 2-37：修改前的程序

```
1    #include <stdio.h>
2
3    int main()
4    {
5            int hour1, minute1;
6            int hour2, minute2
7
8            scanf("%d %d", &hour1, &minute1);
9            scanf("%d %d", hour2, &minute2);
10
11           int t1 = hour1 * 6 + minute1;
12           int t = t1 – t2;
13
14           printf("time difference: %d hour, %d minutes \n", t/6, t%6);
15
16           return 0;
17   }
```

第 3 步，按 Esc 键返回命令模式。输入:进入末行模式。在末行模式下输入 w timediff.c，按 Enter 键，将程序保存为文件 timediff.c，然后在末行模式下输入 q 退出 vim。

第 4 步，重新启动 vim，打开文件 timediff.c，在末行模式下输入 set nu 显示行号。

第 5 步，在命令模式下按【Shift+M】组合键将光标移动到当前屏幕中央 1 行的行首，按【1+Shift+G】组合键或两次 G 键将光标移动到第 1 行的行首。

第 6 步，在命令模式下按【6+Shift+G】组合键将光标移动到第 6 行的行首，按【Shift+A】组合键进入插入模式，此时光标停留在第 6 行的行尾。在行尾输入;，按 Esc 键返回命令模式。

第 7 步，在命令模式下按【9+Shift+G】组合键将光标移动到第 9 行的行首。按 W 键将光标移动到下一个单词的词首，连续按 L 键向右移动光标，直到光标停留在 hour2 单词的词首。按 I 键进入插入模式，输入&，按 Esc 键返回命令模式。

第 8 步，在命令模式下按【11+Shift+G】组合键将光标移动到第 11 行的行首。按两次 Y 键复制第 11 行的内容，按 P 键将其粘贴到第 11 行的下面一行。此时，原文件的第 12～17 行依次变为第 13～18 行，并且光标停留在新添加的第 12 行的行首。

第 9 步，在命令模式下连续按 E 键，使光标移动到下一个单词的词尾，直至光标停留在 t1 的词尾字符 1 处。按 S 键删除字符 1 并随即进入插入模式。在插入模式下输入 2，按 Esc 键返回命令模式。重复此操作并把 hour1、minute1 中的字符 1 修改为 2。

第 10 步，在命令模式下按 K 键将光标上移 1 行，即移动到第 11 行。在末行模式下输入 11,15s/6/60/gc，将第 11～15 行中的 6 全部替换为 60。注意：在每次替换时都要按 Y 键给予确认。替换后，光标停留在第 15 行。

第 11 步，在命令模式下按 2J 键将光标下移 2 行，即移动到第 17 行。按两次 D 键删除第 17 行，按 U 键撤销删除操作。

第 12 步，在末行模式下输入 wq，即可保存文件并退出 vim。

修改后的程序如例 2-38 所示。

例 2-38：修改后的程序

```
1    #include <stdio.h>
2
3    int main()
4    {
5        int hour1, minute1;
6        int hour2, minute2;
7
8        scanf("%d %d", &hour1, &minute1);
9        scanf("%d %d", &hour2, &minute2);
10
11       int t1 = hour1 * 60 + minute1;
12       int t2 = hour2 * 60 + minute2;
13       int t = t1 – t2;
14
15       printf("time difference: %d hour, %d minutes \n", t/60, t%60);
16
17       return 0;
18   }
```

必备技能 8：熟悉 vim 高级功能

看到小朱意犹未尽的表情，张经理打算再教他几个 vim 的高级功能，包括多文件编辑、多窗口编辑和区块编辑等。下面是张经理的操作步骤。

微课

V2-11　练习 vim
高级功能

1. 多文件编辑

第 1 步，在～/tmp 目录中新建 3 个文件（file1、file2 和 file3），然后用 vim 分别打开这 3 个文件并写入适当的内容。

第 2 步，使用 vim 同时打开这 3 个文件，方法是在末行模式下输入 files 命令并按 Enter 键，显示所有打开的文件，如例 2-39.1 所示。当前显示的文件是 file1。

例 2-39.1：vim 高级功能——打开 3 个文件

```
[zys@centos7 tmp]$ vim  file1  file2  file3          // 打开 3 个文件
this is in file1...    <== 这是文件 file1 的内容
~
:files            <== 在末行模式下输入 files，下面 3 行显示了当前打开的 3 个文件
  1 %a    "file1"                    第 1 行      <== 当前显示的文件
  2       "file2"                    第 0 行
  3       "file3"                    第 0 行
```

第 3 步，在末行模式下输入 n，切换到下一个文件 file2，使用同样的方法切换到 file3，然后查看当前打开的所有文件，如例 2-39.2 所示。

例 2-39.2：vim 高级功能——切换文件

```
[zys@centos7 tmp]$ vim  file1  file2  file3          // 打开 3 个文件
this is in file3...    <== 经过两次切换后进入文件 file3
~
:files
  1       "file1"                    第 1 行
  2 #     "file2"                    第 1 行      <== 上一个显示的文件
  3 %a    "file3"                    第 1 行      <== 当前显示的文件
```

第 4 步，在命令模式下将光标移动到文件 file3 第 1 行的行首，按两次 Y 键复制第 1 行内容。

第 5 步，在末行模式下输入 N，切换到文件 file2。在命令模式下按【1+Shift+G】组合键将光标移动到文件 file2 第 1 行的行首，按 P 键将第 4 步复制的内容粘贴到该行之下。

第 6 步，在末行模式下输入 wqa，保存 3 个文件并退出 vim。

第 7 步，用 vim 打开文件 file2，确认其中的内容修改和保存成功，如例 2-39.3 所示。

例 2-39.3：vim 高级功能——确认文件内容

```
[zys@centos7 tmp]$ vim   file2
this is in file2...
this is in file3...
```

第 8 步，在末行模式下输入 q，退出 vim。

2. 多窗口编辑

张经理接着演示 vim 多窗口编辑的功能。

第 9 步，用 vim 打开文件 file1，然后在末行模式下输入 sp file2，在垂直方向上打开一个 vim 子窗口显示文件 file2，如图 2-7（a）所示。此时，文件 file2 显示在上方，文件 file1 显示在下方，而且光标停留在文件 file2 第 1 行的行首。

第 10 步，在命令模式下按 2YY 键复制文件 file2 前两行的内容，然后按【Ctrl+W+J】组合键切换到文件 file1。

第 11 步，在命令模式下按 P 键将第 10 步复制的内容粘贴到文件 file1 的第 1 行之下，如图 2-7（b）所示。

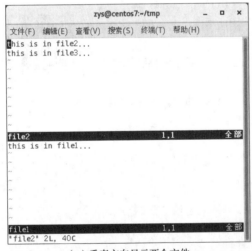

（a）垂直方向显示两个文件　　　　　　（b）在多个窗口间复制内容

图 2-7　vim 多窗口编辑

第 12 步，在末行模式下输入 wqa，保存两个文件并退出 vim。

第 13 步，用 vim 打开文件 file1，确认其中的内容修改和保存成功，如例 2-40 所示。

例 2-40：vim 高级功能——再次确认文件内容

```
[zys@centos7 tmp]$ vim   file1
this is in file1...
this is in file2...
this is in file3...
```

第 14 步，在末行模式下输入 q，退出 vim。

另外，使用多窗口编辑功能不仅可以同时显示两个文件，还可以同时显示更多的文件，甚至可以组合使用垂直显示和水平显示，从而更有效地利用屏幕空间，如图 2-8 所示。张经理特别提醒小朱，使用这种功能时一定要谨慎，否则很可能因为窗口打开得太多而出错。

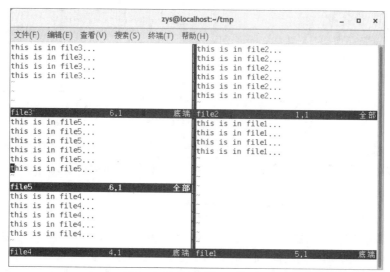

图 2-8　组合使用多窗口编辑功能

3. 区块编辑

最后，张经理向小朱演示了 vim 的区块编辑功能。

第 15 步，在 vim 中编辑文件 file1，写入 6 行相同的内容，即 this is in file1...。

第 16 步，在命令模式下分别按 V 键、【Shift+V】组合键和【Ctrl+V】组合键，张经理提示小朱注意 vim 窗口左下角出现的"可视""可视 行""可视 块"等提示，这些提示表明用户当前已进入区块命令模式，如图 2-9 所示。

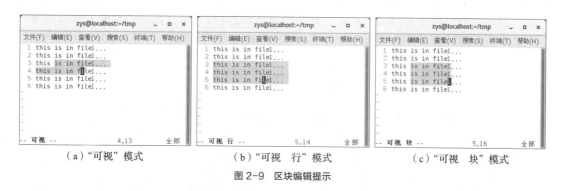

（a）"可视"模式　　　　　　（b）"可视 行"模式　　　　　（c）"可视 块"模式

图 2-9　区块编辑提示

第 17 步，在命令模式下将光标移动到第 1 行 file1 单词的首字符 f 处，然后按【Ctrl+V】组合键进入区块命令模式。

第 18 步，在命令模式下将光标移动到第 6 行 file1 单词的最后一个字符 1 处，如图 2-10（a）所示。按 Y 键复制光标经过的矩形区域。

第 19 步，在命令模式下将光标移动到第 1 行行末，按 P 键粘贴第 18 步复制的内容，如图 2-10（b）所示。

第 20 步，在末行模式下输入 wq，保存文件 file1 并退出。

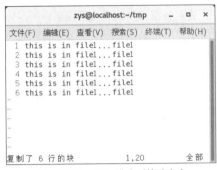

（a）"可视　块"模式下复制内容　　　　　　（b）"可视　块"模式下粘贴内容

图 2-10　区块编辑功能

经过这两个实验，小朱被 vim 的强大功能深深折服了。张经理也叮嘱小朱要在反复练习中提高操作熟练度，千万不要死记硬背 vim 命令。熟练使用 vim，必将大大提高日常工作效率。

 小贴士乐园——vim 文件缓存

使用 vim 编辑文本时，可能会因为一些异常情况而不得不中断操作，如系统断电或多人同时编辑同一个文本等。如果出现异常前没有及时保存文本内容，那么所做的修改就会丢失，给用户带来不便。对此，vim 提供了一种可以恢复未保存的数据的机制，具体内容详见本书配套电子资源。

项目小结

本项目包含两个任务。任务2.1重点介绍了Linux命令行模式、常用的操作技巧，以及常用的Linux命令。Linux发行版的图形用户界面越来越人性化，使用起来也越来越方便。但对命令行界面的学习仍是本书的重点，因为在后续的学习过程中，绝大多数实验都是在命令行界面中完成的。任务2.2重点介绍了Linux操作系统中常用的vim文本编辑器，它在后面的学习中会经常用到。熟练使用vim可以极大地提高工作效率，读者必须非常熟悉vim的3种工作模式及每种工作模式下所能进行的操作。

项目练习题

1. 选择题

（1）Linux 命令提示符[zys@centos8 ~]$中的 zys 表示（　　）。

    A. 系统主机名　　　　　　　　　　B. 登录用户名

    C. 当前工作目录　　　　　　　　　D. 用户身份级别指示符

（2）Linux 命令提示符[zys@centos8 ~]$中的 centos8 表示（　　）。

    A. 系统主机名　　　　　　　　　　B. 登录用户名

    C. 当前工作目录　　　　　　　　　D. 用户身份级别指示符

（3）Linux 命令提示符[zys@centos8 ~]$中的~表示（　　）。

    A. 系统主机名　　　　　　　　　　B. 登录用户名

    C. 当前工作目录　　　　　　　　　D. 用户身份级别指示符

（4）Linux 命令提示符[zys@centos8 ~]$中的$表示（　　）。

    A. 系统主机名　　　　　　　　　　　B. 登录用户名

    C. 当前工作目录　　　　　　　　　　D. 用户身份级别指示符

（5）Linux 的命令名、参数及选项之间（　　）。

    A. 只能出现一个空格　　　　　　　　B. 可以出现一个或多个空格

    C. 可以出现自定义的特殊符号　　　　D. 出现的符号取决了 Linux 内核的版本

（6）切换用户身份使用的命令是（　　）。

    A. cd　　　　　　B. ls　　　　　　　　C. su　　　　　　　D. man

（7）在 Linux 命令提示符中，标识超级用户身份的符号是（　　）。

    A. $　　　　　　B. #　　　　　　　　C. >　　　　　　　D. <

（8）在 Linux 命令中，必需的是（　　）。

    A. 命令名　　　　B. 选项　　　　　　　C. 参数　　　　　　D. 转义符

（9）要将当前目录下的文件 file1.c 重命名为 file2.c，正确的命令是（　　）。

    A. cp file1.c file2.c　　　　　　　　B. mv file1.c file2.c

    C. touch file1.c file2.c　　　　　　　D. mv file2.c file1.c

（10）使用 ls -l 命令列出下列文件列表，（　　）表示目录。

    A. drwxrwxr-x. 2　　zys zys　　6　　6 月　　17 03:10　　dir1

    B. -rw-rw-r--. 1　　zys zys　　32　6 月　　17 04:29　　file1

    C. -rw-rw-r--. 1　　zys zys　　0　　6 月　　19 03:43　　file2

    D. lrw-rw-r--. 1　　zys zys　　0　　6 月　　19 03:43　　file3

（11）要想使用 Shell 的自动补全功能，可以输入命令的前几个字符后按（　　）键。

    A. Enter　　　　B. Esc　　　　　　　C. Tab　　　　　　D. Backspace

（12）下列的（　　）命令是 Linux 提供的帮助命令。

    A. ls　　　　　　B. useradd　　　　　C. cd　　　　　　　D. man

（13）当命令执行结果过多，想要强行终止命令时，可以按（　　）组合键。

    A.【Ctrl+C】　　B.【Ctrl+D】　　　　C.【Ctrl+Q】　　　D.【Ctrl+F1】

（14）下列（　　）选项不是 Linux 命令选项的正确格式。

    A. -l　　　　　　B. +x　　　　　　　C. --all　　　　　　D. -al

（15）如果目录/home/tmp 下有 3 个文件，那么要删除这个目录，应该使用命令（　　）。

    A. cd /home/tmp　　　　　　　　　B. rm /home/tmp

    C. rmdir /home/tmp　　　　　　　　D. rm -r /home/tmp

（16）在 vim 中编辑文件时，使用（　　）命令可以显示文件每一行的行号。

    A. number　　　B. display nu　　　　C. set nu　　　　　D. show nu

（17）在 vim 中，要将文件第 1～5 行的内容复制到文件的指定位置，以下（　　）操作能实现该功能。

    A. 将光标移到第 1 行，在末行模式下输入 YY5，然后将光标移到指定位置，按 P 键

    B. 将光标移到第 1 行，在末行模式下输入 5YY，然后将光标移到指定位置，按 P 键

    C. 在末行模式下使用命令 1,5YY，然后将光标移到指定位置，按 P 键

    D. 在末行模式下使用命令 1,5Y，然后将光标移到指定位置，按 P 键

（18）在 vim 中编辑文件时，要将第 7～10 行的内容一次性删除，可以在命令模式下先将光标移到第 7 行，然后按（　　）键。

    A. DD　　　　　B. 4DD　　　　　　C. DE　　　　　　D. 4DE

（19）在 vim 中要自下而上查找字符串 centos，应该在末行模式下使用（　　）。

    A．/centos　　　　B．?centos　　　　C．#centos　　　　D．%centos

（20）使用 vim 文本编辑器编辑文件时，在末行模式下输入命令 q!的作用是（　　）。

    A．保存并退出　　　　　　　　　　B．正常退出

    C．不保存并强制退出　　　　　　　D．文本替换

（21）使用 vim 将文件某行删除后，要恢复该行内容的最佳操作方法是（　　）。

    A．在命令模式下重新输入该行

    B．不保存并直接退出 vim，然后重新编辑该文件

    C．在命令模式下按 U 键

    D．在命令模式下按 R 键

（22）在 Linux 终端窗口中输入命令时，用（　　）表示命令未结束，在下一行继续输入。

    A．/　　　　　　　B．\　　　　　　　C．&　　　　　　　D．;

（23）使用 vim 编辑文件时，能直接在光标所在字符后插入文本的按键是（　　）。

    A．I　　　　　　　B．Shift+I　　　　C．A　　　　　　　D．Shift+O

2. 填空题

（1）Linux 中可以输入命令的操作环境称为_____，负责解释命令的程序是_____。

（2）一个 Linux 命令除了命令名之外，还包括_____和_____。

（3）Linux 操作系统中的命令_____大小写。在命令行中，可以使用_____键来自动补全命令。

（4）ls –l 命令的输出中，第 1 列的第 1 个字符为–表示_____，为 d 表示_____。

（5）如果 cd 命令后面没有任何参数，则表示切换到当前登录用户的_____。

（6）显示隐藏文件可以使用 ls 命令的_____选项。

（7）touch 命令除了可以创建新文件外，还可以修改文件的_____。

（8）如果在 mkdir 命令的参数中指定了多级目录，则必须使用_____选项。

（9）打开 vim 后，首先进入的工作模式是_____。

（10）在命令模式中，按_____和_____键可以将光标移动到第 1 行。

（11）在命令模式中，按_____键可以删除光标所在行。

（12）在命令模式中，按_____键可以撤销前一个动作。

（13）在末行模式下，按_____键可以保存文件并退出。

（14）在末行模式下，按_____键可以显示文件行号。

（15）如果想在 vim 窗口中同时显示多个文件，则可以使用 vim 的_____功能。

（16）在命令模式中，按_____键可以进入区块命令模式。

3. 简答题

（1）Linux 命令分为哪几个部分？Linux 命令为什么要有参数和选项？

（2）简述 Linux 命令的自动补全功能。

（3）vim 有几种工作模式？简述每种工作模式下能完成的主要功能。

4. 实训题

【实训 1】

    Linux 系统管理员主要通过在终端窗口中执行各种命令完成日常工作。本实训的主要任务是在 Linux 终端窗口中练习 Shell 的基本操作和使用技巧，以加深读者理解 Shell 的作用和特点，以及 Linux 命令的结构和基本用法。请根据以下实训内容练习 Linux 命令行的基本操作方式。

    （1）在 CentOS 8 中打开一个终端窗口，分析命令提示符的组成和含义。

（2）执行不带任何参数的 touch 命令，分析命令的提示信息。

（3）为 touch 命令添加一个参数并执行，然后使用 ls 命令查看结果并重定向到文件中。思考为何 touch 命令需要参数，而 ls 命令不需要。

（4）在命令行中输入 cl 后连续按两次 Tab 键，查看系统中有多少以 cl 开头的命令。

（5）执行 ping 127.0.0.1 命令，然后按【Ctrl+C】组合键强制终止命令的执行。

（6）执行 cat /etc/redhat-release 命令，查看操作系统版本信息。将该命令的输出结果通过管道操作交给 wc 命令，统计其中包括的字符数和单词数。

【实训 2】

vim 是 Linux 系统中最常用的文本编辑器之一。vim 有 3 种工作模式，每种模式的功能不同，所能执行的操作也不同。本实训的主要任务是在 vim 中练习移动光标、查找与替换文本，以及删除、复制和粘贴文本等基本操作。请根据以下实训内容练习 vim 操作技巧。

（1）登录 CentOS 8，打开一个终端窗口。

（2）启动 vim，vim 命令后面不加文件名。

（3）进入 vim 插入模式，输入例 2-41 所示的实训测试文本。

（4）将文本内容保存为文件 freedoms.txt，并退出 vim。

（5）重新启动 vim，打开文件 freedoms.txt。

（6）显示文件行号。

（7）将光标先移动到屏幕中央，再移动到行尾。

（8）在当前行下方插入新行，并输入内容"The four essential freedoms:"。

（9）将第 4~6 行的 freedom 用 FREEDOM 替换。

（10）将光标移动到第 3 行，并复制第 3~5 行的内容。

（11）将光标移动到文件最后 1 行，并将第（10）步复制的内容粘贴在最后 1 行上方。

（12）撤销第（11）步的粘贴操作。

（13）保存文件并退出 vim。

例 2-41：实训测试文本

The four essential freedoms:

A program is free software if the program's users have the four essential freedoms:

The freedom to run the program as you wish, for any purpose (freedom 0).

The freedom to study how the program works, and change it so it does your computing as you wish (freedom 1). Access to the source code is a precondition for this.

The freedom to redistribute copies so you can help others (freedom 2).

The freedom to distribute copies of your modified versions to others (freedom 3). By doing this you can give the whole community a chance to benefit from your changes. Access to the source code is a precondition for this.

基础篇：掌握Linux基本技能

亲爱的同学们：

推开Linux世界的大门，我们马上就会触碰到支撑整个系统稳定高效运行的几个支柱。在基础篇，我们学习的是用户管理、文件系统管理、磁盘管理和软件管理。通过这几个项目的学习，我们将初步领略Linux操作系统的强大管理能力。

1. 用户管理：核验身份，谨防不速之客

Linux通过精细的用户管理机制确保系统和数据的安全性。每个用户都有独特的身份标识（User ID）和权限属性，这决定了他们能在系统中执行哪些操作。作为系统管理员，我们将学习如何创建、删除、修改用户账户，以及如何在不同的用户身份之间进行切换。通过用户组（User Group）的概念，系统管理员可以更加灵活地管理用户的数据访问权限，实现文件资源的共享与隔离。

2. 文件管理：分门别类，高效安全访问数据

在Linux的世界里，可以说一切皆文件，包括软件程序、硬件设备、进程信息、网络通信等。Linux的文件系统实现了一个层次化的目录结构，以一种直观而高效的方式组织系统中的所有文件和目录。我们需要掌握Linux文件系统的基本结构，熟练使用常用的命令行工具来查看和管理文件与目录。另一个学习重点是用户与文件的关系，以及如何配置文件权限以提高数据的安全性。这是实现Linux安全机制的重要一环。

3. 磁盘管理：提前规划，优化磁盘存储空间

随着数据量的不断增长，磁盘管理的必要性也日益突出，磁盘管理能力也是系统管理员的必备技能。基础的磁盘管理能力包括查看磁盘空间使用情况、分区和格式化磁盘，以及挂载和卸载文件系统。除此之外，我们还应掌握流行的高级磁盘管理技术，如磁盘配额、逻辑卷管理器（LVM）、独立冗余磁盘阵列（RAID）等。掌握这些高级技术能帮助我们更好地管理磁盘空间，提升磁盘空间利用率，提高数据存储的安全性。

4. 软件管理：一键管理，省时省力省心

经过几十年的发展，Linux已从一个简单的内核成长为一个发行版本众多、软件种类数量丰富的操作系统。不管是普通用户还是系统管理员，都能找到工作所需的软件，从基础的命令行工具到复杂的图形界面应用程序，可以说应有尽有。在这个项目中，我们将简单回顾Linux的软件管理历史，学习如何配置软件源，并使用最新的软件包管理器来安装、更新、卸载和配置软件。学完这部分内容，相信你会对Linux的软件管理方式有新的认识。

同学们，每一个项目的学习都充满了挑战和乐趣。通过不断学习和实践，你将逐渐体会和掌握Linux的强大管理能力，为系统稳定高效的运行提供有力保障。路漫漫其修远兮，努力是唯一的通行证！

你们的学习伙伴和朋友

张运嵩

项目3
用户管理

03

学习目标

知识目标

- 理解 Linux 用户与用户组的基本概念与关系。
- 了解 Linux 用户与用户组配置文件的结构与含义。
- 理解 Linux 用户与用户组管理相关命令的基本用法。

能力目标

- 熟练使用用户管理相关命令，了解常用的选项与参数。
- 熟练使用用户组管理相关命令，了解其与用户管理命令的相互影响。

素质目标

- 练习用户与用户组的配置，感受企业真实工作场景中多用户协同工作的复杂性，增强团队合作的意识和能力。
- 练习切换用户的命令，树立"权力越大，责任越大"的责任观念。同时，通过合理赋权，明确精细化管理的作用和重要性。

项目引例

经过这段时间的学习，小朱认识了令他耳目一新的Linux终端窗口和vim文本编辑器，他迫切地想知道在终端窗口中究竟可以做哪些事情。张经理告诉小朱，要想体验Linux操作系统的强大之处，就必须按照不同的主题深入学习。张经理计划从本项目开始指导小朱慢慢揭开Centos 8的"神秘面纱"，逐步走进终端窗口的精彩世界。张经理决定先介绍Linux用户和用户组的基本概念及常用操作，然后演示在Linux系统中切换用户的方法。

任务 3.1　管理用户与用户组

任务陈述

为提高安全性，用户在登录 Linux 系统时需要输入密码。每个用户在系统中都有不同的权限。为简化用户管理，Linux 根据用户的关系在逻辑上将其划分为多个用户组。本任务主要介绍用户和用户组的基本概念、配置文件及相关管理命令。

知识准备

3.1.1　用户与用户组简介

1. 用户与用户组概述

Linux 是一个多用户操作系统，支持多个用户同时登录操作系统。每个用户都使用不同的用户名登录操作系统，并需要提供密码。每个用户的权限不同，所能完成的任务也不同。用户管理是 Linux 安全管理机制的重要一环。通过为不同的用户赋予不同的权限，Linux 能够有效管理系统资源，合理组织文件，实现对文件的安全访问。

为每一个用户设置权限是一项烦琐的工作，因为有些用户的权限是相同的。引入"用户组"的概念可以很好地解决这个问题。用户组是用户的逻辑组合，只要为用户组设置相应的权限，组内的用户就会自动继承这些权限。这种方式可以简化用户管理，提高系统管理员的工作效率。

用户和用户组都有一个字符串形式的名称，但实际上操作系统使用数字形式的 ID 来识别用户和用户组，也就是用户 ID（User ID，UID）和组 ID（Group ID，GID）。UID 和 GID 为数字，每个用户和用户组都有唯一的 UID 和 GID。这很像人们的姓名与身份证号码的关系。但是在 Linux 操作系统中，用户名和用户组的名称是不能重复的。

2. 用户与用户组的关系

一个用户可以只属于一个用户组，也可以属于多个用户组。一个用户组可以只包含一个用户，也可以包含多个用户。因此，用户和用户组存在一对一、一对多、多对一和多对多 4 种对应关系。当一个用户属于多个用户组时，就有了主组（又称初始组）和附加组的概念。

用户的主组指的是只要用户登录系统，就自动拥有这个组的权限。一般来说，当添加新用户时，如果没有明确指定用户所属的组，那么系统会默认创建一个和该用户同名的用户组，这个用户组就是该用户的主组。用户的主组是可以修改的，但每个用户只能有一个主组。除了主组外，用户加入的其他组称为附加组。一个用户可以同时加入多个附加组，并拥有每个附加组的权限。

微课

V3-1　Linux 用户
和用户组

3.1.2　用户与用户组配置文件

既然登录时使用的是用户名，而系统内部又是使用 UID 来识别用户的，那么 Linux 如何根据登录名确定其对应的 UID 和 GID 呢？答案隐藏在用户和用户组的配置文件中。

1. 用户配置文件

在 Linux 操作系统中，与用户相关的配置文件有两个——/etc/passwd 和 /etc/shadow。前者用于记录用户的基本信息，后者和用户的密码信息相关。

微课

V3-2　用户相关
配置文件

（1）/etc/passwd

下面先来查看文件/etc/passwd 的内容，如例 3-1 所示。

例 3-1：文件/etc/passwd 的内容

```
[zys@centos8 ~]$ ls -l /etc/passwd
-rw-r--r--.  1  root  root  2554  2 月 20 17:24   /etc/passwd
[zys@centos8 ~]$ cat /etc/passwd
root:x:0:0:root:/root:/bin/bash      <== 每一行代表一个用户
bin:x:1:1:bin:/bin:/sbin/nologin
zys:x:1000:1000:zhangyunsong:/home/zys:/bin/bash
```

文件/etc/passwd 中的每一行代表一个用户。可能大家会有这样的疑问：安装操作系统时，除了默认创建的 root 用户外，只手动添加了 zys 这一个用户，为什么/etc/passwd 中会出现这么多用户？其实，这里的大多数用户是系统用户（又称伪用户），这些用户不能直接登录系统，但它们是系统正常运行所必需的。不能随意修改系统用户，否则很可能导致依赖它们的系统服务无法正常运行。每一行的用户信息都包含 7 个字段，用:分隔，格式如下。

> 用户名:密码:UID:GID:用户描述:主目录:默认 Shell

（2）/etc/shadow

文件/etc/shadow 的内容如例 3-2 所示。注意：普通用户无法打开该文件，只有 root 用户才能将其打开，这主要是为了防止泄露用户的密码信息。

例 3-2：文件/etc/shadow 的内容

```
[zys@centos8 ~]$ cat /etc/shadow
cat: /etc/shadow: 权限不够         <== 普通用户无法打开/etc/shadow
[zys@centos8 ~]$ su - root
[root@centos8 ~]# cat /etc/shadow
root:$6$rnptFu...UC.eM9l/::0:99999:7:::
bin:*:18397:0:99999:7:::
daemon:*:18397:0:99999:7:::
```

文件/etc/shadow 中的每一行代表一个用户，包含用:分隔的 9 个字段。第 1 个字段表示用户名，第 2 个字段表示加密后的密码，密码之后的几个字段分别表示最近一次密码修改日期、最短修改时间间隔、密码有效期、密码到期前的警告天数、密码到期后的宽限天数、账号失效日期（不管密码是否到期）、保留使用。这里不详细介绍每个字段的含义，大家可使用 man 5 shadow 命令查看文件/etc/shadow 中各字段的具体含义。

2．用户组配置文件

用户组的配置文件是/etc/group，内容如例 3-3 所示。

例 3-3：文件/etc/group 的内容

```
[root@centos8 ~]# cat /etc/group
root:x:0:
bin:x:1:
zys:x:1000:
```

文件/etc/group 中的每一行代表一个用户组，包含用:分隔的 4 个字段，分别是组名、组密码、GID、组中的用户名。

3.1.3　用户与用户组管理相关命令

下面介绍几个和用户及用户组管理相关的命令。注意，本小节涉及的修改用户和用户组信息的命令都要以 root 用户身份执行。

1. 管理用户

（1）新增用户

使用 useradd 命令可以非常方便地新增一个用户。useradd 命令的基本语法如下。

```
useradd  [-d|-u|-g|-G|-m|-M|-s|-c|-r |-e|-f]  [参数] 用户名
```

虽然 useradd 命令提供了非常多的选项，但其实它不使用任何选项就可以创建一个用户，因为 useradd 命令定义了很多默认值。不使用任何选项时，useradd 命令默认执行以下操作。

① 在文件/etc/passwd 中新增一行与新用户相关的信息，包括 UID、GID、主目录等。

② 在文件/etc/shadow 中新增一行与新用户相关的密码信息，但此时密码为空。

③ 在文件/etc/group 中创建与新用户同名的用户组。

④ 在目录/home 中新建与新用户同名的目录，并将其作为新用户的主目录。

useradd 命令的基本用法如例 3-4 所示。

例 3-4：useradd 命令的基本用法——不加任何选项

```
[root@centos8 ~]# useradd shaw                // 创建新用户 shaw
[root@centos8 ~]# grep shaw /etc/passwd       // 新增用户基本信息
shaw:x:1001:1001::/home/shaw:/bin/bash
[root@centos8 ~]# grep shaw /etc/shadow       // 新增用户密码信息
shaw:!!:19775:0:99999:7:::
[root@centos8 ~]# grep shaw /etc/group        // 创建同名用户组
shaw:x:1001:
[root@centos8 ~]# ls -ld /home/shaw           // 新建同名主目录
drwx------.  3  shaw  shaw  78  2 月 22 19:13  /home/shaw
```

显然，useradd 命令按照默认的规则设置了新用户的 UID、GID 及主组等选项。如果不想使用这些默认值，则可利用相应的选项加以明确指定。例如，创建一个名为 tong 的新用户，并手动指定其 UID 和主组，方法如例 3-5 所示。

微课

V3-3 useradd
常用选项

例 3-5：useradd 命令的基本用法——手动指定用户的 UID 和主组

```
[root@centos8 ~]# useradd -u 1234 -g zys tong // 手动指定用户的 UID
和主组
[root@centos8 ~]# grep tong /etc/passwd
tong:x:1234:1000::/home/tong:/bin/bash     <== 1000 是用户组 zys 的 GID
[root@centos8 ~]# grep tong /etc/group
[root@centos8 ~]#                             // 未创建同名用户组
```

（2）设置用户密码

使用 useradd 命令创建用户时并没有为用户设置密码，因此用户无法登录系统。可以使用 passwd 命令为用户设置密码。passwd 命令的基本语法如下。

```
passwd  [-l|-u|-S|-n|-x|-w|-i]  [参数]  [用户名]
```

root 用户可以为所有普通用户修改密码，如例 3-6 所示。如果输入的密码太简单，不满足系统的密码复杂性要求，系统会给出错误提示。在实际的生产环境中，强烈建议大家设置相对复杂的密码以增强系统的安全性。注意：输入的密码不会在屏幕中显示，输入完成后直接按 Enter 键确认即可。

例 3-6：以 root 用户身份为普通用户修改密码

```
[root@centos8 ~]# passwd zys              // 以 root 用户身份修改 zys 用户的密码
更改用户 zys 的密码 。
新的 密码：        <== 输入一个复杂的密码
重新输入新的 密码：  <== 再次输入
passwd：所有的身份验证令牌已经成功更新。
```

每个用户都可以修改自己的密码。此时，只要以用户自己的身份执行 passwd 命令即可，不需要把用户名作为参数，如例 3-7 所示。

例 3-7：普通用户修改自己的密码

```
[zys@centos8 ~]$ passwd          // 普通用户修改自己的密码，无须输入用户名
更改用户 zys 的密码 。
Current password:          <== 在这里输入原密码
新的 密码：                 <== 在这里输入新密码
重新输入新的 密码：         <== 确认新密码
passwd: 所有的身份验证令牌已经成功更新。
```

普通用户修改密码与 root 用户修改密码有两点不同：第一，普通用户只能修改自己的密码，因此在 passwd 命令后不用输入用户名；第二，普通用户修改密码前必须输入自己的原密码，这是为了验证用户的身份，防止密码被其他用户恶意修改。下面给出一个使用特定选项修改用户密码信息的例子，如例 3-8 所示。该例中，用户 zys 的密码 10 天内不允许修改，但 30 天内必须修改，且密码到期前 5 天会有提示。

例 3-8：passwd 命令的基本用法——使用特定选项修改用户密码信息

```
[root@centos8 ~]# passwd -n 10 -x 30 -w 5 zys
调整用户密码老化数据 zys。
passwd: 操作成功
```

（3）修改用户信息

如果使用 useradd 命令创建用户时指定了错误的参数，或者因为其他某些情况想修改一个用户的信息，则可以使用 usermod 命令。usermod 命令主要用于修改一个已经存在的用户的信息，它的参数和 useradd 命令的参数非常相似，大家可以借助 man 命令进行查看，这里不讲解。下面给出一个修改用户信息的例子，如例 3-9 所示。请仔细观察使用 usermod 命令修改用户 shaw 的信息后，文件/etc/passwd 中相关数据的变化。

例 3-9：usermod 命令的基本用法——修改用户的 UID 和主组

```
[root@centos8 ~]# grep shaw /etc/passwd
shaw:x:1001:1001::/home/shaw:/bin/bash          <== 修改前的用户信息
[root@centos8 ~]# usermod -u 1111 -g 1000 shaw
[root@centos8 ~]# grep shaw /etc/passwd
shaw:x:1111:1000::/home/shaw:/bin/bash          <== 注意 UID 和 GID 的变化
```

（4）删除用户

使用 userdel 命令可以删除一个用户。前文说过，使用 useradd 命令创建用户的主要操作是在几个文件中添加用户信息，并创建用户主目录。相应地，userdel 命令就是要删除这几个文件中对应的用户信息，但要使用 -r 选项才能同时删除用户主目录。例 3-10 演示了删除用户 shaw 前后相关文件内容的变化情况。注意：删除用户 shaw 时并没有同时删除同名的用户组 shaw，因为在例 3-9 中已经把用户 shaw 的主组修改为 zys。但用户组 zys 也没有被删除，这是为什么呢？请大家思考这个问题。

例 3-10：userdel 命令的基本用法

```
[root@centos8 ~]# grep shaw /etc/passwd          // userdel 执行之前的文件信息
shaw:x:1111:1000::/home/shaw:/bin/bash
[root@centos8 ~]# grep shaw /etc/shadow
shaw:!!:19775:0:99999:7:::
[root@centos8 ~]# grep shaw /etc/group
shaw:x:1001:
[root@centos8 ~]# userdel -r shaw          // 删除用户 shaw 及其主目录
userdel: 组 shaw 没有移除，因为它不是用户 shaw 的主组
```

```
[root@centos8 ~]# grep shaw /etc/passwd          // userdel 执行之后的文件信息
[root@centos8 ~]# grep shaw /etc/shadow
[root@centos8 ~]# grep shaw /etc/group
shaw:x:1001:          <== 没有删除用户组 shaw
[root@centos8 ~]# grep zys /etc/group
zys:x:1000:          <== 也没有删除用户组 zys
```

2. 管理用户组

前文已经介绍了如何管理用户，下面介绍几个和用户组管理相关的命令。

（1）groupadd 命令

groupadd 命令用于新增用户组，其用法比较简单，在命令后加上组名即可。其常用的选项有两个：-r 选项用于创建系统群组；-g 选项用于手动指定 GID。groupadd 命令的基本用法如例 3-11 所示。

例 3-11：groupadd 命令的基本用法

```
[root@centos8 ~]# groupadd sie          // 新增用户组
[root@centos8 ~]# grep sie /etc/group
sie:x:1002:          <== 在文件/etc/group 中添加相应的用户组信息
[root@centos8 ~]# groupadd -g 1008 ict          // 添加用户组时指定 GID
[root@centos8 ~]# grep ict /etc/group
ict:x:1008:
```

（2）groupmod 命令

groupmod 命令用于修改用户组信息，可以使用-g 选项修改 GID，或者使用-n 选项修改组名。groupmod 命令的基本用法如例 3-12 所示。

例 3-12：groupmod 命令的基本用法

```
[root@centos8 ~]# grep ict /etc/group
ict:x:1008:
[root@centos8 ~]# groupmod -g 1100 ict          // 修改 GID 为 1100
[root@centos8 ~]# grep ict /etc/group
ict:x:1100:
[root@centos8 ~]# groupmod -n newict ict          // 修改组名
[root@centos8 ~]# grep newict /etc/group
newict:x:1100:
```

如果随意修改用户名、组名、UID 或 GID，则用户信息很容易混乱。建议在做好规划的前提下修改这些信息，或者先删除旧的用户和用户组，再建立新的用户和用户组。

（3）groupdel 命令

groupdel 命令的作用与 groupadd 命令的作用正好相反，用于删除已有的用户组。groupdel 命令的基本用法如例 3-13 所示。

例 3-13：groupdel 命令的基本用法

```
[root@centos8 ~]# grep zys /etc/passwd
zys:x:1000:1000:zhangyunsong:/home/zys:/bin/bash
[root@centos8 ~]# grep -E 'zys|newict' /etc/group
zys:x:1000:
newict:x:1100:
[root@centos8 ~]# groupdel newict          // 删除用户组 newict
[root@centos8 ~]# grep newict /etc/group          // 删除用户组 newict 成功
[root@centos8 ~]# groupdel zys          // 删除用户组 zys
groupdel: 不能移除用户 zys 的主组
```

可以看到，删除用户组 newict 是没有问题的，但删除用户组 zys 没有成功。其实提示信息解释得非常清楚，因为用户组 zys 是用户 zys 的主组，所以不能将其删除。也就是说，待删除的用户组不能是任何用户的主组。如果想删除用户组 zys，那么必须先将用户 zys 的主组修改为其他组，请大家自己动手练习，这里不演示。

3. 其他管理用户和用户组的相关命令

下面再介绍几个和用户相关的管理命令。

（1）id 命令和 groups 命令

id 命令用于查看用户的 UID、GID 和附加组信息。id 命令的用法非常简单，只要在命令后面加上用户名即可。groups 命令主要用于显示用户组的信息，其效果与 id -Gn 命令相同，如例 3-14 所示。

例 3-14：id 和 groups 命令的基本用法

```
[root@centos8 ~]# id zys                    // 查看 zys 用户的相关信息
uid=1000(zys) gid=1000(zys) 组=1000(zys)
[root@centos8 ~]# groupadd devteam
[root@centos8 ~]# usermod -G devteam zys           // 将用户 zys 添加到 devteam 组中
[root@centos8 ~]# id zys
uid=1000(zys) gid=1000(zys) 组=1000(zys),1003(devteam)
[root@centos8 ~]# groups zys        // 查看用户组信息
zys : zys devteam
```

（2）groupmems 命令

groupmems 命令可以把一个用户添加到一个附加组中，也可以从一个组中移除一个用户。groupmems 命令的常用选项及其功能说明如表 3-1 所示。

表 3-1　groupmems 命令的常用选项及其功能说明

选项	功能说明	选项	功能说明
-a　username	把用户添加到组中	-d　username	从组中移除用户
-g　grpname	目标用户组	-l	显示组成员
-p	删除组中的所有用户		

groupmems 命令的基本用法如例 3-15 所示。

例 3-15：groupmems 命令的基本用法

```
[root@centos8 ~]# groupmems -l -g devteam           // 查看 devteam 组内有哪些用户
zys
[root@centos8 ~]# groupmems -a tong -g devteam       // 向 devteam 组中添加用户 tong
[root@centos8 ~]# groupmems -l -g devteam
zys  tong
[root@centos8 ~]# groupmems -d tong -g devteam       // 从 devteam 组中移除用户 tong
[root@centos8 ~]# groupmems -l -g devteam
zys
```

（3）newgrp 命令

先来回顾经常使用的 ls -l 命令的输出，如例 3-16 所示。注意：本例以用户 zys 的身份执行。

例 3-16：ls -l 命令的输出

```
[zys@centos8 ~]$ groups zys           // 当前登录用户是 zys
zys : zys devteam        <== 主组是 zys，同时 zys 用户属于附加组 devteam
[zys@centos8 ~]$ touch file1
```

```
[zys@centos8 ~]$ ls -l file1
-rw-rw-r--.  1  zys  zys  0  2月 22 20:13  file1        <== 文件 file1 的属组是 zys
```

在例 3-16 中，用户 zys 的主组是 zys，同时，用户 zys 还属于附加组 devteam。当用户 zys 新建一个文件 file1 时，通过 ls -l 命令查看可知，file1 的所有者（第 3 列）是 zys，属组（第 4 列）是 zys。现在的问题是，当一个用户属于多个附加组时，系统会选择哪一个组作为文件的属组？其实，被选中的这个组被称为用户的有效组（Effective Group）。默认情况下，有效组就是用户的主组，可以通过 newgrp 命令进行修改。newgrp 命令的基本用法如例 3-17 所示。

例 3-17：newgrp 命令的基本用法

```
[zys@centos8 ~]$ newgrp devteam            // 将有效组设置为 devteam
[zys@centos8 ~]$ touch file2
[zys@centos8 ~]$ ls -l file2
-rw-r--r--.  1  zys  devteam  0  2月 22 20:14  file2        <== file2 的属组为 devteam
```

需要注意的是，使用 newgrp 命令修改用户的有效组时，只能从附加组中选择。

 任务实施

必备技能 9：管理用户与用户组

张经理所在的信息安全部门最近进行了组织结构调整。调整后，整个部门分为软件开发和运行维护两大中心。作为公司各类服务器的总负责人，张经理最近一直忙着重新规划、调整公司服务器的使用。以软件开发中心为例，开发人员分为开发一组和开发二组。张经理要在开发服务器上为每个开发人员创建新用户、设置密码、分配权限等。开发服务器安装了 CentOS 8，张经理打算利用这次机会向小朱讲解在 CentOS 8 中如何管理用户和用户组。

V3-4　管理用户和用户组

第 1 步，登录开发服务器，在一个终端窗口中，使用 su - root 命令切换为 root 用户。张经理提醒小朱，用户和用户组管理属于特权操作，必须以 root 用户身份执行。

第 2 步，使用 cat /etc/passwd 命令查看系统当前有哪些用户。在这一步，张经理让小朱判断哪些用户是系统用户，哪些用户是之前为开发人员创建的普通用户，并说明判断的依据。

第 3 步，使用 groupadd 命令为开发一组和开发二组分别创建一个用户组，组名分别是 devteam1 和 devteam2。同时，为整个软件开发中心创建一个用户组，组名为 devcenter。

第 4 步，张经理为开发一组创建了新用户 xf，设置初始密码为 xf@171123，并将其添加到用户组 devteam1 中。

以上步骤涉及的命令如例 3-18.1 所示。

例 3-18.1：管理用户和用户组——创建用户和用户组

```
[root@centos8 ~]# groupadd devteam1
[root@centos8 ~]# groupadd devteam2
[root@centos8 ~]# groupadd devcenter
[root@centos8 ~]# useradd xf
[root@centos8 ~]# passwd xf
[root@centos8 ~]# groupmems -a xf -g devteam1
[root@centos8 ~]# groupmems -a xf -g devcenter
```

反应敏捷的小朱对张经理说，useradd 命令会使用默认的参数创建新用户，现在文件/etc/passwd 中肯定多了一条关于用户 xf 的信息，文件/etc/shadow 和/etc/group 也是如此，且用户 xf 的默认主目录/home/xf 也已被默认创建。其实，这也是张经理想对小朱强调的内容。张经理请小朱验证刚才的想法。例 3-18.2 是小朱使用的命令及执行结果。

例 3-18.2：管理用户和用户组——验证用户相关文件

```
[root@centos8 ~]# grep xf /etc/passwd
xf:x:1235:1235::/home/xf:/bin/bash
[root@centos8 ~]# grep xf /etc/shadow
xf:$6$UUTro1R...MLZ0:19775:0:99999:7:::
[root@centos8 ~]# grep xf /etc/group
devteam1:x:1004:xf
devcenter:x:1006:xf
xf:x:1235:
[root@centos8 ~]# ls -ld /home/xf
drwx------. 3 xf xf 78 2月 22 20:22 /home/xf
[root@centos8 ~]# id xf
uid=1235(xf) gid=1235(xf) 组=1235(xf),1004(devteam1),1006(devcenter)
```

第 5 步，张经理采用同样的方法为开发二组创建新用户 wbk，设置初始密码为 wbk@171201，并将其添加到用户组 devteam2 中，如例 3-18.3 所示。

例 3-18.3：管理用户和用户组——创建开发二组用户

```
[root@centos8 ~]# useradd wkb
[root@centos8 ~]# passwd wkb
[root@centos8 ~]# groupmems -a wkb -g devteam2
[root@centos8 ~]# groupmems -a wkb -g devcenter
```

这一次张经理不小心把用户名设为 wkb，眼尖的小朱发现了这个错误，提醒张经理需要撤销刚才的操作再新建用户。

第 6 步，张经理夸奖小朱工作很认真，并请小朱完成后面的操作，如例 3-18.4 所示。

例 3-18.4：管理用户和用户组——重新创建开发二组用户

```
[root@centos8 ~]# groupmems -d wkb -g devteam2
[root@centos8 ~]# groupmems -d wkb -g devcenter
[root@centos8 ~]# userdel -r wkb
[root@centos8 ~]# useradd wbk
[root@centos8 ~]# passwd wbk
[root@centos8 ~]# groupmems -a wbk -g devteam2
[root@centos8 ~]# groupmems -a wbk -g devcenter
[root@centos8 ~]# id wbk
uid=1236(wbk) gid=1236(wbk) 组=1236(wbk),1005(devteam2),1006(devcenter)
```

第 7 步，张经理还要创建一个软件开发中心负责人的用户 ss，并将其加入用户组 devteam1、devteam2 及 devcenter，如例 3-18.5 所示。

例 3-18.5：管理用户和用户组——创建软件开发中心负责人用户

```
[root@centos8 ~]# useradd ss
[root@centos8 ~]# passwd ss
[root@centos8 ~]# groupmems -a ss -g devteam1
[root@centos8 ~]# groupmems -a ss -g devteam2
[root@centos8 ~]# groupmems -a ss -g devcenter
[root@centos8 ~]# id ss
uid=1237(ss) gid=1237(ss) 组=1237(ss),1004(devteam1),1005(devteam2),1006(devcenter)
```

第 8 步，张经理使用 groupmems 命令查看 3 个用户组包含的用户，如例 3-18.6 所示。

例 3-18.6：管理用户和用户组——查看用户组中的用户

```
[root@centos8 ~]# groupmems -l -g devteam1
```

```
xf   ss
[root@centos8 ~]# groupmems -l -g devteam2
wbk   ss
[root@centos8 ~]# groupmems -l -g devcenter
xf   wbk   ss
```

还有十几个用户需要执行类似的操作，张经理没有一一演示。他让小朱在自己的虚拟机中先操作一遍，并记录整个实验过程。如果没有问题，剩下的工作就由小朱来完成。小朱很感激张经理的信任，马上打开自己的计算机开始练习。最终，小朱圆满完成了张经理交代的任务，得到了张经理的肯定和赞许。

 ## 小贴士乐园——UID 与用户类型

UID 是用户在操作系统内部的唯一标识。其实，UID 和用户的类型也有关系，具体信息详见本书配套电子资源。

任务 3.2　切换用户

 ## 任务陈述

在 Linux 系统中，root 用户和普通用户的权限差别很大。即使同为普通用户，权限也有所不同。有时，普通用户需要临时切换为 root 用户来执行某些特权操作，或者赋予普通用户执行特权操作的权限。本任务将详细介绍在 Linux 系统中切换用户的方法，以及如何更安全地将 root 用户的部分特权赋予普通用户。

知识准备

3.2.1　su 命令

切换用户常用的命令是 su，在前文的实验中已多次使用该命令。可以从 root 用户切换为普通用户，也可以从普通用户切换为 root 用户。su 命令的基本用法如例 3-19 所示。exit 命令的作用是退出当前登录用户。请大家注意 su 命令和 exit 命令前后命令提示符中当前用户的变化。

例 3-19：su 命令的基本用法

```
[zys@centos8 ~]$ su – root    // 从用户 zys 切换为 root 用户
密码：    <== 在这里输入 root 用户的密码
[root@centos8 ~]# su – zys    // 从 root 用户切换为普通用户时，不需要输入密码
[zys@centos8 ~]$ exit        // 退出用户 zys，返回 root 用户
[root@centos8 ~]# exit        // 退出 root 用户，返回用户 zys
[zys@centos8 ~]$
```

su 命令的-c 选项表示以 root 用户的身份执行一条特权命令，且执行完该命令后立刻恢复为普通用户，如例 3-20 所示。此例中，文件/etc/shadow 只有 root 用户有权查看，-c 选项后的命令表示使用 grep 命令查看这个文件，命令执行完毕之后终端窗口的当前用户仍然是 zys。

例 3-20：su 命令的基本用法——-c 选项的用法

```
[zys@centos8 ~]$ su – -c "grep zys /etc/shadow"    // 两个-之间有空格
密码：    <== 在这里输入 root 用户的密码
zys:$6$DL7Lw...BkW3in20:19775:10:30:5:::    <== 这一行是 grep 命令的执行结果
[zys@centos8 ~]$        // 当前用户仍然是 zys
```

从普通用户切换为 root 用户时，需要提供 root 用户的密码。但是从 root 用户切换为普通用户时，不需要输入普通用户的密码。因为既然 root 用户有权限删除普通用户，自然没有必要要求它提供普通用户的密码。

3.2.2 sudo 命令

普通用户切换为 root 用户的主要目的是执行一些特权操作，但这要求普通用户拥有 rool 用户的密码。如果系统中的多个普通用户都有执行特权操作的需求，还必须告知这些普通用户 root 用户的密码，那么一旦某个普通用户不小心对外泄露了该密码，就相当于守护系统安全的大门被打开了，这会给系统带来极大的安全隐患。

普通用户可以在不知道 root 用户密码的情况下使用 sudo 命令来执行某些特权操作，前提是 root 用户赋予普通用户使用 sudo 命令执行这些特权操作的权限，即为普通用户"提权"。当普通用户执行 sudo 命令时，操作系统先在文件/etc/sudoers 中检查该普通用户是否有执行 sudo 命令的权限。如果有这个权限，那么系统会要求普通用户输入自己的密码。密码验证通过后，系统就会执行 sudo 命令后续的命令。

默认情况下，只有 root 用户才能够执行 sudo 命令。要想让普通用户也有执行 sudo 命令的权限，root 用户必须正确配置文件/etc/sudoers。该文件有特殊的格式要求，如果用 vim 直接打开修改，则很可能违反它的语法规则。建议大家通过 visudo 命令进行修改。visudo 命令使用 vi 文本编辑器打开文件/etc/sudoers，但在退出时会检查语法是否正确，如果配置错误，则会有相应提示。下面针对不同的应用场景介绍文件/etc/sudoers 的配置方法。

（1）为单个用户提权

假设现在要赋予用户 zys 执行 sudo 命令的权限，并且可以切换为 root 用户执行任意操作，我们需要以 root 用户身份执行 visudo 命令，然后在打开的文件中找到类似下面的一行（在本例中是第 100 行），如例 3-21 所示。

例 3-21：sudo 命令结构

```
[zys@centos8 ~]$ su - root
[root@centos8 ~]# visudo
 99  ## Allow root to run any commands anywhere
100  root     ALL=(ALL)        ALL
```

在本例中，第 100 行是需要关注的内容。这一行其实包含 4 个部分，各部分的含义如下。

* 第 1 部分是一个用户的账号，表示允许哪个用户使用 sudo 命令。本例中为 root 用户。

* 第 2 部分表示用户登录系统的主机，即用户通过哪台主机登录本 Linux 操作系统。ALL 表示所有的主机，即不限制登录主机。本例中为 ALL。

* 第 3 部分是可以切换的用户身份，即使用 sudo 命令可以切换为哪个用户执行命令。ALL 表示可以切换为任意用户。本例中为 ALL。

* 第 4 部分是可以执行的实际命令。命令必须使用绝对路径表示。ALL 表示可以执行任意命令。本例中为 ALL。

因此，上例第 100 行的意思就是 root 用户可以从任意主机登录本系统，切换为任意用户执行任意命令。复制这一行的内容，然后把第 1 部分改为 zys，就可以让用户 zys 切换为 root 用户执行任意命令。如果想要切换为其他普通用户，只需在-u 选项后指定用户名即可，如例 3-22 所示。

例 3-22：sudo 命令的基本用法——配置单一用户权限

```
[root@centos8 ~]# visudo
100  root     ALL=(ALL)        ALL
101  zys      ALL=(ALL)        ALL        <== 添加这一行内容，然后结束 visudo 命令操作
```

```
[root@centos8 ~]# exit
[zys@centos8 ~]$ sudo grep zys /etc/shadow
[sudo] zys 的密码：        <== 注意，这里输入的是用户 zys 的密码
zys:$6$DL7LwhUUxxxkW3in20:19775:10:30:5:::
[zys@centos8 ~]$ sudo -u xf touch /tmp/sudo_test        // 获取用户 xf 的权限
[zys@centos8 ~]$ ls -l /tmp/sudo_test
-rw-r--r--. 1  xf   xf   0  2月 22 21:29  /tmp/sudo_test
```

（2）为用户组提权

引入用户组的概念是为了更方便地管理具有相同权限的用户，配置 sudo 命令时同样可以利用这一便利。如果想为某个用户组的所有用户赋予使用 sudo 命令的权限，则可以采用例 3-23 所示的方法（第 108 行），只要把第 1 部分改为"%组名"即可。本例中，用户组 svist 中的所有用户都将拥有执行 sudo 命令的权限。使用这种方法配置 sudo 命令的好处是：如果日后新建了一个用户，并且把它加入了 svist 用户组，那么该用户将自动拥有执行 sudo 命令的权限，不需要额外配置。

例 3-23：sudo 命令的基本用法——配置用户组权限

```
[zys@centos8 ~]$ su - root
[root@centos8 ~]# visudo
108 %wheel        ALL=(ALL)   ALL   <== 这一行是原来的内容
109 %svist   ALL=(ALL)        ALL   <== 添加这一行内容
```

如果对某个用户或用户组比较信任，允许他们在执行 sudo 命令时不输入自己的密码，那么可以在第 4 部分之前加上"NOPASSWD:"指示信息，如例 3-24 所示。

例 3-24：sudo 命令的基本用法——配置用户组权限，不输入密码

```
[root@centos8 ~]# visudo
109 %svist  ALL=(ALL)        NOPASSWD:ALL
[root@centos8 ~]# groupadd svist
[root@centos8 ~]# groupmems -a zys -g svist        // 将用户 zys 加入 svist 组
[root@centos8 ~]# exit
[zys@centos8 ~]$ id zys
uid=1000(zys) gid=1000(zys) 组=1000(zys),1003(devteam),1238(svist)
[zys@centos8 ~]$ sudo grep zys /etc/shadow        // 不用输入密码
zys:$6$DL7LwhUU4m...qBkW3in20:19775:10:30:5:::
[zys@centos8 ~]$
```

（3）限制特权命令

对于前文两种情况，不管是用户 zys 还是用户组 devteam 中的用户，都能够以 root 用户的身份执行任何命令。这样的配置有一定的风险，因为这些用户很可能不小心就做了影响 root 用户的操作，或者其他破坏操作系统正常运行的操作。例如，按照第 1 种配置，用户 zys 可以随意修改其他普通用户的密码，甚至可以修改 root 用户的密码，如例 3-25 所示。

例 3-25：sudo 命令的基本用法——修改 root 用户的密码

```
[zys@centos8 ~]$ sudo passwd xf        // 修改用户 xf 的密码
更改用户 xf 的密码 。
新的 密码：    <== 注意，这里只是测试，按【Ctrl+C】组合键结束操作
[zys@centos8 ~]$ sudo passwd        // 修改 root 用户的密码
更改用户 root 的密码 。
新的 密码：    <== 注意，这里只是测试，按【Ctrl+C】组合键结束操作
```

为了防止这种意外情况发生，可以对 sudo 后面的命令进行相应的限制，即明确指定用户可以使

用哪些命令，或者进一步指明使用这些命令时必须附带哪些参数或选项。对于例 3-25 中的情况，可以要求普通用户执行 passwd 命令时必须跟一个用户名，但用户名不能是 root。也就是说，普通用户不能执行 sudo passwd 或 sudo passwd root 命令，如例 3-26 所示。注意，感叹号！之后的命令表示该命令不可执行，各命令间以","分隔。

例 3-26：sudo 命令的基本用法——限定用户操作

```
[zys@centos8 ~]$ su – root
[root@centos8 ~]# visudo
101  zys      ALL=(root)       /usr/bin/passwd  [A-Za-z]*,!/usr/bin/passwd root
109  #%svist ALL=(ALL)        NOPASSWD:ALL       <== 行首添加#表示注释这一行
[root@centos8 ~]# exit
[zys@centos8 ~]$ sudo passwd             // 测试 passwd 命令后没有参数
对不起，用户 zys 无权以 root 的身份在 centos8 上执行 /bin/passwd。
[zys@centos8 ~]$ sudo passwd root        // 测试 passwd 命令后带 root 参数
对不起，用户 zys 无权以 root 的身份在 centos8 上执行 /bin/passwd root。
[zys@centos8 ~]$ sudo passwd xf          // 测试修改其他用户的密码
更改用户 xf 的密码 。
新的 密码:     <== 注意，这里只是测试，按【Ctrl+C】组合键结束操作
[zys@centos8 ~]$
```

（4）使用别名简化提权配置

设想这样一种情形：系统中的多个用户有相同的 sudo 权限，但这些用户又不属于同一个用户组，那是不是要为这些用户逐个配置呢？这当然是一种办法，但如果还有新的用户需要 sudo 权限，就要新增一行相同的内容，只是第一部分的用户名不同。如果要取消某用户的 sudo 权限，就要删除该用户对应的那一行。对于这个问题，sudo 提供了一种更简便的解决办法，就是为这些用户取一个相同的"别名"。在配置 sudo 权限时，使用这个别名进行配置。当需要为新用户配置 sudo 权限或取消某用户的 sudo 权限时，只要修改别名即可，方法非常简单，如例 3-27 所示。

例 3-27：sudo 命令的基本用法——设定别名

```
[zys@centos8 ~]$ su - root
[root@centos8 ~]# visudo
14   # Host_Alias      MAILSERVERS = smtp, smtp2
20   # User_Alias ADMINS = jsmith, mikem
30   # Cmnd_Alias SOFTWARE = /bin/rpm, /usr/bin/up2date, /usr/bin/yum
// 添加下面两行
21   User_Alias JIA = zys, tong            <== 创建别名 JIA，包含两个用户
102  JIA      ALL=(ALL)        ALL          <== 使用别名配置 sudo 权限
```

以 User_Alias 关键字开头的行表示创建用户别名。本例创建了一个名为 JIA 的别名，包含两个用户，分别是 zys 和 tong。用户的别名就像一个容器，可以向其中添加新的用户名，或从中删除用户名。除了创建用户别名外，还可以创建主机别名和命令别名。主机别名和命令别名分别用 Host_Alias 和 Cmnd_Alias 关键字创建，就像本例中的第 14 行和第 30 行那样，删除这两行行首的注释符号#即可使用这两个别名。不管是用户别名，还是主机别名或是命令别名，都必须使用大写字母命名，否则结束 visudo 命令时系统会提示语法错误。

（5）sudo 的时间间隔问题

关于 sudo 命令的使用，Linux 还有一个比较人性化的设计。当用户第一次使用 sudo 命令时，需要输入自己的密码以确认身份。在这之后的 5min 内，不需要重复输入密码就可以再次执行 sudo 命令。如果超过 5min，就必须再次输入密码以确认身份。具体操作这里不演示。

任务实施

必备技能 10：切换 Linux 用户

前面，张经理带着小朱为软件开发中心的两个小组创建了相应的用户，并将其分配到对应的用户组。今天，张经理要给小朱演示如何让这些用户能够执行一定的特权操作。

V3-6　切换 Linux 用户

第 1 步，登录开发服务器并打开一个终端窗口，使用 su － root 命令切换为 root 用户。

第 2 步，张经理告诉小朱，目前 root 用户的密码只有张经理自己知道，考虑到软件开发中心平时的工作情况，有必要赋予软件开发中心负责人 ss 通过 sudo 命令执行某些特权操作的权限。以软件管理为例，用户 ss 可以使用 dnf 命令安装、升级或删除软件。张经理通过 visudo 命令打开文件/etc/sudoers，并在其中添加一行内容，如例 3-28.1 所示。

例 3-28.1：切换 Linux 用户——允许用户 ss 执行 yum 命令

```
[root@centos8 ~]# visudo
101  ss       ALL=(root)      /usr/bin/dnf        <== 添加这一行内容
```

第 3 步，为防止误操作，张经理决定禁止软件开发中心的所有用户修改 root 用户的密码，如例 3-28.2 所示。这一步，张经理直接对用户组 devcenter 进行操作。这样，该用户组中的所有用户都相应地受到限制。

例 3-28.2：切换 Linux 用户——禁止软件开发中心的所有用户修改 root 用户的密码

```
[root@centos8 ~]# visudo
109  %devcenter  ALL=(ALL)  /usr/bin/passwd [A-Za-z]*,!/usr/bin/passwd root <== 添加此行
```

第 4 步，张经理为软件开发中心的几位骨干成员设置别名，方便日后为他们设置统一的权限，如例 3-28.3 所示。

例 3-28.3：切换 Linux 用户——为软件开发中心骨干成员设置别名

```
[root@centos8 ~]# visudo
21   User_Alias    GREAT = ss,xf,wbk     <== 添加这一行
```

最后，张经理叮嘱小朱，作为系统运维人员，要尤其重视用户的权限管理，因为这会影响系统的整体安全。另外，本例做的这些设置只是权限管理的一部分，后面还会学习文件权限管理，这同样是系统运维人员应该重点关注的内容。

 小贴士乐园——两种 su 使用方法

前文已多次使用 su 命令切换用户，方法是在 su 命令之后先输入一条短横线-，然后跟上要切换的用户名。实际上，这个看似不起眼的-对 su 命令的执行结果是有影响的。具体信息详见本书配套电子资源。

项目小结

本项目包含两个任务。任务3.1介绍了用户和用户组的基本概念以及与配置文件相关的命令。Linux是一个多用户操作系统，每个用户有不同的权限，引入用户组的概念可以简化用户权限管理，提高用户管理效率。熟练掌握用户和用户组管理的相关命令是Linux系统管理员必须具备的基本技能。任务3.2重点介绍使用su命令切换用户的操作方法，以及通过修改文件/etc/sudoers为普通用户提权的方法。切换用户是用户在使用Linux操作系统时的常见需求，系统管理员需要关注这一操作可能带来的安全问题。

项目练习题

1. 选择题

（1）下列关于文件/etc/passwd 的描述中，（　　）是正确的。

    A. 记录了系统中每个用户的基本信息

    B. 只有 root 用户有权查看该文件

    C. 存储了用户的密码信息

    D. 详细说明了用户的文件访问权限

（2）关于用户和用户组的关系，下列说法正确的是（　　）。

    A. 一个用户只能属于一个用户组

    B. 创建文件时，文件的属组就是创建用户的主组

    C. 一个用户可能属于多个用户组，但只能有一个主组

    D. 用户的主组确定后无法修改

（3）关于用户 ID（UID）和组 ID（GID）的说法中，不正确的一项是（　　）。

    A. 二者都是字符串形式的标识符

    B. 二者都是数字形式的标识符

    C. 操作系统内部使用 UID 和 GID

    D. UID 和 GID 在系统内部是唯一的

（4）关于用户的主组和附加组，下列说法正确的是（　　）。

    A. 每个用户都有一个主组和附加组

    B. 用户的主组在创建用户时自动创建，默认与用户同名

    C. 主组可以修改，附加组不能修改

    D. 一个用户可以加入多个附加组，但只拥有主组的权限

（5）关于 Linux 操作系统中用户的分类，下列说法正确的是（　　）。

    A. 系统中只有一个超级用户，其他全是普通用户

    B. root 用户是超级用户，在系统中的权限最大

    C. 系统用户（伪用户）不是必需的，可以删除

    D. 不同用户的信息被存在不同的文件中，分类管理

（6）在 Linux 操作系统中，新建立的普通用户的主目录默认位于（　　）目录下。

    A. /bin   B. /etc   C. /boot   D. /home

（7）下列用户信息不在文件/etc/passwd 中的是（　　）。

    A. 用户加密后的密码   B. 用户名

    C. 用户主目录   D. UID

（8）使用 useradd 命令新增用户时，默认行为不包括（　　）。

    A. 在文件/etc/passwd 中新增与新用户相关的信息

    B. 在文件/etc/shadow 中新增与新用户相关的密码信息

    C. 在文件/etc/group 中新增与新用户同名的用户组

    D. 如果用户主目录不存在，则不会自动创建

（9）使用 userdel 命令删除用户时，（　　）。

    A. 默认删除用户主目录

B．如果用户主目录非空，则不会删除主目录

C．如果主组中还有其他用户，则不会删除主组

D．不会删除用户密码相关信息

（10）关于 su 命令的说法，正确的一项是（　　）。

A．可以从 root 用户切换为普通用户，反之则不行

B．可以从普通用户切换为 root 用户，反之则不行

C．可以在 root 用户和普通用户间切换

D．普通用户间不能用 su 命令切换

（11）关于 su 命令的说法，不正确的一项是（　　）。

A．从 root 用户切换为普通用户时，不需要后者的密码

B．从普通用户切换为 root 用户时，需要输入普通用户的密码

C．从一个普通用户切换为另一个普通用户时，需要输入后者的密码

D．切换为新用户后，系统环境变量不一定随之改变

（12）sudo 命令支持的功能不包括（　　）。

A．为单个用户配置执行 sudo 命令的权限

B．为用户组配置执行 sudo 命令的权限

C．允许使用 sudo 命令执行限定的操作

D．每次使用 sudo 命令都要输入密码

2．填空题

（1）为了保证系统的安全，Linux 将用户密码信息保存在文件_____中。

（2）Linux 默认的系统管理员账号是_____。

（3）创建新用户时会默认创建一个和用户同名的组，称为_____。

（4）Linux 操作系统将用户的身份分为 3 类：_____、_____和_____。

（5）为保证系统服务正常运行，系统自动创建的用户称为_____或_____。

（6）使用 userdel 命令的_____选项可以在删除用户时删除用户的主目录。

（7）使用_____命令可以实现不同用户间的身份切换。

（8）配置 sudo 权限的推荐方式是使用_____命令打开文件/etc/sudoers。

3．简答题

（1）简述用户和用户组的关系。

（2）常用的用户和用户组配置文件有哪些？分别记录了哪些内容？

（3）常用的用户和用户组管理命令有哪些？主要功能分别是什么？

（4）sudo 命令支持哪些功能？

（5）为单个用户配置执行 sudo 命令的权限时，配置信息包含哪几部分？

4．实训题

【实训 1】

用户与用户组管理是 Linux 系统管理的基础。本实训的主要任务是使用常用的命令管理用户和用户组，在练习中加深读者对用户和用户组的理解。请根据以下实训内容练习用户及用户组基本操作。

（1）在终端窗口中切换为 root 用户。

（2）采用默认设置添加用户 user1，并为 user1 设置密码。

（3）添加用户 user2，手动设置其主目录、UID，为 user2 设置密码。

（4）添加用户组 grp1 和 grp2。

（5）将用户 user1 的主组修改为 grp1，并将用户 user1 和 user2 添加到用户组 grp2 中。

（6）在文件/etc/passwd 中查看用户 user1 和 user2 的相关信息，在文件/etc/group 中查看用户组 grp1 和 grp2 的相关信息，并将其与 id 命令和 groups 命令的输出进行比较。

（7）从用户组 grp2 中删除用户 user1。

【实训 2】

Linux 用户在使用系统的时候经常需要以其他用户的身份执行某些操作，这时就涉及用户切换的问题。系统管理员应该对用户切换进行合理控制，尤其是从普通用户切换为 root 用户时更应特别关注安全性问题。本实训的主要任务是练习 su 命令和 sudo 命令的使用方法，重点是使用 sudo 命令赋予普通用户执行某些特殊操作的权利。请根据以下实训内容完成练习。

（1）以普通用户的身份登录操作系统，打开终端窗口。

（2）使用 su 命令切换为 root 用户。创建两个用户 user1 和 user2，并分别设置密码。

（3）退出 root 用户。切换为用户 user1，尝试在其主目录中创建两个测试文件。查看文件的所有者和属组。

（4）退出用户 user1，再次使用 su 命令切换为 root 用户。

（5）执行 visudo 命令，打开/etc/sudoers 文件。

（6）添加一行内容，允许用户 user1 以 root 用户身份执行特权操作，但不能修改 root 用户密码。

（7）添加一行内容，不允许用户 user1 关机或重启系统。

（8）退出 root 用户登录。使用 su 命令切换为用户 user1，使用 sudo cat 命令查看文件/etc/shadow 的内容。尝试修改 root 用户密码。

（9）退出用户 user1 登录。使用 su 命令切换为用户 user2，使用 sudo shutdown 命令重启系统。

（10）退出用户 user2 登录。

项目4
文件系统管理

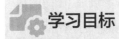

04

学习目标

知识目标

- 了解文件系统的基本概念。
- 了解文件与用户和用户组的关系。
- 熟悉文件权限的类型与含义。

能力目标

- 掌握使用相关命令修改文件所有者和属组的方法。
- 掌握使用符号法修改文件及目录权限的方法。
- 掌握使用数字法修改文件及目录权限的方法。

素质目标

- 练习文件基本操作，养成良好的操作习惯，培养日常行为规范意识。
- 分析文件与用户和用户组的关系，确定文件权限分类管理原则，提高全面、客观分析问题的能力。
- 练习文件权限管理，强化系统安全意识，增强保护用户隐私信息的意识和能力。

项目引例

在一次项目例会上，小朱听到有位同事反映自己的一个重要文件被另一位同事误删了。由于没有及时备份，这位同事只能重新开发，耽误了不少时间。这件事引起了小朱的注意。小朱联想到自己其实已经在Linux中使用了文件，但还没有深入研究过文件管理。张经理告诉小朱，文件管理是Linux系统管理的重点内容，也是每一位优秀的系统管理员必须掌握的基本技能。张经理让小朱先从Linux文件系统的基本概念学起，多练习文件操作相关命令，重点掌握文件的权限管理方法。

任务 4.1　认识 Linux 文件系统

✈ 任务陈述

Linux 是一种支持多用户的操作系统。当多个用户使用同一个系统时，文件权限管理就显得非常重要，这也是关系到整个 Linux 操作系统安全性的大问题。在 Linux 操作系统中，每个文件都有很多和安全相关的属性，这些属性决定了哪些用户可以对这个文件执行哪些操作。

📖 知识准备

4.1.1　Linux 文件系统概述

文件系统这个概念相信大家或多或少都听说过。了解文件系统的基本概念和内部数据结构，对于学习 Linux 操作系统有很大的帮助。文件管理是操作系统的核心功能之一，而文件系统的主要作用正是组织和分配存储空间，提供创建、读取、修改和删除文件的接口，并对这些操作进行权限控制。文件系统是操作系统的重要组成部分。不同的文件系统采用不同的方式管理文件，这主要取决于文件系统的内部数据结构。下面来了解 Linux 文件系统的内部数据结构。

1. 文件系统的内部数据结构

对一个文件而言，除了文件本身的内容（即用户数据）之外，还有很多附加信息（即元数据），如文件的所有者和属组、文件权限、文件大小、最近访问时间、最近修改时间等。一般来说，文件系统会将文件的用户数据和元数据分开存放。

文件系统内部的数据结构如图 4-1 所示。

微课

V4-1　文件系统
内部数据结构

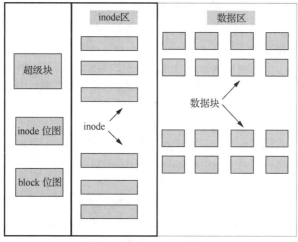

图 4-1　文件系统内部的数据结构

下面重点介绍其中几个关键要素。

（1）数据块

文件系统管理磁盘空间的基本单位是区块（Block，简称块），每个区块都有唯一的编号。区块的大小有 1KB、2KB 和 4KB。在磁盘格式化的时候要确定区块的大小和数量。除非重新格式化，否则区块的大小和数量不允许改变。用于存储文件实际内容的区块是数据块（Data Block）。

（2）索引节点

索引节点（Index Node）常常简称为 inode。inode 用于记录文件的元数据，如文件占用的数据块的编号。inode 的大小和数量也是在磁盘格式化时确定的。一个文件对应一个唯一的 inode，每个 inode 都有唯一的编号，inode 编号是文件的唯一标识。inode 对于文件非常重要，操作系统正是利用 inode 编号定位文件所在的数据块的。

使用带-i 选项的 ls 命令可以显示文件或目录的 inode 编号，如例 4-1 所示。

例 4-1：显示文件或目录的 inode 编号

```
[zys@centos8 ~]$ ls -li
1521191    drwxr-xr-x.   2   zys   zys      6    2 月 20 17:41     公共
52432685   -rw-rw-r--.   1   zys   zys      0    2 月 22 20:13     file1
```

（3）超级块

超级块（Super Block）是文件系统的控制块，用于记录和文件系统有关的信息，如数据块与 inode 的数量和使用信息。超级块是处于文件系统顶层的数据结构。文件系统中所有的数据块和 inode 都要接受超级块的管理。因此可以说超级块就代表一个文件系统，没有超级块就没有文件系统。

（4）block 位图

block 位图又称区块对照表，用于记录文件系统中所有区块的使用状态。新建文件时，利用 block 位图可以快速找到未使用的数据块以存储文件数据。删除文件时，其实只是将 block 位图中相应数据块的状态设置为可用，数据块中的文件内容并未被删除。

（5）inode 位图

和 block 位图类似，inode 位图用于记录每个 inode 的状态。利用 inode 位图可以查看哪些 inode 已被使用，哪些 inode 未被使用。

2. 常用的 Linux 文件系统

Linux 支持多种文件系统，不同的文件系统有不同的功能特性和参数。下面简要介绍几个常用的 Linux 文件系统。

（1）ext2。ext2 是最早使用的 Linux 文件系统之一。由于 ext2 具有简单和高可靠的优点，在很长一段时间被广泛应用于 Linux 中。ext2 是以 inode 为基础的文件系统，支持最大容量为 16TB 的分区和最大容量为 2TB 的文件。

（2）ext3。ext3 是 ext2 的升级版。ext3 也支持最大容量为 16TB 的分区和最大容量为 2TB 的文件。相比于 ext2，ext3 增加了日志功能以提高数据的完整性和可靠性。ext3 还支持快速备份和恢复功能，因此比较适合在生产环境中使用。

（3）ext4。ext4 是在 ext3 的基础上继续扩充的结果，也是 ext 系列中最新版本的文件系统，在性能、可靠性和功能等方面都有显著提升。ext4 支持最大容量为 1EB 的分区和最大容量为 16TB 的文件。ext4 引入了许多新特性，如 Extent 映射、延迟分配、日志校验和在线碎片整理等。这些特性使得 ext4 成为许多 Linux 发行版的默认文件系统。

（4）XFS。XFS 被设计用于高性能环境，特别适合用于处理大文件和大容量存储，支持的最大存储空间为 18EB，常在大型数据库、多媒体处理和科学计算等需要高速存取和大数量管理的应用中出现。XFS 也是一种日志式文件系统，即使在系统崩溃或意外断电的情况下也可以快速恢复被破坏的文件。除此之外，XFS 还具有动态 inode 分配、延迟写入和读取优化等特点。

4.1.2 目录树与文件路径

1. 目录树

大家可以回想在 Windows 操作系统中管理文件的方式。通常，人们会把文件按照不同的用途存放在 C 盘、D 盘等以不同盘符表示的分区中。而在 Linux 文件系统中，所有的文件和目录都被组织在一个称为"根目录"的节点下，根目录用/表示。在根目录下可以创建子目录和文件，在子目录下还可以继续创建子目录和文件。所有目录和文件形成了一棵以根目录为根节点的倒置的目录树，目录树的每个节点都代表一个目录或文件，这就是 Linux 文件系统的层次结构，如图 4-2 所示。

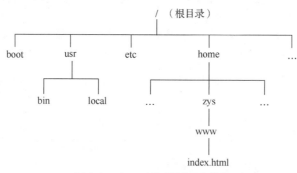

图 4-2　Linux 文件系统的层次结构

2．绝对路径与相对路径

对于任意一个节点，不管是文件还是目录，只要从根目录开始依次向下展开搜索，就能得到一条到达这个节点的路径。表示路径的方式有两种：绝对路径和相对路径。绝对路径指从根目录/写起，将路径上的所有中间节点用斜线/拼接，后跟文件名或目录名。例如，对于文件 index.html，它的绝对路径是/home/zys/www/index.html。因此，访问这个文件时，可以先从根目录进入一级子目录 home，然后进入二级子目录 zys，接着进入三级子目录 www，最后在目录 www 下找到文件 index.html。每个文件只有一条绝对路径，且总能通过绝对路径找到这个文件。

微课

V4-2　绝对路径和相对路径

绝对路径的搜索起点是根目录，因此它总是以斜线/开头。和绝对路径不同，相对路径的搜索起点是当前工作目录，因此不必以斜线/开头。相对路径表示文件相对于当前工作目录的"相对位置"。使用相对路径查找文件时，直接从当前工作目录开始向下搜索。这里仍以文件 index.html 为例，如果当前工作目录是/home/zys，那么 www/index.html 就足以表示文件 index.html 的具体位置。因为在目录/home/zys 下，进入子目录 www 就可以找到文件 index.html。这里的 www/index.html 就是相对路径。同理，如果当前工作目录是/home，那么使用相对路径 zys/www/index.html 也能表示文件 index.html 的准确位置。

3．文件系统层次标准

虽然不同的 Linux 发行版具有不同的图形用户界面风格，但其内部的文件系统都遵循文件系统层次化标准（Filesystem Hierarchy Standard，FHS）。FHS 的主要作用是规范特定的目录下应该存放哪类文件以及它们的用途，从而为操作系统定义统一的文件系统布局。有了 FHS，软件开发者和系统管理员就能够在不同的 Linux 发行版中毫不费力地理解特定目录的作用。

FHS 定义了两层目录规范。第一层规范定义根目录下的各个目录应该存放什么文件，如目录/bin 用于存放可执行文件，目录/etc 用于存放系统配置文件；第二层规范针对/usr 和/var 两个目录的子目录定义，如/usr/local 用于安装系统管理员自己下载的软件，/var/log 用于存放日志文件。表 4-1 列出了 FHS 定义的常见目录及其应该存放的文件。

表 4-1　FHS 定义的常见目录及其应该存放的文件

目录	应该存放的文件	目录	应该存放的文件
/bin	可执行程序	/boot	操作系统启动时会用到的文件
/dev	以文件形式表示的设备与接口	/etc	系统配置文件

续表

目录	应该存放的文件	目录	应该存放的文件
/home	用户主目录	/lib	系统启动时用到的库函数
/media	挂载设备文件的目录	/sbin	系统启动时需要用到的命令
/mnt	暂时挂载某些目录	/opt	第三方软件或自行安装的软件
/tmp	暂时存放用户或程序运行时产生的临时数据，任何人都可以访问	/usr/bin	/bin 链接至该目录
/usr/lib	/lib 链接至该目录	/usr/local	系统管理员自己下载的软件
/var/log	系统日志文件	/var/mail	用户电子邮件目录

4.1.3　文件类型与文件名

不管是普通的 Linux 用户还是专业的 Linux 系统管理员，基本上都要和文件"打交道"。在 Linux 操作系统中，文件的概念被大大延伸了。除了常规意义上的文件外，目录也是一种特殊类型的文件，甚至鼠标、硬盘、打印机等硬件设备也是以文件的形式管理的。本书提到的"文件"，有时专指常规意义上的普通文件，有时是普通文件和目录的统称，有时可能泛指 Linux 操作系统中的所有内容。

1. 文件类型

Linux 文件系统扩展了文件的概念，被操作系统管理的所有软件资源和硬件资源都被视为文件。这些文件具有不同的类型。在前面多次使用的 ls -l 命令的执行结果中，第 1 列的第 1 个字符表示文件类型，包括普通文件（-）、目录文件（d）、链接文件（l）、设备文件（b 或 c）、管道文件（p）和套接字文件（s）等。

微课

V4-3　Linux 中的文件

2. 文件名

Linux 操作系统中的文件名与 Windows 操作系统中的文件名有几个显著的不同。第一，Linux 文件名没有"扩展名"的概念，扩展名即通常所说的文件名后缀。对于 Linux 操作系统而言，文件类型和文件扩展名没有任何关系。所以，Linux 操作系统允许用户把一个文本文件命名为 filename.exe，或者把一个可执行程序命名为 filename.txt。尽管如此，最好还是使用一些约定俗成的扩展名来表示特定类型的文件。第二，Linux 文件名区分英文字母大小写。在 Linux 操作系统中，AB.txt、ab.txt 或 Ab.txt 是不同的文件，但在 Windows 操作系统中，它们是同一个文件。

Linux 文件名的长度最好不要超过 255 个字节，且最好不要使用某些特殊的字符，具体字符如下。

```
*   ?   >   <   ;   &   !   [   ]   |   \   '   "   `   (   )   {   }   空格
```

4.1.4　文件操作常用命令

项目 2 已介绍了与文件相关的查看和操作类命令。下面再介绍几个比较常用但相对复杂的文件操作命令。

1. 文件的打包和压缩

当系统使用时间长了，文件会越来越多，占用的空间也会越来越大。如果没有有效管理，就会给系统的正常运行带来一定的隐患。文件的打包和压缩是 Linux 系统管理员管理文件经常使用的方法，下面介绍与文件打包和压缩相关的概念及命令。

微课

V4-4　文件的打包和压缩

（1）文件打包和压缩的基本概念

文件打包就是人们常说的"归档"。顾名思义，打包就是把一组目录和文件合并成一个文件，这个文件的大小是原来目录和文件大小的总和，可以将打包操作形象地比喻为把几块海绵放到一个篮子中形成一块大海绵。压缩虽然也是把一组目录和文件合并成一个文件,但是它会使用某种算法对这个新文件进行处理,以减小其占用的存储空间。可以把压缩想象成对这块大海绵进行"脱水"处理,使它的体积变小,以达到节省空间的目的。

(2)打包和压缩命令

tar 是 Linux 操作系统中常用的打包命令。tar 命令除了支持传统的打包功能外,还可以将打包文件恢复为原文件,这是和打包相反的操作。打包文件通常以.tar 作为文件扩展名,又被称为 tar 包。tar命令的选项和参数非常多,但常用的只有几个。

例 4-2 演示了如何对一个目录和一个文件进行打包。

例 4-2:tar 命令的基本用法——打包

```
[zys@centos8 ~]$ touch file1 file2 file3
[zys@centos8 ~]$ tar -cf test.tar file1 file2      // 使用-c 选项创建打包文件
[zys@centos8 ~]$ tar -tf test.tar                  // 使用-t 选项查看打包文件的内容
file1
file2
```

将打包文件恢复为原文件时用-x 选项代替-c 选项即可,如例 4-3 所示。

例 4-3:tar 命令的基本用法——恢复原文件

```
[zys@centos8 ~]$ tar -xf test.tar -C /tmp         // 将文件内容展开到/tmp 目录中
[zys@centos8 ~]$ ls /tmp/file*
/tmp/file1   /tmp/file2
```

如果想将一个文件追加到 tar 包的末尾,则需要使用-r 选项,如例 4-4 所示。

例 4-4:tar 命令的基本用法——将一个文件追加到 tar 包的末尾

```
[zys@centos8 ~]$ tar -rf test.tar file3
[zys@centos8 ~]$ tar -tf test.tar
file1
file2
file3      <== 文件 file3 被追加到 test.tar 的末尾
```

可以对打包文件进行压缩操作。gzip 是 Linux 操作系统中常用的压缩命令,gunzip 是和 gzip 对应的解压缩命令。使用 gzip 命令压缩后的文件的扩展名为.gz。限于篇幅,这里不详细讲解 gzip 和gunzip 的具体选项及参数,只演示它们的基本用法,如例 4-5 和例 4-6 所示。

例 4-5:gzip 命令的基本用法

```
[zys@centos8 ~]$ ls test.tar
test.tar
[zys@centos8 ~]$ gzip test.tar                    // 压缩 test.tar 文件
[zys@centos8 ~]$ ls test*
test.tar.gz     <== 原文件 test.tar 被删除
```

使用 gzip 对文件 test.tar 进行压缩时,压缩文件自动被命名为 test.tar.gz,且原打包文件 test.tar会被删除。如果想对 test.tar.gz 进行解压缩,则有两种方法:一种方法是使用 gunzip 命令,后跟压缩文件名,如例 4-6 所示;另一种方法是使用 gzip 命令,但是要使用-d 选项。

例 4-6:gunzip 命令的基本用法

```
[zys@centos8 ~]$ gunzip test.tar.gz               // 也可以使用 gzip -d test.tar.gz 命令
[zys@centos8 ~]$ ls test*
test.tar
```

bzip2 也是 Linux 操作系统中常用的压缩命令,使用 bzip2 命令压缩后的文件的扩展名为.bz2,它对应的解压缩命令是 bunzip。bzip2 和 bunzip 的关系与 gzip 和 gunzip 的关系相似,这里不赘述,大家可以使用 man 命令自行学习。

（3）使用 tar 命令同时打包和压缩文件

前文介绍了如何先打包文件，再对打包文件进行压缩。其实，tar 命令可以同时进行打包和压缩操作，也可以同时解压缩并展开打包文件，只要使用额外的选项指明压缩文件的格式即可。其常用的选项有两个：-z 选项表示压缩和解压缩.tar.gz 格式的文件，而-j 选项表示压缩和解压缩.tar.bz2 格式的文件。例 4-7 和例 4-8 分别演示了 tar 命令的这两种高级用法。

例 4-7：tar 命令的高级用法——压缩和解压缩.tar.gz 格式的文件

```
[zys@centos8 ~]$ touch file3 file4
[zys@centos8 ~]$ tar -zcf gzout.tar.gz file3 file4        // -z 和-c 选项结合使用
[zys@centos8 ~]$ ls gzout.tar.gz
gzout.tar.gz
[zys@centos8 ~]$ tar -zxf gzout.tar.gz -C /tmp           // -z 和-x 选项结合使用
[zys@centos8 ~]$ ls /tmp/file3 /tmp/file4
/tmp/file3   /tmp/file4
```

例 4-8：tar 命令的高级用法——压缩和解压缩.tar.bz2 格式的文件

```
[zys@centos8 ~]$ touch file5 file6
[zys@centos8 ~]$ tar -jcf bz2out.tar.bz2 file5 file6      // -j 和-c 选项结合使用
[zys@centos8 ~]$ ls bz2out.tar.bz2
bz2out.tar.bz2
[zys@centos8 ~]$ tar -jxf bz2out.tar.bz2 -C /tmp         // -j 和-x 选项结合使用
[zys@centos8 ~]$ ls /tmp/file5 /tmp/file6
/tmp/file5   /tmp/file6
```

2. 创建链接文件：ln 命令

ln 命令可以在两个文件之间建立链接关系，它有些像 Windows 操作系统中的快捷方式，但又不完全一样。Linux 文件系统中的链接分为硬链接（Hard Link）和符号链接（Symbolic Link）。下面简单说明这两种链接的不同。

微课

V4-5 硬链接和
符号链接

首先来看硬链接文件是如何工作的。前文说过，每个文件都对应一个 inode，指向保存文件实际内容的数据块，因此通过 inode 可以快速找到文件的数据块。简单地说，硬链接就是一个指向原文件的 inode 的链接文件。也就是说，硬链接文件和原文件共享同一个 inode，因此这两个文件的属性是完全相同的，硬链接文件只是原文件的一个"别名"。删除硬链接文件或原文件时，只是删除了这个文件和 inode 的对应关系，inode 本身及数据块都不受影响，仍然可以通过另一个文件名打开。硬链接的原理如图 4-3（a）所示。例 4-9 演示了如何创建硬链接文件。

例 4-9：创建硬链接文件

```
[zys@centos8 ~]$ touch file1.ori
[zys@centos8 ~]$ echo "CentOS is great" >file1.ori
[zys@centos8 ~]$ ls -li file1.ori                    // 使用-i 选项显示文件的 inode 编号
52433266  -rw-rw-r--.  1  zys  zys  16  2月 23 22:23  file1.ori
[zys@centos8 ~]$ cat file1.ori
CentOS is great
[zys@centos8 ~]$ ln file1.ori file1.hardlink         // ln 命令默认建立硬链接
[zys@centos8 ~]$ ls -li file1.ori file1.hardlink
52433266  -rw-rw-r--.  2  zys  zys  16  2月 23 22:23  file1.hardlink
52433266  -rw-rw-r--.  2  zys  zys  16  2月 23 22:23  file1.ori
[zys@centos8 ~]$ rm file1.ori                        // 删除原文件
[zys@centos8 ~]$ ls -li file1.hardlink               // 硬链接文件仍存在，inode 不变
```

```
52433266  -rw-rw-r--. 1  zys  zys  16  2月 23 22:23  file1.hardlink
[zys@centos8 ~]$ cat file1.hardlink
CentOS is great          <== 内容不变
```

从例 4-9 中可以看出，硬链接文件 file1.hardlink 与原文件 file1.ori 的 inode 编号相同，都是 52433266。删除原文件 file1.ori 后，硬链接文件 file1.hardlink 仍然可以正常打开。另一个值得注意的地方是，创建硬链接文件后，ls -li 命令执行结果中的第 3 列从 1 变为 2。其实，这个数字表示链接到此 inode 的文件的数量。所以当删除原文件后，这一列的数字又变为 1。

符号链接文件是一个独立的文件，有自己的 inode，且其 inode 和原文件的 inode 并不相同，如图 4-3（b）所示。符号链接文件的数据块保存的是原文件的文件名，也就是说，符号链接只是通过这个文件名打开原文件。删除符号链接并不影响原文件，但如果原文件被删除了，那么符号链接将无法打开原文件，从而变为一个死链接。和硬链接相比，符号链接更接近于 Windows 操作系统的快捷方式。例 4-10 演示了如何创建符号链接文件。从例 4-10 中可以看出，符号链接与原文件的 inode 编号并不相同。

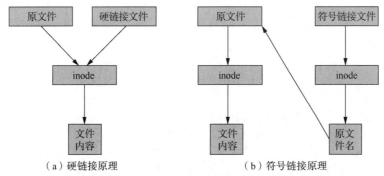

（a）硬链接原理　　　　　　　　（b）符号链接原理

图 4-3　硬链接和符号链接

例 4-10：创建符号链接文件

```
[zys@centos8 ~]$ touch file2.ori
[zys@centos8 ~]$ ls -li file2.ori
52433267  -rw-rw-r--. 1  zys  zys  0  2月 23  22:26  file2.ori
[zys@centos8 ~]$ ln -s file2.ori file2.softlink
[zys@centos8 ~]$ ls -li file2.ori file2.softlink
52433267  -rw-rw-r--. 1  zys  zys  0  2月 23  22:26  file2.ori
52433268  lrwxrwxrwx. 1  zys  zys  9  2月 23  22:27  file2.softlink  -> file2.ori
[zys@centos8 ~]$ rm file2.ori
[zys@centos8 ~]$ cat file2.softlink
cat: file2.softlink: 没有那个文件或目录
```

 任务实施

必备技能 11：文件操作基础实验

张经理发现小朱最近很用功，似乎对 Linux 文件操作很感兴趣，便想检查一下小朱的学习效果。下面是张经理让小朱做的一些操作。

第 1 步，打开一个 Linux 终端窗口，查看当前的工作目录。切换到主目录并查看主目录中有哪些文件。这个要求对小朱来说太简单了，他知道使用不带参数的 cd 命令就可以切换到用户的主目录，如例 4-11.1 所示。在这个例子中，登录终端后的工作目录即为用户的主目录。

微课

V4-6　文件操作
基础实验

例 4-11.1：文件操作基础实验——查看主目录

```
[zys@centos8 ~]$ pwd
/home/zys
[zys@centos8 ~]$ cd
[zys@centos8 ~]$ pwd
/home/zys
[zys@centos8 ~]$ ls
公共  视频  文档  音乐  模板  图片  下载  桌面
```

第 2 步，张经理让小朱查看用户 zys 的主目录中有哪些隐藏文件，如例 4-11.2 所示。张经理提醒小朱，Linux 中的隐藏文件有一个共同的特点，就是文件名以.开头。这时，张经理又给小朱抛出了一个问题，就是输出结果中行首那两个特殊的.和..分别有什么含义？为什么要设计这两个特殊的文件？

例 4-11.2：文件操作基础实验——查看隐藏文件

```
[zys@centos8 ~]$ ls -a
.   公共  视频  文档  音乐  .bash_history  .bash_profile
..  模板  图片  下载  桌面  .bash_logout   .bashrc
```

第 3 步，切换到目录/tmp，创建一个测试目录和一个大小为 5MB 的测试文件，如例 4-11.3 所示。

例 4-11.3：文件操作基础实验——创建测试目录和测试文件

```
[zys@centos8 ~]$ cd /tmp
[zys@centos8 tmp]$ mkdir dir1
[zys@centos8 tmp]$ dd if=/dev/zero of=file1 bs=1M count=5
[zys@centos8 tmp]$ ls -ld dir1 file1
drwxrwxr-x.  2  zys  zys  6        2月 23 22:33  dir1
-rw-rw-r--.  1  zys  zys  5242880  2月 23 22:34  file1
```

第 4 步，将文件 file1 移动到目录 dir1 下，然后将 dir1 中的 file1 复制到用户 zys 的主目录下，如例 4-11.4 所示。张经理提醒小朱，对文件进行移动、复制等操作后，要记得用 ls 命令验证操作是否成功。

例 4-11.4：文件操作基础实验——移动和复制文件

```
[zys@centos8 tmp]$ mv file1 dir1
[zys@centos8 tmp]$ cp dir1/file1 ~zys
[zys@centos8 tmp]$ ls file1
ls: 无法访问'file1': 没有那个文件或目录
[zys@centos8 tmp]$ ls ~zys/file1
/home/zys/file1
```

第 5 步，将文件/etc/os-release 复制到当前目录下，并重命名为 file2。查看该文件的前两行与后两行，并统计该文件的行数，如例 4-11.5 所示。

例 4-11.5：文件操作基础实验——查看文件部分内容

```
[zys@centos8 tmp]$ cp /etc/os-release file2
[zys@centos8 tmp]$ head -n2 file2
NAME="CentOS Linux"
VERSION="8"
[zys@centos8 tmp]$ tail -n2 file2
CENTOS_MANTISBT_PROJECT="CentOS-8"
CENTOS_MANTISBT_PROJECT_VERSION="8"
[zys@centos8 tmp]$ wc -l file2
13 file2
```

第 6 步，查找文件 file2 中所有包含字符串 CentOS 的行，如例 4-11.6 所示。

例 4-11.6：文件操作基础实验——查找指定行

```
[zys@centos8 tmp]$ grep CentOS file2
NAME="CentOS Linux"
PRETTY_NAME="CentOS Linux 8"
CENTOS_MANTISBT_PROJECT="CentOS-8"
```

第 7 步，将文件 file1 和 file2 打包为 test.tar，查看 test.tar 中包含的文件，然后对其进行压缩操作，如例 4-11.7 所示。

例 4-11.7：文件操作基础实验——打包和压缩文件

```
[zys@centos8 tmp]$ tar -cf test.tar dir1/file1 file2
[zys@centos8 tmp]$ tar -tf test.tar
dir1/file1
file2
[zys@centos8 tmp]$ gzip test.tar
[zys@centos8 tmp]$ ls -l test.tar.gz
-rw-rw-r--.  1  zys  zys  5492  2月 23 22:42  test.tar.gz
```

第 8 步，删除 test.tar.gz，同时删除目录及其包含的所有内容，如例 4-11.8 所示。

例 4-11.8：文件操作基础实验——删除文件和目录

```
[zys@centos8 tmp]$ rm test.tar.gz
[zys@centos8 tmp]$ rm -rf dir1
[zys@centos8 tmp]$ ls test.tar.gz dir1
ls: 无法访问'test.tar.gz': 没有那个文件或目录
ls: 无法访问'dir1': 没有那个文件或目录
```

整体来说，张经理很满意小朱的学习效果。但是他提醒小朱不要骄傲自满，毕竟现在只学习了 Linux 文件操作极少的一部分。张经理勉励小朱继续保持谦虚的心态，同时还要多思考、多问，这样才能学得深入，学得扎实。

 小贴士乐园——使用 find 命令查找文件

在使用 Linux 系统时，如果需要查找特定的文件，则可以使用功能强大的 find 命令。find 命令支持根据指定的条件查找文件，比如根据文件名、所有者、大小、类型等进行查找。关于 find 命令的具体使用方法详见本书配套电子资源。

任务 4.2　管理文件权限

 任务陈述

文件权限管理是难倒一大批 Linux 初学者的"猛兽"，但它又是大家必须掌握的一个重要知识点。能否合理、有效地管理文件权限，是评价一个 Linux 系统管理员是否合格的重要标准。本任务先介绍文件所有者和属组的概念，然后重点介绍文件权限的含义和修改文件权限的两种方法。

 知识准备

4.2.1　文件所有者和属组

Linux 是一种支持多用户的操作系统。为了方便对用户的管理，Linux 将多个用户组织在一起形成一个用户组。同一个用户组中的用户具有相同或类似的权限。

V4-7　文件和用户的关系

81

本小节主要学习文件与用户和用户组的关系。

1. 文件所有者和属组概述

文件与用户和用户组有千丝万缕的联系。文件是由用户创建的，用户必须以某种身份或角色访问文件。对于某个文件而言，用户的身份可分为 3 类：所有者（user，又称属主）、属组（group）和其他人（others）。每类用户都可以对文件进行读、写和执行操作，分别对应文件的 3 种权限，即读权限、写权限和执行权限。

文件的所有者就是创建文件的用户。如果有些文件比较敏感（如人事信息），不想被所有者以外的任何人访问，那么可以把文件的权限设置为"所有者可以读取或修改，其他所有人无权这么做"。

属组和其他人这两种身份在涉及团队项目的工作环境中特别有用。假设 A 是一个软件开发项目组的项目经理，A 的团队有 5 名成员，成员都是合法的 Linux 用户并在同一个用户组中。A 创建了项目需求分析、概要设计等文件。显然，A 是这些项目文件的所有者，这些文件应该能被团队成员访问。当 A 的团队成员访问这些文件时，他们的身份就是"属组"，也就是说，他们是以某个用户组的成员的身份访问这些文件的。如果有另外一个团队的成员也要访问这些文件，由于他们和 A 不属于同一个用户组，那么对于这些文件来说，后一个团队的成员的身份就是"其他人"。

需要特别说明的是，只有用户才能拥有文件权限，用户组本身是无法拥有文件权限的。当提到某个用户组拥有文件权限时，其实指的是属于这个用户组的用户拥有文件权限。这一点请大家务必牢记。

了解了文件与用户和用户组的关系后，下面来学习如何修改文件的所有者和属组。

2. 修改文件所有者和属组

（1）chgrp 命令

chgrp 命令可以修改文件属组，其常用的选项是-R，表示同时修改所有子目录及其所有文件的属组，即所谓的"递归修改"。修改后的属组必须是已经存在于文件/etc/group 中的用户组。chgrp 命令的基本用法如例 4-12 所示。

微课

V4-8 chgrp 与
chown 命令

例 4-12：chgrp 命令的基本用法

```
[zys@centos8 ~]$ touch /tmp/ownership
[zys@centos8 ~]$ ls -l /tmp/ownership
-rw-rw-r--. 1 zys zys 0 2月 24 10:15 /tmp/ownership        <== 原属组为 zys
[zys@centos8 ~]$ su - root                    // chgrp 命令要以 root 用户身份执行
[root@centos8 ~]# chgrp sie /tmp/ownership             // 将文件属组改为 sie
[root@centos8 ~]# ls -l /tmp/ownership
-rw-rw-r--. 1 zys sie 0 2月 24 10:15    /tmp/ownership          <== 属组变为 sie
```

（2）chown 命令

修改文件所有者的命令是 chown。chown 命令的基本语法如下。

```
chown  [-R] 用户名  文件或目录
```

同样，这里的-R 选项也表示递归修改。chown 命令可以同时修改文件的用户名和属组，只要把用户名和属组用:分隔即可，基本语法如下。

```
chown  [-R] 用户名：属组  文件或目录
```

chown 命令甚至可以取代 chgrp 命令，即只修改文件的属组，此时要在属组的前面加一个"."。chown 命令的基本用法如例 4-13 所示。

例 4-13：chown 命令的基本用法

```
[root@centos8 ~]# ls -l /tmp/ownership
-rw-rw-r--. 1 zys sie 0 2月 24 10:15  /tmp/ownership <== 注意原所有者和属组
[root@centos8 ~]# chown root /tmp/ownership                 // 只修改文件所有者
[root@centos8 ~]# ls -l /tmp/ownership
```

```
-rw-rw-r--.  1  root  sie  0  2月 24 10:15  /tmp/ownership
[root@centos8 ~]# chown zys:zys /tmp/ownership          // 同时修改文件所有者和属组
[root@centos8 ~]# ls -l /tmp/ownership
-rw-rw-r--.  1  zys  zys  0  2月 24 10:15  /tmp/ownership
[root@centos8 ~]# chown .sie /tmp/ownership             // 只修改文件属组，注意属组前有.
[root@centos8 ~]# ls -l /tmp/ownership
-rw-rw-r--.  1  zys  sie  0  2月 24 10:15  /tmp/ownership
[root@centos8 ~]# exit
```

4.2.2　文件权限

一般来说，Linux 操作系统中除了 root 用户外，还有其他角色的普通用户。每个用户都可以在规定的权限内创建、修改或删除文件。

1. 文件权限的基本概念

前文已多次使用 ls 命令的-l 选项显示文件的详细信息，下面从文件权限的角度重点分析执行结果中第 1 列的含义，如例 4-14 所示。

例 4-14：ls -l 命令的输出

```
[zys@centos8 ~]$ mkdir dir1
[zys@centos8 ~]$ touch file1 file2
[zys@centos8 ~]$ ls -ld dir1 file1 file2
drwxrwxr-x.  2  zys  zys  6  2月 24 10:25  dir1
-rw-rw-r--.  1  zys  zys  0  2月 24 10:25  file1
-rw-rw-r--.  1  zys  zys  0  2月 24 10:25  file2
```

执行结果的第 1 列中一共有 10 个字符。第 1 个字符表示文件的类型，这一点前文已经有所提及。后面的 9 个字符表示文件的权限，从左至右每 3 个字符为一组，分别表示文件所有者的权限、属组的权限及其他人的权限。每一组的 3 个字符是 r、w、x 字母的组合，分别表示读（read，r）权限、写（write，w）权限和执行（execute，x）权限。注意，r、w、x 的顺序不能改变，如图 4-4 所示。如果没有相应的权限，则用短横线-代替。示例如下。

- 第 1 组权限为 rwx 时，表示文件所有者对该文件可读、可写、可执行。
- 第 2 组权限为 rw-时，表示文件属组用户对该文件可读、可写，但不可执行。
- 第 3 组权限为 r--时，表示其他人对该文件可读，但不可写，也不可执行。

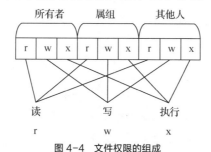

图 4-4　文件权限的组成

2. 文件权限和目录权限的区别

至此我们已经知道了文件有 3 种权限（读、写、执行）。虽然目录本质上也是一种文件，但是这 3 种权限对于普通文件和目录有不同的含义。普通文件用于存储文件的实际内容。对于普通文件来说，这 3 种权限的含义如下。

（1）读权限：可以读取文件的实际内容，如使用 vim、cat、head、tail 等命令查看文件内容。

微课

V4-9　权限的不同
含义

（2）写权限：可以新增、修改或删除文件内容。注意，这里指删除文件内容而非删除文件本身。

（3）执行权限：文件可以作为一个可执行程序被执行。

需要特别说明的是文件的写权限。对一个文件拥有写权限意味着可以编辑文件内容，但是不能删除文件本身。

目录作为一种特殊的文件，存储的是其子目录和文件的名称列表。对于目录而言，这 3 种权限的含义如下。

（1）读权限：可以读取目录的内容列表。也就是说，对一个目录拥有读权限，就可以使用 ls 命令查看其中有哪些子目录和文件。

（2）写权限：可以修改目录的内容列表，这对目录来说是非常重要的。对一个目录拥有写权限，表示可以执行以下操作。

① 在此目录下新建文件和子目录。

② 删除该目录下已有的文件和子目录。

③ 重命名该目录下已有的文件和子目录。

④ 移动该目录下已有的文件和子目录。

（3）执行权限：目录本身并不能被系统执行。对目录拥有执行权限，表示可以使用 cd 命令进入这个目录，即将其作为当前工作目录。

结合文件权限和目录权限的含义，请大家思考这样一个问题：删除一个文件时，需要具有什么权限？（其实，此时需要的是对这个文件所在目录的写权限。）

4.2.3 修改文件权限

修改文件权限所用的命令是 chmod。下面讲解两种修改文件权限的方法：一种是使用符号法修改文件权限，另一种是使用数字法修改文件权限。

微课

V4-10 修改文件权限

1. 符号法

符号法指分别用 r（read，读）、w（write，写）、x（execute，执行）这 3 个字母表示 3 种文件权限，分别用 u（user，所有者）、g（group，属组）、o（others，其他人）这 3 个字母表示 3 种用户身份，并用 a（all，所有人）来表示所有用户。修改文件权限的操作分为 3 类，即添加权限、移除权限和设置权限，并分别用"+""-""="表示。使用符号法修改文件权限的格式如下。

chmod	[-R]	u g o a	+ - =	[rwx]	文件 或 目录

[rwx]表示 3 种权限的组合，如果没有相应的权限，则省略对应字母。可以同时为用户设置多种权限，用户权限之间用逗号分隔。注意：逗号左右不能有空格。

现在来看一个实际的例子。对例 4-14 中的目录 dir1、文件 file1 和 file2 执行下列操作。

dir1：移除属组的执行权限，移除其他人的读和执行权限。

file1：移除所有者的执行权限，将属组和其他人的权限设置为读。

file2：为属组添加写权限，为所有用户添加执行权限。

符号法的具体用法如例 4-15 所示。

例 4-15：chmod 命令的基本用法——使用符号法修改文件权限

```
[zys@centos8 ~]$ chmod g-x,o-rx dir1        // 注意，逗号左右不能有空格
[zys@centos8 ~]$ chmod u-x,go=r file1
[zys@centos8 ~]$ chmod g+w,a+x file2
```

```
[zys@centos8 ~]$ ls -ld dir1 file1 file2
drwxrw----.  2  zys  zys  6  2月 24 10:25  dir1
-rw-r--r--.  1  zys  zys  0  2月 24 10:25  file1
-rwxrwxr-x.  1  zys  zys  0  2月 24 10:25  file2
```

其中，+、-只影响指定位置的权限，其他位置的权限保持不变；而=相当于先移除文件的所有权限，再为其设置指定的权限。

2. 数字法

数字法指用数字表示文件的 3 种权限，权限与数字的对应关系如下。

```
r              4（读）
w              2（写）
x              1（执行）
-              0（表示没有这种权限）
```

设置权限时，把每种用户的 3 种权限对应的数字相加。例如，现在要把文件 file1 的权限设置为 rwxr-xr--，其计算过程如图 4-5 所示。3 种用户的权限分别相加后的数字组合在一起是 754，具体操作方法如例 4-16 所示。

```
4 2 1 4 2 1 4 2 1
r w x r w x r w x

r w x r - x r - -
4 2 1 4 0 1 4 0 0
  7     5     4
```

图 4-5　使用数字法修改文件权限的计算过程

例 4-16：chmod 命令的基本用法——使用数字法修改文件权限

```
[zys@centos8 ~]$ ls -l file1
-rw-r--r--.  1  zys  zys  0  2月 24 10:25  file1
[zys@centos8 ~]$ chmod 754 file1        // 相当于 chmod u=rwx,g=rx,o=r file1
[zys@centos8 ~]$ ls -l file1
-rwxr-xr--.  1  zys  zys  0  2月 24 10:25  file1
```

4.2.4　默认权限与隐藏权限

1. 文件默认权限

知道了如何修改文件权限，现在来思考这样一个问题：当创建普通文件和目录时，其默认的权限是什么？默认的权限又是在哪里设置的？

前文已经提到，执行权限对于普通文件和目录的含义是不同的。普通文件一般用于保存特定的数据，不需要具有执行权限，所以普通文件的执行权限默认是关闭的。因此，普通文件的默认权限是 rw-rw-rw-，用数字表示即 666。而对于目录来说，具有执行权限才能进入这个目录，这个权限在大多数情况下是需要的，所以目录的执行权限默认是开启的。因此，目录的默认权限是 rwxrwxrwx，用数字表示即 777。但是新建的普通文件或目录的实际权限并不是 666 或 777，如例 4-17 所示。

微课

V4-11　了解 umask 命令

例 4-17：新建普通文件和目录的实际权限

```
[zys@centos8 ~]$ mkdir dir1.default
[zys@centos8 ~]$ touch file1.default
[zys@centos8 ~]$ ls -ld *default
drwxrwxr-x.  2  zys  zys  6  2月 24 10:31  dir1.default     <== 默认权限是 775
-rw-rw-r--.  1  zys  zys  0  2月 24 10:31  file1.default    <== 默认权限是 664
```

看来，新建的普通文件和目录的实际权限与预期的默认权限并不一致。其实，这是因为 umask

命令在其中"动了手脚"。在 Linux 操作系统中，umask 命令的值会影响新建普通文件或目录的实际权限。例 4-18 显示了 umask 命令的执行结果。

例 4-18：umask 命令的执行结果

```
[zys@centos8 ~]$ umask
0002      <== 注意右侧的 3 位数字
```

在终端窗口中直接执行 umask 命令就会显示以数字方式表示的权限值，暂时忽略第 1 位数字，只看后面 3 位数字。umask 命令的执行结果表示要从默认权限中移除的权限。002 表示要从文件所有者、文件属组和其他人的权限中分别移除 0、0、2 对应的部分。可以这样理解 umask 命令的执行结果：r、w、x 对应的数字分别是 4、2、1，如果要移除读权限，则写上 4；如果要移除写或执行权限，则分别写上 2 或 1；如果要同时移除写和执行权限，则写上 3；0 表示不移除任何权限。最终，普通文件和目录的实际权限就是默认权限移除 umask 的结果，如下。

普通文件	默认权限（666） rw-rw-rw-	移除 -	umask（002） --------w-	= =	664 rw-rw-r--
目录	默认权限（777） rwxrwxrwx	移除 -	umask（002） --------w-	= =	775 rwxrwxr-x

这正是例 4-17 中显示的结果。如果把 umask 的值设置为 245（即-w-r--r-x），那么新建普通文件和目录的权限应该如下。

普通文件	默认权限（666） rw-rw-rw-	移除 -	umask（245） -w-r--r-x	= =	422 r---w--w-
目录	默认权限（777） rwxrwxrwx	移除 -	umask（245） -w-r--r-x	= =	532 r-x-wx-w-

修改 umask 命令值的方法很简单，只需在 umask 命令后跟上新值即可，如例 4-19 所示。修改完之后再次创建普通目录和文件进行验证，可以看到实际的结果和上面的是一致的。

例 4-19：设置 umask 值

```
[zys@centos8 ~]$ umask 245           // 设置 umask 的值为 245
[zys@centos8 ~]$ umask
0245
[zys@centos8 ~]$ mkdir dir2.default
[zys@centos8 ~]$ touch file2.default
[zys@centos8 ~]$ ls -ld *2.default
dr-x-wx-w-.    2 zys  zys  6  2月 24 10:33  dir2.default    // 用数字表示即 532
-r---w--w-. 1 zys  zys  0  2月 24 10:33  file2.default    // 用数字表示即 422
[zys@centos8 ~]$ umask 002           // 恢复 umask 的值为 002
[zys@centos8 ~]$ umask
0002
```

这里请大家思考一个问题：在计算普通文件和目录的实际权限时，能不能把默认权限和 umask 对应位置的数字直接相减呢？例如，777−002=775，或者 666−002=664。（其实，这种方法对目录适用，但对普通文件不适用，请大家分析其中的原因。）

2．文件隐藏权限

除了前文提到的文件的 3 种基本权限和默认权限外，在 Linux 操作系统中，文件的隐藏属性也会影响用户对文件的访问。这些隐藏属性对增强系统的安全性非常重要。lsattr 和 chattr 两条命令分别用于查看和设置文件的隐藏属性。

使用 lsattr 命令可以查看文件的隐藏属性。lsattr 命令的基本语法格式如下。

lsattr ［-adR］ *文件* 或 *目录*

使用-a 选项可以显示所有文件的隐藏属性，包括隐藏文件；使用-d 选项可以查看目录本身的隐藏属性，而不是目录中文件的隐藏属性；使用-R 选项可以递归地显示目录及其文件的隐藏属性。

chattr 命令的基本语法如下。

chattr ［+-=］ ［属性］ *文件* 或 *目录*

（1）+表示向文件添加属性，其他属性保持不变。

（2）- 表示移除文件的某种属性，其他属性保持不变。

（3）=表示为文件设置属性，相当于先清除所有属性，再重新进行属性设置。

例 4-20 演示了设置和查看文件隐藏属性的方法。

例 4-20：设置和查看文件隐藏属性的方法

```
[zys@centos8 ~]$ su – root              // 以 root 用户身份执行
[root@centos8 ~]# cd /tmp
[root@centos8 tmp]# touch file1
[root@centos8 tmp]# lsattr file1
-------------------- file1              <== 默认没有隐藏属性
[root@centos8 tmp]# chattr +i file1
[root@centos8 tmp]# lsattr file1
----i--------------- file1              <== 设置了隐藏属性 i
[root@centos8 tmp]# echo "abc" >file1
-bash: file1: 不允许的操作                <== 无法修改文件内容
[root@centos8 tmp]# rm –f file1
rm: 无法删除'file1': 不允许的操作          <==   即使是 root 用户，也无法删除
[root@centos8 tmp]# chattr –i file1      // 移除隐藏属性 i
[root@centos8 tmp]# lsattr file1
-------------------- file1              <== 隐藏属性 i 被移除
[root@centos8 tmp]# echo "abc" >file1
[root@centos8 tmp]# cat file1
abc        <== 可以添加内容
[root@centos8 tmp]# rm file1
rm: 是否删除普通文件 'file1'? y           <== 可以删除文件
[root@centos8 tmp]# exit
[zys@centos8 ~]$
```

 任务实施

必备技能 12：配置 Linux 文件权限

前面，张经理带着小朱为软件开发中心的所有同事创建了用户和用户组，现在张经理要继续为这些同事配置文件和目录的访问权限，在这个过程中，张经理要向小朱演示文件和目录相关命令的基本用法。注意，本实验要以 root 用户身份进行操作。

第 1 步，查看 3 个用户组中当前有哪些用户，如例 4-21.1 所示。

例 4-21.1：文件和目录管理综合实验——查看用户组

```
[root@centos8 ~]# groupmems -l -g devcenter
xf  wbk  ss
[root@centos8 ~]# groupmems –l –g devteam1
xf  ss
```

微课

V4-12　配置 Linux
文件权限

87

```
[root@centos8 ~]# groupmems -l -g devteam2
wbk    ss
```

第 2 步，创建目录/home/dev_pub，用于存放软件开发中心的共享资源。该目录对软件开发中心的所有人开放读权限，但只有软件开发中心的负责人（即用户 ss）有读写权限，如例 4-21.2 所示。

例 4-21.2：文件和目录管理综合实验——设置目录权限

```
[root@centos8 ~]# cd /home
[root@centos8 home]# mkdir dev_pub
[root@centos8 home]# ls -ld dev_pub
drwxr-xr-x. 2  root  root  6  2月 24 10:41  dev_pub
[root@centos8 home]# chown ss:devcenter dev_pub
[root@centos8 home]# chmod 750 dev_pub
[root@centos8 home]# ls -ld dev_pub
drwxr-x---. 2  ss  devcenter  6  2月 24 10:41  dev_pub
```

第 3 步，在目录/home/dev_pub 中新建文件 readme.devpub，用于记录有关软件开发中心共享资源的使用说明，如例 4-21.3 所示。

例 4-21.3：文件和目录管理综合实验——设置文件权限

```
[root@centos8 home]# cd dev_pub
[root@centos8 dev_pub]# touch readme.devpub
[root@centos8 dev_pub]# ls -l readme.devpub
-rw-r--r--. 1  root  root  0  2月 24 10:46  readme.devpub
[root@centos8 dev_pub]# chown ss:devcenter readme.devpub
[root@centos8 dev_pub]# chmod 640 readme.devpub
[root@centos8 dev_pub]# ls -l readme.devpub
-rw-r-----. 1  ss  devcenter  0  2月 24 10:46  readme.devpub
```

做完这一步，张经理让小朱观察目录 dev_pub 和文件 readme.devpub 的权限有何不同，并思考读、写和执行权限对文件及目录的不同含义。

第 4 步，创建目录/home/devteam1 和/home/devteam2，分别作为开发一组和开发二组的工作目录，对组内人员开放读写权限，如例 4-21.4 所示。

例 4-21.4：文件和目录管理综合实验——为两个开发小组创建工作目录并设置权限

```
[root@centos8 dev_pub]# cd -
/home
[root@centos8 home]# mkdir devteam1
[root@centos8 home]# mkdir devteam2
[root@centos8 home]# ls -ld devteam*
drwxr-xr-x. 2  root  root  6  2月 24 10:49  devteam1
drwxr-xr-x. 2  root  root  6  2月 24 10:49  devteam2
[root@centos8 home]# chown -R ss:devteam1 devteam1
[root@centos8 home]# chown -R ss:devteam2 devteam2
[root@centos8 home]# chmod g+w,o-rx devteam1
[root@centos8 home]# chmod g+w,o-rx devteam2
[root@centos8 home]# ls -ld devteam*
drwxrwx---. 2  ss  devteam1  6  2月 24 10:49  devteam1
drwxrwx---. 2  ss  devteam2  6  2月 24 10:49  devteam2
```

第 5 步，分别切换为用户 ss、xf 和 wbk，并进行下面两项测试，检查设置是否成功。具体操作这里不演示。

① 使用 cd 命令分别进入目录 dev_pub、devteam1 和 devteam2，检查用户能否进入这 3 个目

录。如果不能进入，则尝试分析失败的原因。

② 如果能进入上述 3 个目录，则使用 touch 命令新建测试文件，并使用 mkdir 命令创建测试目录，检查操作是否成功。如果成功，则使用 rm 命令删除测试文件和测试目录。如果不成功，则尝试分析失败的原因。

✍ 小贴士乐园——文件访问控制列表

前文在介绍文件权限时，把文件的用户分为所有者、属组和其他人 3 种，每种用户都有读、写和执行 3 种权限。这种权限可以认为是文件的基本权限。如果想对文件权限进行更精细的设置，例如，只对某个用户或某个属组开放某种权限，那么前文介绍的方法是无法满足需求的。使用文件访问控制列表（Access Control List，ACL）设置文件的扩展权限能够实现这种效果。关于文件访问控制列表的详细操作请参见本书配套电子资源。

🔍 项目小结

　　本项目的两个任务是本书的核心内容之一，不管是难度还是重要性，都需要大家格外重视。Linux扩展了文件的概念，目录也是一种特殊的文件，硬件设备也被抽象为文件进行管理。不管是Linux系统管理员还是普通用户，日常工作中都离不开文件和目录。任务4.1重点介绍了Linux中文件的基本概念和常用命令。这些命令在Linux中的使用频率非常高，必须多加练习以熟练掌握。任务4.2介绍了文件所有者和属组的基本概念以及配置文件权限的两种常用方法。另外，任务4.2还介绍了修改文件默认权限的方法。文件权限是Linux安全机制的重要组成部分，与Linux用户的信息安全息息相关。大家要能深刻认识Linux文件权限的重要性，明确文件权限和目录权限的区别和联系，通过实际操作提高文件权限的管理能力。

项目练习题

1. 选择题

（1）下列（　　）命令能将文件 a.dat 的权限从 rwx------改为 rwxr-x---。

　　A．chown rwxr-x--- a.dat　　　　　　B．chmod rwxr-x--- a.dat

　　C．chmod g+rx a.dat　　　　　　　　D．chmod 760 a.dat

（2）创建新文件时，（　　）命令用于定义文件的默认权限。

　　A．chmod　　　　B．chown　　　　　C．chattr　　　　　D．umask

（3）关于 Linux 文件名，下列说法正确的是（　　）。

　　A．Linux 文件名不区分英文字母大小写

　　B．Linux 文件名可以没有扩展名

　　C．Linux 文件名最多可以包含 64 个字符

　　D．Linux 文件名和文件的隐藏属性无关

（4）对一个目录拥有写权限，下列说法错误的是（　　）。

　　A．可以在该目录下新建文件和子目录

B. 可以删除该目录下已有的文件和子目录

C. 可以移动或重命名该目录下已有的文件和子目录

D. 可以修改该目录下文件的内容

（5）若一个文件的权限是 rw-r--r--，则说明该文件的所有者拥有的权限是（　　）。

　　A. 读、写、执行　　B. 读、写　　　　C. 读、执行　　　　D. 执行

（6）和权限 rw-rw-r-- 对应的数字是（　　）。

　　A. 551　　　　　　B. 771　　　　　　C. 664　　　　　　D. 660

（7）下列说法错误的是（　　）。

　　A. 文件一旦创建，所有者是不可改变的

　　B. chown 命令和 chgrp 命令都可以修改文件属组

　　C. 默认情况下，文件的所有者就是创建文件的用户

　　D. 文件属组的用户对文件拥有相同的权限

（8）对于目录而言，执行权限意味着（　　）。

　　A. 可以对目录执行删除操作　　　　　B. 可以在目录下创建或删除文件

　　C. 可以进入目录　　　　　　　　　　D. 可以查看目录的内容

（9）关于使用符号法修改文件权限，下列说法错误的是（　　）。

　　A. 分别使用 r、w、x 这 3 个字母表示 3 种文件权限

　　B. 权限操作分为 3 类，即添加权限、移除权限和设置权限

　　C. 分别使用 u、g、o 这 3 个字母表示 3 种用户身份

　　D. 不能同时修改多个用户的权限

2. 填空题

（1）Linux 操作系统中的文件路径有两种形式，即_____和_____。

（2）为了能够使用 cd 命令进入某个目录，并使用 ls 命令列出目录的内容，用户需要拥有对该目录的_____和_____权限。

（3）使用数字法修改文件权限时，读、写和执行权限对应的数字分别是_____、_____和_____。

（4）在 Linux 的文件系统层次结构中，顶层的节点是_____，用_____表示。

（5）影响文件默认权限的命令是_____。

（6）绝对路径以____作为搜索起点，相对路径以____作为搜索起点。

3. 简答题

（1）简述 Linux 中文件名和 Windows 中文件名的不同。

（2）简述 Linux 文件系统的目录树结构以及绝对路径和相对路径的区别。

（3）简述文件和用户与用户组的关系，以及修改文件所有者与属组的相关命令。

（4）简述文件和目录的 3 种权限的含义。

任务实训

【实训 1】

文件操作是 Linux 用户常使用的操作。本实训的主要任务是练习常用的 Linux 文件操作命令，通过练习帮助读者进一步了解这些命令的常用参数和选项，以便为后续的深入学习打下基础。请根据以下实训内容练习文件及目录常用命令。

（1）以用户 zys 身份登录操作系统，打开终端窗口，查看当前工作目录。

（2）在当前目录中创建目录 tmp，并切换到该目录。

（3）在 tmp 中创建目录 testdir1 和 testdir2。

（4）在 tmp 中创建一个测试文件 testfile1，并将其复制到 testdir1 中。

（5）将 testdir1 整体复制到 testdir2 中。

（6）在 tmp 中创建第 2 个测试文件 file2，将 testdir1 中的 file1 与 testdir2/testdir1 中的 file1 打包，然后将 file2 追加到其中。

（7）对第（6）步生成的 tar 包文件进行压缩。

（8）删除第（7）步生成的压缩文件。

（9）删除 file2 与 testdir2。

【实训 2】

文件和目录的访问权限直接关系到整个 Linux 操作系统的安全性。作为一名合格的 Linux 系统管理员，必须深刻理解 Linux 文件权限的基本概念，并能够熟练地进行权限设置。本实训的主要任务是练习修改文件权限的两种方法，结合文件权限与用户和用户组的设置，理解文件的 3 种用户身份及权限对于文件和目录的不同含义。请根据以下实训内容完成文件权限修改及验证练习。

（1）以用户 zys 身份登录操作系统，在终端窗口中切换为 root 用户。

（2）创建用户组 it，将用户 zys 添加到该用户组中。

（3）添加两个新用户 jyf 和 zcc，并分别为其设置密码，将用户 jyf 添加到用户组 it 中。

（4）在/tmp 目录中创建文件 file1 和目录 dir1，并将其所有者和属组分别设置为 zys 和 it。

（5）将文件 file1 的权限依次修改为以下 3 种。对于每种权限，分别切换为 zys、jyf 和 zcc 用户，验证这 3 个用户能否对文件 file1 进行读、写、重命名和删除操作。

① rw-rw-rw-。

② rw-r--r--。

③ r---w-rw-。

（6）将目录 dir1 的权限依次修改为以下 4 种。对于每种权限，分别切换为 zys、jyf 和 zcc 用户，验证这 3 个用户能否进入 dir1、在 dir1 中新建文件、在 dir1 中删除和重命名文件、修改 dir1 中文件的内容，并分析原因。

① rwxrwxrwx。

② rwxr-xr-x。

③ rwxr-xrw-。

④ r-x-wx--x。

项目5
磁盘管理

05

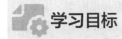 学习目标

知识目标

- 了解磁盘的组成与分区的基本概念。
- 了解磁盘配额的用途和 LVM 的工作原理。

能力目标

- 能够添加磁盘分区并创建文件系统和挂载点。
- 了解磁盘配额管理的相关命令和步骤。
- 了解配置 LVM 的相关命令和步骤。

素质目标

- 练习磁盘分区，提高数据分类管理能力，增强数据安全意识。
- 练习磁盘配额管理，培养统筹规划意识和目标分解能力，理解将目标分解为具体的步骤可以更好地实施过程管理，有助于实现最终目标。
- 练习使用 LVM 和 RAID，加深对磁盘管理技术的理解。同时，面对不断变化的用户需求和技术进步，提高设计规划的灵活性和可扩展性。

🔍 **项目引例**

    随着软件开发中心承接的软件项目逐渐增多，最近不断有软件开发人员抱怨开发服务器磁盘空间不够用，他们都不约而同地向张经理申请更大的磁盘空间。作为经验丰富的Linux系统管理员，张经理非常清楚这个问题的严重性，也知道如何从根本上解决这个问题。他决定带着小朱重新规划设计开发服务器的磁盘方案，为软件开发人员免除后顾之忧。小朱目前对Linux磁盘管理的了解很少，张经理让他先从基本的磁盘分区开始，慢慢接触其他高级磁盘管理操作。

任务 5.1 磁盘分区管理

 任务陈述

计算机的主要功能是存储数据和处理数据。本任务的关注点是计算机如何存储数据。现在能够买到的存储设备很多，常见的有硬盘、U 盘等，不同存储设备的容量、外观、存取速度、价格和用途等各不相同。磁盘是计算机硬件系统的主要外部存储设备，本任务将以硬盘为例，讲述磁盘的基本概念和磁盘管理相关命令。

知识准备

5.1.1 磁盘基本概念

磁盘是计算机系统的外部存储设备。相比于内存，磁盘的存取速度较慢，但存储空间要大很多。磁盘分为两种，即硬盘和软盘，软盘目前基本上被淘汰，常用的是硬盘。现在主流硬盘的容量基本上都在 100GB 以上，TB 级别容量的硬盘也很常见。如何有效地管理拥有如此大存储空间的硬盘，使数据存储更安全、数据存取更快速，是系统管理员必须面对和解决的问题。

1. 磁盘的物理组成

磁盘主要由主轴马达、磁头、磁头臂和盘片等组成。主轴马达驱动盘片转动，可伸展的磁头臂牵引磁头在盘片上读取数据。为了更有效地组织和管理数据，盘片又被分割为许多小的组成部分。和硬盘存储相关的两个主要概念是磁道和扇区。

（1）磁道。如果固定磁头的位置，当盘片绕着主轴转动时，磁头在盘片上划过的区域是一个圆，这个圆就是硬盘的一个磁道。磁头与盘片中心主轴的不同距离对应硬盘的不同磁道，磁道以主轴为中心由内向外扩散，构成了整张盘片。一块硬盘由多张盘片构成。

（2）扇区。对于每一个磁道，要把它进一步划分为若干个大小相同的区域，这些区域就是扇区。扇区是磁盘的最小物理存储单元。过去每个扇区的大小一般为 512B，目前大多数大容量磁盘将扇区的大小设计为 4KB。

磁盘是不能直接使用的，必须先进行分区。在 Windows 操作系统中，常见的 C 盘、D 盘等其实就是对磁盘进行分区的结果。磁盘分区是指把磁盘分为若干个逻辑独立的部分。磁盘分区能够优化磁盘管理，并提高系统运行效率和安全性。

磁盘的分区信息保存在被称为"磁盘分区表"的特殊磁盘空间中。现在有两种典型的磁盘分区格式，分别对应两种不同格式的磁盘分区表：一种是传统的主引导记录（Master Boot Record，MBR）格式，另一种是全局唯一标识符分区表（GUID Partition Table，GPT）格式。

微课

V5-1　MBR 与 GPT 分区表

2. 磁盘和分区的名称

在 Linux 操作系统中，所有的硬件设备都被抽象为文件进行命名和管理，且有特定的命名规则。硬件设备对应的文件都保存在目录/dev 下，/dev 后面的内容代表硬件设备的种类。就磁盘而言，旧式的 IDE 接口的硬盘用/dev/hd[a～d]标识；SATA、USB、SAS 等接口的磁盘都是使用 SCSI 模块驱动的，这种磁盘统一用/dev/sd[a～p]标识。其中，中括号内的字母表示系统中这种类型的硬件的编号，如/dev/sda 表示第 1 块 SCSI 硬盘，/dev/sdb 表示第 2 块 SCSI 硬盘。

分区名则是在硬盘名之后附加表示分区顺序的数字，例如，/dev/sda1 和/dev/sda2 分别表示第 1 块 SCSI 硬盘中的第 1 个分区和第 2 个分区。

5.1.2 磁盘管理相关命令

5.1.1 节提到了为什么要对磁盘进行分区，也说明了 MBR 和 GPT 这两种常用的磁盘分区格式。MBR 出现得较早，且目前仍有很多磁盘采用 MBR 分区。但 MBR 的某些限制使得它不能适应现今大容量磁盘的发展。GPT 相比 MBR 有诸多优势，采用 GPT 分区是大势所趋。磁盘分区后要在分区上创建文件系统，也就是通常所说的格式化。最后要把分区和目录关联起来，即挂载分区，这样就可以通过目录访问和管理分区。

1. 磁盘分区相关命令

（1）lsblk 命令

在进行磁盘分区前，要先了解系统当前的磁盘与分区状态，如系统有几块磁盘、每块磁盘有几个分区、每个分区的大小和文件系统、采用哪种分区方案等。

lsblk 命令用于以树状结构显示系统中的所有磁盘及磁盘的分区，如例 5-1 所示。

例 5-1：使用 lsblk 命令查看磁盘及分区信息

```
[zys@centos8 ~]$ su - root
[root@centos8 ~]# lsblk -p
NAME              MAJ:MIN  RM   SIZE    RO   TYPE    MOUNTPOINT
/dev/sda          8:0      0    50G     0    disk
├──/dev/sda1      8:1      0    1G      0    part    /boot
├──/dev/sda2      8:2      0    2G      0    part    [SWAP]
└──/dev/sda3      8:3      0    20G     0    part    /
/dev/sr0          11:0     1    9.3G    0    rom
```

（2）blkid 命令

使用 blkid 命令可以快速查询每个分区的通用唯一识别码（Universally Unique Identifier，UUID）和文件系统，如例 5-2 所示。UUID 是操作系统为每个磁盘或分区分配的唯一标识符。

例 5-2：使用 blkid 命令查看分区的 UUID

```
[root@centos8 ~]# blkid
/dev/sda1: UUID="4940bab0-63b9-4051-9a51-5274eb712369" BLOCK_SIZE="512"
TYPE="xfs" PARTUUID="77026ed7-01"
    /dev/sda2: UUID="4ffb7f9a-788d-4d76-94a5-07d652304766" TYPE="swap" PARTUUID=
"77026ed7-02"
    /dev/sda3: UUID="341d9768-e88f-4b77-a299-7065054f048d" BLOCK_SIZE="512"
TYPE="xfs" PARTUUID="77026ed7-03"
    /dev/sr0: BLOCK_SIZE="2048" UUID="2021-06-01-20-39-18-00" LABEL="CentOS-
8-4-2105-x86_64-dvd" TYPE="iso9660" PTUUID="44956b46" PTTYPE="dos"
```

（3）parted 命令

知道了系统有几块磁盘和几个分区，还要使用 parted 命令查看磁盘的大小、磁盘分区表的类型及分区详细信息，如例 5-3 所示。

例 5-3：使用 parted 命令查看磁盘分区信息

```
[root@centos8 ~]# parted /dev/sda print
Model: VMware, VMware Virtual S (scsi)
Disk /dev/sda: 53.7GB
Sector size (logical/physical): 512B/512B
Partition Table: msdos
Disk Flags:

Number   Start    End     Size     Type     File system     标志
```

1	1049kB	1075MB	1074MB	primary	xfs		启动
2	1075MB	3255MB	2180MB	primary	linux-swap(v1)		
3	3255MB	24.7GB	21.5GB	primary	xfs		

（4）fdisk 和 gdisk 命令

MBR 分区表和 GPT 需要使用不同的分区命令。MBR 分区表使用 fdisk 命令，而 GPT 使用 gdisk 命令。如果在 MBR 分区表中使用 gdisk 命令或者在 GPT 中使用 fdisk 命令，则会对分区表造成破坏，所以在分区前一定要先确定磁盘的分区格式。

fdisk 命令的使用方法非常简单，只要把磁盘名称作为参数即可。fdisk 命令提供了一个交互式的操作环境，可以在其中通过不同的子命令提示执行相关操作。gdisk 命令的相关操作和 fdisk 命令的相关操作非常类似，这里不赘述。

2. 磁盘空间相关命令

（1）df 命令

超级块用于记录和文件系统有关的信息，如 inode 和数据块的数量与使用情况、文件系统的格式等。df 命令用于从超级块中读取信息，以显示整个文件系统的磁盘空间使用情况。df 命令的基本语法如下。

df　　[-ahHiklmPtTv]　　[目录或文件名]

不加任何选项和参数时，df 命令默认显示系统中的所有文件系统，如例 5-4 所示。其输出信息包括文件系统所在的分区名称、文件系统的空间大小、已使用的磁盘空间、剩余的磁盘空间、磁盘空间使用率和挂载点。

例 5-4：df 命令的基本用法——不加任何选项和参数

```
[root@centos8 ~]# df
文件系统       1K-块        已用        可用         已用%   挂载点
/dev/sda3     20961280    4596424    16364856    22%    /
/dev/sda1     1038336     243684     794652      24%    /boot
```

使用-h 选项会以用户易读的方式显示磁盘容量信息，如例 5-5 所示。注意，"已用"列的容量单位是 GB 或 MB 等，而不是例 5-4 中默认的 KB。

例 5-5：df 命令的基本用法——使用-h 选项

```
[root@centos8 ~]# df -h
文件系统       容量      已用      可用      已用%   挂载点
/dev/sda3     20G      4.4G     16G      22%    /
/dev/sda1     1014M    238M     777M     24%    /boot
```

如果把目录名或文件名作为参数，那么 df 命令会自动分析该目录或文件所在的分区，并把该分区的信息显示出来，如例 5-6 所示。此例中，df 命令分析出目录/bin 所在的分区是/dev/sda3，因此会显示这个分区的磁盘容量信息。

例 5-6：df 命令的基本用法——使用目录名作为参数

```
[root@centos8 ~]# df -h /bin  // 自动分析目录/bin 所在的分区
文件系统       容量      已用      可用      已用%   挂载点
/dev/sda3     20G      4.4G     16G      22%    /
```

（2）du 命令

du 命令用于计算目录或文件所占的磁盘空间大小。du 命令的基本语法如下。

du　　[-abcDhHklLmsSxX]　　[目录或文件名]

不加任何选项和参数时，du 命令会显示当前目录及其所有子目录的容量，如例 5-7 所示。

例 5-7：du 命令的基本用法——不加任何选项和参数

```
[root@centos8 ~]# du
0     ./.cache/mesa_shader_cache
```

```
4    ./.cache/dconf
4    ./.cache
```

可以通过一些选项改变 du 命令的输出。例如，如果想查看当前目录的总磁盘占用量，可以使用
-s 选项，而-S 选项仅会显示每个目录本身的磁盘占用量，不包括其中的子目录的容量，如例 5-8
所示。

例 5-8：du 命令的基本用法——使用-s 和-S 选项

```
[root@centos8 ~]# du -s
48    .      <== 当前目录的总磁盘占用量
[root@centos8 ~]# du -S
0     ./.cache/mesa_shader_cache
4     ./.cache/dconf
0     ./.cache      <== 不包括子目录的容量
```

df 命令和 du 命令的区别在于：df 命令直接从超级块中读取数据，统计整个文件系统的容量信息；
而 du 命令会在文件系统中查找所有目录和文件的数据。因此，如果查找的范围太大，du 命令可能需
要较长的执行时间。

3. 磁盘格式化

磁盘分区后必须对其进行格式化才能使用，即在分区中创建文件系统。格式化除了清除磁盘或分
区中的所有数据外，还对磁盘做了什么操作呢？其实，文件系统需要特定的信息才能有效管理磁盘或
分区中的文件，而格式化重要的意义就是在磁盘或磁盘分区的特定区域中写入这些信息，以达到初始
化磁盘或磁盘分区的目的，使其成为操作系统可以识别的文件系统。在传统的文件管理方式中，一个
分区只能被格式化为一个文件系统，因此通常认为一个文件系统就是一个分区。但新技术的出现打破
了文件系统和磁盘分区之间的这种限制，现在可以将一个分区格式化为多个文件系统，也可以将多个
分区合并为一个文件系统。本书的所有实验都采用传统的方法，因此对分区和文件系统的概念并不严
格加以区分。

使用 mkfs 命令可以为磁盘分区创建文件系统。mkfs 命令的基本语法如下。其中，-t 选项可以指
定要在分区中创建的文件系统类型。mkfs 命令看似非常简单，但实际上创建一个文件系统涉及的操作
非常多。如果没有特殊需要，使用 mkfs 命令的默认值即可。

```
mkfs  -t  文件系统类型  分区名
```

4. 挂载与卸载

挂载分区又称为挂载文件系统，这是让分区可以正常使用的最后一步。简单地说，挂载分区就是
把一个分区与一个目录绑定，使目录作为进入分区的入口。将分区与目录绑定的操作称为"挂载"，这
个目录就是挂载点。分区必须被挂载到某个目录后才可以使用。挂载分区的命令是 mount，它的选项
和参数非常复杂，但目前只需要了解其基本的语法。mount 命令的基本语法如下。

```
mount  [-t  文件系统类型]  分区名  目录名
```

其中，-t 选项指明了目标分区的文件系统类型，mount 命令能自动检测出分区格式化时使用的文
件系统，因此不使用-t 选项也可以成功执行挂载操作。关于挂载文件系统，需要特别注意以下 3 点。

（1）不要把一个分区挂载到不同的目录。

（2）不要把多个分区挂载到同一个目录。

（3）作为挂载点的目录最好是空目录。

对于第（3）点，如果作为挂载点的目录不是空目录，那么挂载后该目录中原来的内容会被暂时隐
藏，只有把分区卸载才能看到原来的内容。卸载就是解除分区与挂载点的绑定关系，所用的命令是
umount。umount 命令的基本语法如下。可以把分区名或挂载点作为参数进行卸载。

```
umount  分区名 | 挂载点
```

5. 启动挂载分区

使用 mount 命令挂载分区会遇到一个很麻烦的问题，即重启系统后分区的挂载点没有被保留下来，需要再次手动挂载才能使用。如果系统中的多个分区都需要这样处理，则意味着每次重启系统后都要执行一些重复的工作。能不能在启动系统时自动挂载这些分区？方法当然是有的，这涉及启动挂载的配置文件/etc/fstab。先来查看该文件的内容，如例 5-9 所示。

例 5-9：启动挂载的配置文件/etc/fstab 的内容

```
[root@centos8 ~]# cat /etc/fstab
UUID=341d9768-e88f-4b77-a299-7065054f048d /       xfs    defaults  0   0
UUID=4940bab0-63b9-4051-9a51-5274eb712369 /boot   xfs    defaults  0   0
UUID=4ffb7f9a-788d-4d76-94a5-07d652304766 none    swap   defaults  0   0
```

/etc/fstab 的每一行都代表一个分区的文件系统，包括用空格或制表符分隔的 6 个字段，即设备名、挂载点、文件系统类型、挂载参数、dump 备份标志和 fsck 检查标志。每个字段的具体含义参见本书配套电子资源。

Linux 在启动过程中，会从文件/etc/fstab 中读取文件系统挂载信息并进行自动挂载。因此只需把想要自动挂载的文件系统加入这个文件，就可以实现自动挂载的目的。

前文分别介绍了磁盘分区、文件系统和挂载点的基本概念，现在用图 5-1 来说明三者的关系。

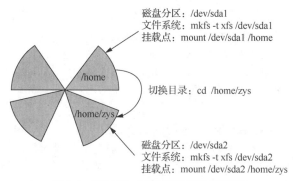

图 5-1 磁盘分区、文件系统和挂载点的关系

可以看到，当使用 cd 命令在不同的目录之间切换时，逻辑上只是把工作目录从一处切换到另一处，但物理上很可能从一个分区转移到另一个分区。Linux 文件系统的这种设计，实现了文件系统在逻辑层面和物理层面上的分离，使用用户能够以统一的方式管理文件，而不用考虑文件所在的物理分区。

 任务实施

必备技能 13：磁盘分区综合实验

张经理之前为开发一组和开发二组分别创建了工作目录。考虑到日后的管理需要，张经理决定为两个开发小组分别创建新的分区，并将其挂载到相应的工作目录。下面是张经理的操作步骤。

第 1 步，登录开发服务器，在一个终端窗口中使用 su - root 命令切换为 root 用户。

第 2 步，使用 lsblk 命令查看系统磁盘及分区信息，如例 5-10.1 所示。

例 5-10.1：磁盘分区综合实验——查看系统磁盘及分区信息

```
[zys@centos8 ~]$ su - root
[root@centos8 ~]# lsblk -p
NAME          MAJ:MIN RM  SIZE   RO TYPE     MOUNTPOINT
```

微课

V5-2 磁盘分区
综合实验

97

```
/dev/sda           8:0    0   50G    0   disk
├──/dev/sda1       8:1    0   1G     0   part      /boot
├──/dev/sda2       8:2    0   2G     0   part      [SWAP]
└──/dev/sda3       8:3    0   20G    0   part      /
/dev/sr0          11:0    1   9.3G   0   rom
```

张经理告诉小朱，系统当前有/dev/sr0 和/dev/sda 两个设备，/dev/sr0 是光盘镜像，而/dev/sda 是通过 VMware 虚拟出来的一块硬盘。/dev/sda 上有 3 个分区，包括启动分区/dev/sda1（/boot）、根分区/dev/sda3（/）和交换分区/dev/sda2（SWAP）。接下来要在/dev/sda 上新建两个分区。

第 3 步，在新建分区前，要先使用 parted 命令查看磁盘分区表的类型，如例 5-10.2 所示。系统当前的磁盘分区表类型是 msdos，也就是 MBR，因此下面使用 fdisk 命令进行磁盘分区。

例 5-10.2：磁盘分区综合实验——查看磁盘分区表的类型

```
[root@centos8 ~]# parted /dev/sda print
Model: VMware, VMware Virtual S (scsi)
Disk /dev/sda: 53.7GB
Sector size (logical/physical): 512B/512B
Partition Table: msdos
Disk Flags:

Number  Start    End      Size     Type     File system    标志
1       1049kB   1075MB   1074MB   primary  xfs            启动
2       1075MB   3255MB   2180MB   primary  linux-swap(v1)
3       3255MB   24.7GB   21.5GB   primary  xfs
```

第 4 步，使用 fdisk 命令新建磁盘分区。fdisk 命令的使用方法非常简单，只要把磁盘名称作为参数即可，如例 5-10.3 所示。

例 5-10.3：磁盘分区综合实验——新建磁盘分区

```
[root@centos8 ~]# fdisk /dev/sda        // 注意，fdisk 命令后跟磁盘名称而不是分区名称
更改将停留在内存中，直到您决定将更改写入磁盘。        <== 注意这一行提示
命令(输入 m 获取帮助):
```

第 5 步，执行 fdisk 命令后，会进入交互式的操作环境，输入 m 来获取 fdisk 子命令提示，输入 p 来查看当前的磁盘分区表信息，如例 5-10.4 所示。

例 5-10.4：磁盘分区综合实验——查看当前的磁盘分区表信息

```
命令(输入 m 获取帮助): p        <== 输入 p 来查看当前的磁盘分区表信息
Disk /dev/sda: 50 GiB, 53687091200 字节, 104857600 个扇区
单元: 扇区 / 1 * 512 = 512 字节
扇区大小(逻辑/物理): 512 字节 / 512 字节
I/O 大小(最小/最佳): 512 字节 / 512 字节
磁盘标签类型: dos
磁盘标识符: 0x77026ed7

设备        启动    起点      末尾       扇区       大小    Id   类型
/dev/sda1   *       2048      2099199    2097152    1G      83   Linux
/dev/sda2           2099200   6356991    4257792    2G      82   Linux swap / Solaris
/dev/sda3           6356992   48300031   41943040   20G     83   Linux
```

输入 p 后显示的分区表信息和第 3 步中 parted 命令的输出基本相同，具体包括分区名称、是否为启动分区（用*标识）、起始扇区号、终止扇区号、扇区数、分区大小、文件系统标识及文件系统类型等。从以上输出中至少可以得到下面 3 点信息。

① 当前几个分区的扇区是连续的，每个分区的起始扇区号就是前一个分区的终止扇区号加 1。

② 扇区的大小是 512B。

③ 磁盘一共有 104857600 个扇区，目前只用到 48300031 号扇区，说明磁盘还有可用空间可以进行分区。

第 6 步，输入 n，为开发一组添加一个大小为 4GB 的分区，如例 5-10.5 所示。

例 5-10.5：磁盘分区综合实验——为开发一组添加分区

```
命令(输入 m 获取帮助): n          <== 输入 n 来添加分区
分区类型
    p    主分区 (3 个主分区，0 个扩展分区，1 空闲)
    e    扩展分区 (逻辑分区容器)
选择 (默认 e):
```

系统询问是要添加主分区还是逻辑分区。在 MBR 分区方式下，主分区和扩展分区的编号是 1~4，从编号 5 开始的分区是逻辑分区。目前磁盘已使用的分区编号是 1、2、3，因此编号 4 可以用于添加一个主分区或扩展分区。需要说明的是，如果编号 1~4 已经被主分区或扩展分区占用，那么输入 n 后不会有这个提示，因为在这种情况下只能添加逻辑分区。下面先添加扩展分区，再在其基础上添加逻辑分区。

第 7 步，输入 e 来添加扩展分区，并指定分区的初始扇区和大小，如例 5-10.6 所示。

例 5-10.6：磁盘分区综合实验——添加扩展分区

```
选择 (默认 e): e    <== 输入 e 添加扩展分区

已选择分区 4
第一个扇区 (48300032-104857599, 默认 48300032): <== 直接按 Enter 键表示采用默认值
上个扇区，+sectors 或 +size{K,M,G,T,P} (48300032-104857599, 默认 104857599): +8G

创建了一个新分区 4，类型为 "Extended"，大小为 8 GiB。
```

fdisk 命令会根据当前的系统分区状态确定新分区的编号，并询问新分区的起始扇区号。可以指定新分区的起始扇区号，但建议采用系统默认值，所以这里直接按 Enter 键即可。下一步要指定新分区的大小，fdisk 命令提供了 3 种指定新分区大小的方式：第 1 种方式是输入新分区的终止扇区号；第 2 种方式是采用 "+扇区" 的格式，即指定新分区的扇区数；第 3 种方式最简单，采用 "+size" 的格式直接指定新分区的大小即可。这里采用第 3 种方式指定新分区的大小，即输入 "+8G"。注意，这里的容量单位是 GiB。

第 8 步，按照同样的方式继续添加两个逻辑分区，分别作为开发一组和开发二组的分区，大小分别为 4GiB 和 2GiB，如例 5-10.7 所示。

例 5-10.7：磁盘分区综合实验——继续添加两个分区

```
命令(输入 m 获取帮助): n
所有主分区都在使用中。
添加逻辑分区 5
第一个扇区 (48302080-65077247, 默认 48302080):   <== 直接按 Enter 键表示采用默认值
上个扇区，+sectors 或 +size{K,M,G,T,P} (48302080-65077247, 默认 65077247): +4G

创建了一个新分区 5，类型为 "Linux"，大小为 4 GiB。

命令(输入 m 获取帮助): n
所有主分区都在使用中。
添加逻辑分区 6
```

第一个扇区 (56692736-65077247, 默认 56692736)：　 <== 直接按 Enter 键表示采用默认值
上个扇区，+sectors 或 +size{K,M,G,T,P} (56692736-65077247, 默认 65077247): +2G

创建了一个新分区 6，类型为 "Linux"，大小为 2 GiB。

第 9 步，添加完 3 个分区后输入 p，再次查看磁盘分区表信息，如例 5-10.8 所示。可以看到，/dev/sda4 为新添加的扩展分区，/dev/sda5 和/dev/sda6 是新添加的两个逻辑分区。

例 5-10.8：磁盘分区综合实验——再次查看磁盘分区表信息

命令(输入 m 获取帮助)：p　　　　 <== 输入 p 来查看分区信息

设备	启动	起点	末尾	扇区	大小	Id	类型
/dev/sda1	*	2048	2099199	2097152	1G	83	Linux
/dev/sda2		2099200	6356991	4257792	2G	82	Linux swap / Solaris
/dev/sda3		6356992	48300031	41943040	20G	83	Linux
/dev/sda4		48300032	65077247	16777216	8G	5	扩展
/dev/sda5		48302080	56690687	8388608	4G	83	Linux
/dev/sda6		56692736	60887039	4194304	2G	83	Linux

张经理提醒小朱，此时还不能直接结束 fdisk 命令，因为刚才的操作只保存在内存中，并没有被真正写入磁盘分区表。

第 10 步，回想第 4 步中的提示，当前的更改仅停留在内存中，方法是输入 w，将更改写入磁盘，如例 5-10.9 所示。此时，提示信息显示系统正在使用这块磁盘，因此内核无法更新磁盘分区表，可以通过重新启动系统使分区表生效。

例 5-10.9：磁盘分区综合实验——输入 w 来使操作生效

命令(输入 m 获取帮助)：w　　　　 <== 输入 w 来使操作生效
分区表已调整。
Failed to add partition 5 to system: 设备或资源忙
Failed to add partition 6 to system: 设备或资源忙

The kernel still uses the old partitions. The new table will be used at the next reboot.
正在同步磁盘。

第 11 步，使用 shutdown -r now 命令重启系统，如例 5-10.10 所示。

例 5-10.10：磁盘分区综合实验——重启系统来读取磁盘分区表

[root@centos8 ~]# shutdown -r now　　　　　　　 // 重启系统来读取磁盘分区表

第 12 步，确认磁盘分区信息，最终结果如例 5-10.11 所示。与例 5-10.1 相比，系统中多了 3 个分区，即/dev/sda4、/dev/sda5 和/dev/sda6。

例 5-10.11：磁盘分区综合实验——确认磁盘分区信息

```
[zys@centos8 ~]$ su - root
[root@centos8 ~]# lsblk -p /dev/sda
NAME            MAJ:MIN RM  SIZE RO TYPE    MOUNTPOINT
/dev/sda         8:0     0   50G  0 disk
├─/dev/sda1      8:1     0    1G  0 part    /boot
├─/dev/sda2      8:2     0    2G  0 part    [SWAP]
├─/dev/sda3      8:3     0   20G  0 part    /
├─/dev/sda4      8:4     0    1K  0 part    <== 新添加的扩展分区
├─/dev/sda5      8:5     0    4G  0 part    <== 新添加的逻辑分区，开发一组使用
└─/dev/sda6      8:6     0    2G  0 part    <== 新添加的逻辑分区，开发二组使用
```

第 13 步，为新创建的分区/dev/sda5 和/dev/sda6 分别创建 XFS、ext4 文件系统，如例 5-10.12 所示。

例 5-10.12：磁盘分区综合实验——为新分区创建文件系统

```
[root@centos8 ~]# mkfs -t xfs /dev/sda5
[root@centos8 ~]# mkfs -t ext4 /dev/sda6
```

第 14 步，再次使用 parted 命令查看两个逻辑分区的信息，确认文件系统是否创建成功，如例 5-10.13 所示。

例 5-10.13：磁盘分区综合实验——再次查看两个逻辑分区的信息

```
[root@centos8 ~]# parted /dev/sda print
Number    Start    End      Size      Type      File system    标志
5         24.7GB   29.0GB   4295MB    logical   xfs
6         29.0GB   31.2GB   2147MB    logical   ext4
```

第 15 步，将分区/dev/sda5 和/dev/sda6 分别挂载至目录/home/devteam1 和/home/devteam2，如例 5-10.14 所示。

例 5-10.14：磁盘分区综合实验——挂载分区

```
[root@centos8 ~]# mount /dev/sda5 /home/devteam1
[root@centos8 ~]# mount /dev/sda6 /home/devteam2
```

第 16 步，使用 lsblk 命令确认挂载分区是否成功，如例 5-10.15 所示。

例 5-10.15：磁盘分区综合实验——确认挂载分区是否成功

```
[root@centos8 ~]# lsblk -p /dev/sda5 /dev/sda6
NAME          MAJ:MIN   RM   SIZE   RO   TYPE   MOUNTPOINT
/dev/sda5     8:5       0    4G     0    part   /home/devteam1      <== 已挂载
/dev/sda6     8:6       0    2G     0    part   /home/devteam2      <== 已挂载
```

至此，开发一组和开发二组的分区添加成功，且创建了相应的文件系统并被挂载到各自的工作目录。张经理叮嘱小朱，今后执行类似任务时一定要提前做好规划，保持思路清晰，在操作过程中要经常使用相关命令来确认操作是否成功。

必备技能 14：配置启动挂载分区

做完前面的实验，小朱想到软件开发中心以后在自己创建的分区中工作，就很有成就感。看到小朱得意的表情，张经理让小朱重启系统后再次查看两个分区的挂载信息。小朱惊奇地发现，虽然两个分区还在，但是挂载点是空的。张经理对小朱说，前面使用的挂载方式在重启系统后就会失效。如果想一直保留挂载信息，就必须让系统在启动过程中自动挂载分区，这需要在挂载配置文件/etc/fstab 中进行相关分区的操作。下面是张经理的操作步骤。

微课

V5-3 配置启动
挂载分区

第 1 步，以 root 用户身份打开文件/etc/fstab，在文件最后添加以下两行内容，如例 5-11.1 所示。注意：千万不要修改文件/etc/fstab 中原来的内容，在该文件最后添加新内容即可。

例 5-11.1：配置启动挂载分区——修改配置文件

```
[root@centos8 ~]# vim /etc/fstab    // 添加下面两行内容
/dev/sda5   /home/devteam1   xfs    defaults   0   0
/dev/sda6   /home/devteam2   ext4   defaults   0   0
```

第 2 步，张经理提醒小朱，/etc/fstab 是非常重要的系统配置文件，如果不小心配置错误，则可能会造成系统无法正常启动。为了保证添加的内容没有语法错误，配置完成后一定要记得使用带-a 选项的 mount 命令进行测试。-a 选项的作用是对/etc/fstab 中的文件系统依次进行挂载。如果有语法错误，就会给出相应的提示，如例 5-11.2 所示。

例 5-11.2：配置启动挂载分区——使用 mount –a 命令测试文件配置

```
[root@centos8 ~]# mount -a
[root@centos8 ~]# lsblk -p /dev/sda5 /dev/sda6
NAME          MAJ:MIN  RM  SIZE  RO  TYPE  MOUNTPOINT
/dev/sda5     8:5       0   4G    0   part  /home/devteam1         <== 已挂载
/dev/sda6     8:6       0   2G    0   part  /home/devteam2         <== 已挂载
```

第 3 步，卸载分区/dev/sda5 和/dev/sda6，并重启系统，测试系统自动挂载是否成功，如例 5-11.3 所示。

例 5-11.3：配置启动挂载分区——卸载分区后重启系统

```
[root@centos8 ~]# umount /dev/sda5    // 卸载分区
[root@centos8 ~]# umount /dev/sda6
[root@centos8 ~]# lsblk -p /dev/sda5 /dev/sda6
NAME          MAJ:MIN RM SIZE RO TYPE MOUNTPOINT
/dev/sda5     8:5      0  4G  0  part
/dev/sda6     8:6      0  2G  0  part
[root@centos8 ~]# shutdown -r now         // 重启系统
```

重启系统后使用 lsblk 命令查看两个分区的挂载信息，可以看到挂载点确实得以保留，说明系统启动过程中成功挂载了分区。具体操作过程这里不演示。

经过这个实验，小朱似乎明白了学无止境的道理，他告诉自己，在今后的学习过程中不能仅满足于眼前的成功，还要有刨根问底的精神，这样才能学到更多的知识。

小贴士乐园——文件访问过程

每个文件都对应一个 inode，并且根据文件的大小分配一个或多个数据块。inode 记录了文件数据块的编号，而数据块记录的是文件的实际内容。目录作为一种特殊的文件，也有自己的 inode 和数据块。目录的数据块记录了该目录中的子目录和文件的 inode 编号及名称。我们一般使用文件名访问文件内容。那么操作系统是如何根据文件名访问文件内容的？具体信息详见本书配套电子资源。

任务 5.2　高级磁盘管理

任务陈述

磁盘分区只能满足用户的基本使用需求。实际上，磁盘管理还应考虑磁盘的可靠性、可扩展性、安全性及数据存取速度等非功能性指标。Linux 系统提供了多种方法来提高磁盘的非功能性指标。本任务重点介绍几种常用的高级磁盘管理技术，包括磁盘配额、LVM（逻辑卷管理器）和 RAID（独立冗余磁盘阵列）。

知识准备

5.2.1　磁盘配额

在 Linux 操作系统中，多个用户可以同时登录操作系统完成工作。在没有特别设置的情况下，所有用户共享磁盘空间，只要磁盘还有剩余空间可用，用户就可以在其中创建文件。其中非常关键的一点是，文件系统对所有用户都是"公平"的。也就是说，所有用户平等地使用磁盘，不存在某个用户可以多使用一些磁盘空间或者多创建几个文件的问题。因此，如果有个别用户创建了很多文件，占用了大量的磁盘空间，那么其他用户的可用空间自然就相应地减少了。这引出了如何为用户分配磁盘空间的问题。

1. 什么是磁盘配额

默认情况下，所有用户共用磁盘空间，每个用户能够使用的磁盘空间的上限就是磁盘或分区的大小。为了防止某个用户不合理地使用磁盘，如创建大量的文件或占用大量的磁盘空间，从而影响其他用户的正常使用，系统管理员必须通过某种方法对这种行为加以控制。磁盘配额就是这样一种为用户合理分配磁盘空间的机制。系统管理员可以利用磁盘配额限制用户能够创建的文件的数量或能够使用的磁盘空间。简单地说，磁盘配额就是给用户分配一定数量的"额度"，用户使用完这个额度就无法再创建文件了。

（1）磁盘配额的用途

根据不同的应用场景和实际需求，磁盘配额可以用于实现不同的目的。

● 限制某个用户的最大磁盘配额。系统管理员可以根据用户的角色或行为习惯为不同用户分配不同的磁盘配额。例如，在一个软件开发团队中，开发人员经常需要创建大量文件，因而需要较多的磁盘配额。项目经理主要负责项目的协调和控制，很少直接创建文件，所以不需要太多磁盘配额。需要说明的是，只能为一般用户设置磁盘配额，root 用户不受磁盘配额的限制。

● 限制某个用户组的磁盘配额。在这种情况下，用户组内的所有成员共享磁盘配额。例如，有一台 Linux 主机供多个软件开发团队使用，每个软件开发团队都可以使用 2GB 的磁盘空间。假设某个团队成员创建了一个 10MB 的文件，那么这个成员只是占用其所属用户组的磁盘配额，其他用户组的磁盘配额不受影响。

● 限制某个目录的最大磁盘配额。前面两种磁盘配额都是针对文件系统实施限制的，只要是在文件系统的挂载点创建文件，都受到磁盘配额的限制。如果只想针对某一目录进行磁盘配额，则必须使用 XFS 提供的 project 子命令。

（2）磁盘配额的相关参数

磁盘配额主要通过限制用户或用户组可以创建文件的数量或使用的磁盘空间实现。前文提到，每个文件都对应一个 inode，文件的实际内容存储在数据块中。因此，限制用户或用户组可以使用的 inode 数量，就相当于限制其可以创建的文件数量。同样，限制用户或用户组的数据块使用量，也就限制了其磁盘空间的使用。

不管是 inode 还是数据块，在设置具体的参数值时，Linux 都支持同时设置软（Soft）限制和硬（Hard）限制两个值，以及宽限时间（Grace Time）。举例来说，如果为某个用户设置的软限制为 100MB、硬限制为 150MB、宽限时间为 10 天，其含义如下。

● 软限制：当用户的磁盘使用量在软限制之内（小于 100MB）时，用户可以正常使用磁盘。如果磁盘使用量超过软限制，但尚未达到硬限制（100MB～150MB），那么用户就会收到操作系统的警告信息。如果在宽限时间内用户将磁盘使用量降至软限制以内，那么仍旧可以正常使用磁盘。

● 硬限制：这是允许用户使用的最大磁盘空间（150MB），用户的实际使用量不可超过这个值。

● 宽限时间：当用户的磁盘使用量超过软限制时，宽限时间开始倒计时。如果在宽限时间内（10 天）用户未能将磁盘使用量降至软限制以内，那么软限制就会取代硬限制。如果降至软限制以内，那么宽限时间就会自动停止倒计时。宽限时间的默认值是 7 天。

2. XFS 磁盘配额管理

不同的文件系统对磁盘配额功能的支持不尽相同，配置方式也有所不同。下面以 XFS 为例介绍磁盘配额的配置步骤和方法。

XFS 对磁盘配额的支持相比 ext4 的有所增强。除了支持用户和用户组磁盘配额外，XFS 还支持目录磁盘配额，即限制在特定目录中所能使用的磁盘空间或创建文件的数量。目录磁盘配额和用户组磁盘配额不能同时启用，所以启用目录磁盘配额时必须关闭用户组磁盘配额。和 ext4 不同，在 XFS 中使用磁盘配额不需要创建磁盘配额文件。另一处不同是，XFS 使用 xfs_quota 命令完成全部的磁盘配额操作，不像 ext4 那样使用多条命令完成不同的操作。xfs_quota 命令非常复杂，基本语法如下。

xfs_quota -x -c 子命令 *分区* 或 *挂载点*

使用-x 选项开启专家模式，这个选项和-c 选项指定的子命令有关，因为有些子命令只能在专家模式下使用。xfs_quota 命令通过子命令完成不同的任务，其常用的子命令及其功能说明如表 5-1 所示。

表 5-1 xfs_quota 命令常用的子命令及其功能说明

子命令	功能说明	子命令	功能说明
print	显示文件系统的基本信息	df	和 Linux 操作系统中的 df 命令一样
state	显示文件系统支持的磁盘配额功能，专家模式下才能使用	limit	设置磁盘配额，专家模式下才能使用
report	显示文件系统的磁盘配额使用信息，专家模式下才能使用	timer	设置宽限时间，专家模式下才能使用
project	设置目录磁盘配额，专家模式下才能使用		

这里重点介绍 limit、report 和 timer 这 3 个子命令的具体用法。

limit 子命令用于设置磁盘配额具体数值，只有在专家模式下才能使用，相当于 ext4 中的 setquota 命令。limit 子命令的基本语法如下。

xfs_quota -x -c "limit [-u|-g] [bsoft|bhard]=N [isoft|ihard]=N name" *partition*

limit 子命令常用的选项与参数及其功能说明如表 5-2 所示。

表 5-2 limit 子命令常用的选项与参数及其功能说明

选项与参数	功能说明	选项与参数	功能说明
-u	设置用户磁盘配额	-g	设置用户组磁盘配额
bsoft	设置磁盘空间的软限制	bhard	设置磁盘空间的硬限制
isoft	设置文件数量的软限制	ihard	设置文件数量的硬限制
name	用户或用户组名称	partition	分区或挂载点

report 子命令用于显示文件系统的磁盘配额使用信息，只有在专家模式下才能使用。report 子命令的基本语法如下。

xfs_quota -x -c "report [-u|-g|-p|-b|-i|-h]" *partition*

report 子命令常用的选项与参数及其功能说明如表 5-3 所示。

表 5-3 report 子命令常用的选项与参数及其功能说明

选项与参数	功能说明	选项与参数	功能说明
-u	查看用户磁盘配额使用信息	-g	查看用户组磁盘配额使用信息
-b	查看磁盘空间配额信息	-i	查看文件数量配额信息
-p	查看目录磁盘配额使用信息	-h	以常用的 KB、MB 或 GB 为单位显示磁盘空间
partition	分区或挂载点		

timer 子命令用于设置宽限时间，只有在专家模式下才能使用。timer 子命令的基本语法如下。

> xfs_quota -x -c "timer [-u | -g | -p | -b | -i] grace_value " *partition*

timer 子命令常用的选项与参数及其功能说明如表 5-4 所示。注意，表中的 grace_value 参数有多种表示方式，例如，使用 minutes、hours、days、weeks 等分别表示分钟、小时、天、周，缩写为 m、h、d、w。

表 5-4 timer 子命令常用的选项与参数及其功能说明

选项与参数	功能说明	选项与参数	功能说明
-u	设置用户宽限时间	-g	设置用户组宽限时间
-b	设置磁盘空间宽限时间	-i	设置文件数量宽限时间
-p	设置目录宽限时间	partition	分区或挂载点
grace_value	实际宽限时间，默认以秒为单位		

5.2.2 LVM

1. LVM 基本概念

很多 Linux 系统管理员都或多或少地遇到过这样的问题：如何精确评估并分配合适的磁盘空间以满足用户未来的需求。往往一开始以为分配的磁盘空间很合适，可是经过一段时间的使用后，随着用户创建的文件越来越多，磁盘空间逐渐变得不够用。常规的解决方法是新增磁盘，重新进行磁盘分区，分配更大的磁盘空间，并把原分区中的文件复制到新分区中。这个过程可能要花费系统管理员很长的时间，且很可能在未来的某个时候又要面对这个问题。还有一种情况是一开始为磁盘分区分配的磁盘空间太大，用户实际上只使用了其中的很少一部分，导致大量磁盘空间被浪费。所以系统管理员需要一种既能灵活调整磁盘空间，又不用反复移动文件的方法，这就是接下来要介绍的 LVM。

LVM 之所以能允许系统管理员灵活调整磁盘空间，是因为它在物理磁盘上添加了一个新的抽象层次。LVM 将一块或多块磁盘组合成一个存储池，称为卷组（Volume Group，VG），并在 VG 上划分出不同大小的逻辑卷（Logical Volume，LV）。物理磁盘称为物理卷（Physical Volume，PV）。LVM 维护 PV 和 LV 的对应关系，通过 LV 向上层应用程序提供与物理磁盘相同的功能。LV 的大小可根据需要调整，且可以跨越多个 PV。相比于传统的磁盘分区方式，LVM 更加灵活，可扩展性更好。要想深入理解 LVM 的工作原理，需要明确下面几个基本概念，如图 5-2 所示。

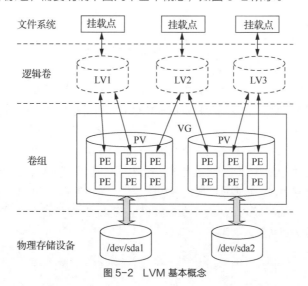

图 5-2 LVM 基本概念

（1）物理存储设备（Physical Storage Device）：就是系统中实际的物理磁盘，实际的数据最终都要存储在物理磁盘中。

（2）PV：指磁盘分区或逻辑上与磁盘分区具有同样功能的设备。和基本的物理存储介质（如磁盘、分区等）相比，PV 有与 LVM 相关的管理参数，是 LVM 的基本存储逻辑块。

（3）VG：LVM 在物理存储设备上虚拟出来的逻辑磁盘，由一个或多个 PV 组成。

（4）LV：逻辑磁盘，是在 VG 上划分出来的分区，所以 LV 也要经过格式化和挂载才能使用。

（5）物理块（Physical Extent，PE）：类似于物理磁盘上的数据块，是 LV 的划分单元，也是 LVM 的最小存储单元。

2. LVM 常用命令

（1）PV 阶段

PV 阶段的主要任务是通过物理设备建立 PV，这一阶段的常用命令包括 pvcreate、pvscan、pvdisplay 和 pvremove 等。

（2）VG 阶段

VG 阶段的主要任务是创建 VG，并把 VG 和 PV 关联起来。这一阶段的常用命令包括 vgcreate、vgremove、vgscan 等。

（3）LV 阶段

VG 阶段之后，系统便多了一块虚拟逻辑磁盘。下面要做的就是在这块逻辑磁盘上进行分区操作，也就是把 VG 划分为多个 LV。和 LV 相关的常用命令包括 lvcreate、lvremove、lvscan 等。

lvcreate 命令的基本语法如下。

```
lvcreate [-L Size[UNIT]] -l Number -n lvname vgname
```

其中，-L 和-l 选项分别用于指定 LV 的容量和 LV 包含的 PE 数量，*lvname* 和 *vgname* 分别表示 LV 名称和 VG 名称。

使用 lvcreate 命令创建 LV 时，有两种指定 LV 大小的方式：第 1 种方式是在-L 选项后跟 LV 容量，单位可以是常见的 m/M（MB）、g/G（GB）等；第 2 种方式是在-l 选项后指定 LV 包含的 PE 数量。创建好的 LV 的完整名称的格式是/dev/*vgname*/*lvname*，其中 *vgname* 和 *lvname* 分别是 VG 和 LV 的实际名称。

5.2.3 RAID

1. RAID 基本概念

简单来说，RAID 是将相同数据存储在多个磁盘的不同地方的技术。RAID 将多个独立的磁盘组合成一个容量巨大的磁盘组，结合数据条带化技术，把连续的数据分割成相同大小的数据块，并把每个数据块写入阵列中的不同磁盘上。RAID 技术主要具有以下 3 个基本功能。

（1）通过对数据进行条带化，实现对数据的成块存取，缩短磁盘的机械寻道时间，提高了数据存取速度。

（2）通过并行读取阵列中的多块磁盘，提高数据存取速度。

（3）通过镜像或者存储奇偶校验信息的方式，对数据提供冗余保护，提高数据存储的可靠性。

根据不同的应用场景需求，有多种不同的 RAID 等级，常见的有 RAID 0、RAID 1、RAID 5 和 RAID 10 等，如图 5-3 所示。每种 RAID 等级都提供了不同的数据存取性能、安全性和可靠性，感兴趣的读者可自行查阅相关资料深入学习。

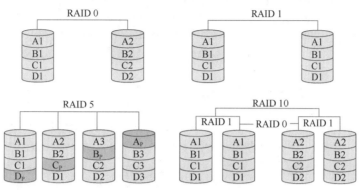

图 5-3　不同的 RAID 等级

2. RAID 常用命令

Linux 操作系统中用于 RAID 管理的命令是 mdadm。mdadm 命令的基本语法如下。

```
mdadm    [-ClnxadDfarsS]
```

mdadm 命令的常用选项及具体用法详见后文的任务实施。

 任务实施

必备技能 15：配置 XFS 磁盘配额

完成前面两个实验后，张经理准备带着小朱为开发一组配置磁盘配额。开发一组的分区是/dev/sda5，挂载点是/home/devteam1，文件系统是 XFS。下面是张经理的操作步骤。

第 1 步，检查用户及用户组信息。为方便演示，张经理先将用户 xf 和 ss 的主组修改为 devteam1，实验结束后再将其恢复为原来的主组。由于在前面任务的实验中对目录/home/devteam1 和/home/devteam2 进行了挂载，因此这里要重新设置它们的所有者和权限，如例 5-12.1 所示

微课

V5-4　配置 XFS
磁盘配额

例 5-12.1：配置 XFS 磁盘配额——检查用户及用户组信息

```
[zys@centos8 ~]$ su – root
[root@centos8 ~]# usermod -g devteam1 xf
[root@centos8 ~]# usermod -g devteam1 ss
[root@centos8 ~]# chown -R ss:devteam1 /home/devteam1
[root@centos8 ~]# chown -R ss:devteam2 /home/devteam2
[root@centos8 ~]# chmod g+w,o-rx /home/devteam1
[root@centos8 ~]# chmod g+w,o-rx /home/devteam2
```

第 2 步，检查分区和用户基本信息。这里，张经理直接使用 df 命令查看分区和用户信息，而不是使用 lsblk 命令，如例 5-12.2 所示。

例 5-12.2：配置 XFS 磁盘配额——检查分区和用户基本信息

```
[root@centos8 ~]# df -h /home/devteam1
文件系统        容量    已用     可用    已用%     挂载点
/dev/sda5     4.0G   61M    4.0G   2%       /home/devteam1
```

第 3 步，添加磁盘配额挂载参数。在 XFS 中启用磁盘配额功能时需要为文件系统添加磁盘配额挂载参数。本例中，需要在文件/etc/fstab 的第 4 列添加 usrquota、grpquota（或 prjquota）参数，如例 5-12.3 所示。张经理特别提醒小朱，prjquota 和 grpquota 这两个参数不能同时使用。

例 5-12.3：配置 XFS 磁盘配额——添加磁盘配额挂载参数

```
[root@centos8 ~]# vim /etc/fstab          // 添加 usrquota 和 grpquota 两个参数
/dev/sda5 /home/devteam1 xfs defaults,usrquota,grpquota  0  0
```

第 4 步，添加了分区的磁盘配额挂载参数后，需要先卸载原分区再重新挂载分区，这样才能使设置生效，如例 5-12.4 所示。

例 5-12.4：配置 XFS 磁盘配额——重新挂载分区

```
[root@centos8 ~]# umount /dev/sda5          // 卸载原分区
[root@centos8 ~]# mount –a                  // 重新挂载分区，使设置生效
[root@centos8 ~]# df –h /home/devteam1
文件系统    容量   已用   可用   已用%   挂载点
/dev/sda5  4.0G  61M  4.0G  2%      /home/devteam1
```

第 5 步，查看磁盘配额状态，如例 5-12.5 所示。从输出中可以看到，分区/dev/sda5 已经启用了用户和用户组的磁盘配额功能，未启用目录磁盘配额功能。

例 5-12.5：配置 XFS 磁盘配额——查看磁盘配额状态

```
[root@centos8 ~]# xfs_quota -c print /dev/sda5
Filesystem          Pathname
/home/devteam1     /dev/sda5 (uquota, gquota)   <== 已启用用户和用户组的磁盘配额功能
```

第 6 步，设置磁盘配额。张经理接下来开始设置具体的磁盘配额。

① 使用 limit 子命令设置用户和用户组磁盘配额，如例 5-12.6 所示。张经理将用户 xf 的磁盘空间软限制和硬限制分别设为 1MB 和 5MB，文件数量软限制和硬限制分别设为 3 个和 5 个；将用户组 devteam1 的磁盘空间软限制和硬限制分别设为 5MB 和 10MB，文件数量软限制和硬限制分别设为 5 个和 10 个。

例 5-12.6：配置 XFS 磁盘配额——设置用户和用户组的磁盘配额

```
[root@centos8 ~]# xfs_quota -x -c "limit -u bsoft=1M bhard=5M xf" /dev/sda5
[root@centos8 ~]# xfs_quota -x -c "limit -u isoft=3 ihard=5 xf" /dev/sda5
[root@centos8 ~]# xfs_quota -x -c "limit -g bsoft=5M bhard=10M devteam1" /dev/sda5
[root@centos8 ~]# xfs_quota -x -c "limit -g isoft=5 ihard=10 devteam1" /dev/sda5
```

② 使用 timer 子命令设置宽限时间。张经理将磁盘空间宽限时间设为 10 天，文件数量宽限时间设为 2 周，如例 5-12.7 所示。

例 5-12.7：配置 XFS 磁盘配额——设置宽限时间

```
[root@centos8 ~]# xfs_quota -x -c "timer -b 10d" /dev/sda5
[root@centos8 ~]# xfs_quota -x -c "timer -i 2w" /dev/sda5
```

第 7 步，测试用户磁盘配额。

① 以用户 xf 的身份在目录/home/devteam1 中创建一个大小为 1MB 的文件 file1，如例 5-12.8 所示。

例 5-12.8：配置 XFS 磁盘配额——创建指定大小的文件 file1

```
[root@centos8 ~]# su - xf
[xf@centos8 ~]$ cd /home/devteam1          // 切换为用户 xf
[xf@centos8 devteam1]$ dd if=/dev/zero of=file1 bs=1M count=1
[xf@centos8 devteam1]$ ls –lh file1
-rw-r--r--. 1 xf devteam1 1.0M 2 月 24 18:24 file1
[xf@centos8 devteam1]$ exit
[root@centos8 ~]#
```

② 使用 report 子命令查看文件系统的磁盘配额使用情况，如例 5-12.9 所示。其中，Blocks 和 Inodes 分别表示磁盘空间和文件数量配额的使用量。注意，这一步需要以 root 用户身份执行操作。

例 5-12.9：配置 XFS 磁盘配额——查看文件系统的磁盘配额使用情况

```
[root@centos8 ~]# xfs_quota -x -c "report -gubih" /dev/sda5
User quota on /home/devteam1 (/dev/sda5)
                              Blocks                                      Inodes
User ID      Used    Soft    Hard    Warn/Grace     Used    Soft    Hard    Warn/Grace
---------- -------- -------- -------- ----------- --------- ------- ------- ------------
xf           1M      1M      5M 00 [------]         1        3       5    00 [------]

Group quota on /home/devteam1 (/dev/sda5)
                              Blocks                                      Inodes
Group ID     Used    Soft    Hard  Warn/Grace      Used    Soft    Hard   Warn/Grace
---------- -------- -------- -------- ----------- --------- ------- ------- ------------
devteam1     1M      5M      10M 00 [------]        2        5       10    00 [------]
```

小朱仔细检查了当前的磁盘使用情况。他发现用户组 devteam1 当前已创建的文件数量是 2，可是用户 xf 明明只创建了一个文件，难道这个目录中有一个隐藏文件的属组也是 devteam1？他把这个想法告诉了张经理。张经理笑着表示赞同小朱的想法，并执行了以下操作加以验证，如例 5-12.10所示。

例 5-12.10：配置 XFS 磁盘配额——检查用户组文件数量

```
[root@centos8 ~]# ls -al /home/devteam1
drwxrwx---.   2    ss    devteam1   19       2 月 24 18:24   .
drwxr-xr-x.  10    root  root       107      2 月 24 10:49   ..
-rw-r--r--.   1    xf    devteam1   1048576  2 月 24 18:24   file1
[root@centos8 ~]# ls -ld /home/devteam1
drwxrwx---.   2    ss    devteam1   19       2 月 24 18:24   /home/devteam1
```

看到这个结果，小朱豁然开朗，原来当前目录的"."（即目录/home/devteam1 的属组）也是devteam1，而它也占用了用户组 devteam1 的磁盘配额。

③ 以用户 xf 的身份在目录/home/devteam1 中创建一个大小为 2MB 的文件 file2，并查看磁盘配额使用情况，如例 5-12.11 所示。

例 5-12.11：配置 XFS 磁盘配额——创建指定大小的文件 file2

```
[root@centos8 ~]# su - xf
[xf@centos8 ~]$ cd /home/devteam1
[xf@centos8 devteam1]$ dd if=/dev/zero of=file2 bs=1M count=2
[xf@centos8 devteam1]$ ls -lh file2
-rw-r--r--.   1  xf  devteam1  2.0M  2 月 24 18:42   file2
[xf@centos8 devteam1]$ exit
[root@centos8 ~]# xfs_quota -x -c "report -gubih" /dev/sda5
User quota on /home/devteam1 (/dev/sda5)
                              Blocks                                      Inodes
User ID      Used    Soft    Hard    Warn/Grace     Used    Soft    Hard    Warn/Grace
---------- -------- -------- -------- ----------- --------- ------- ------- ------------
xf           3M      1M      5M      00 [9 days]     2        3       5    00 [------]

Group quota on /home/devteam1 (/dev/sda5)
                              Blocks                                      Inodes
Group ID     Used    Soft    Hard  Warn/Grace      Used    Soft    Hard   Warn/Grace
---------- -------- -------- -------- ----------- --------- ------- ------- ------------
devteam1     3M      5M      10M 00 [------]        3        5       10    00 [------]
```

注意　在创建文件 file2 时已经超出软限制，因此第 1 个Grace字段的值是9 days，表示已经开始宽限时间的倒计时。这里的限制指的是软限制，因此file2仍然能够创建成功。当前创建的文件数量是2，还没有超过软限制3，因此输出显示的文件数量是正常的。大家可以对用户组devteam1的磁盘使用情况进行类似的分析。

④ 以用户 xf 的身份在目录/home/devteam1 中创建一个大小为 3MB 的文件 file3，并查看磁盘配额使用情况，如例 5-12.12 所示。

例 5-12.12：配置 XFS 磁盘配额——创建指定大小的文件 file3

```
[root@centos8 ~]# su – xf
[xf@centos8 ~]$ cd /home/devteam1
[xf@centos8 devteam1]$ dd if=/dev/zero of=file3 bs=1M count=3
dd: 写入'file3' 出错: 超出磁盘限额
[xf@centos8 devteam1]$ ls –lh file3
-rw-r--r--. 1 xf devteam1 2.0M 2 月 24 18:56 file3
[xf@centos8 devteam1]$ exit
[root@centos8 ~]# xfs_quota -x -c "report –gubih" /dev/sda5
User quota on /home/devteam1 (/dev/sda5)
```

User quota on /home/devteam1 (/dev/sda5)

	Blocks				Inodes			
User ID	Used	Soft	Hard	Warn/Grace	Used	Soft	Hard	Warn/Grace
xf	5M	1M	5M	00 [9 days]	3	3	5	00 [------]

Group quota on /home/devteam1 (/dev/sda5)

	Blocks				Inodes			
Group ID	Used	Soft	Hard	Warn/Grace	Used	Soft	Hard	Warn/Grace
devteam1	5M	5M	10M	00 [------]	4	5	10	00 [------]

这一次，在创建文件 file3 时系统给出了错误提示。因为指定的文件大小超出了用户 xf 的磁盘空间硬限制。虽然文件 file3 创建成功了，但实际写入的内容只有 2MB，也就是创建完文件 file2 后剩余的磁盘空间。对于用户组 devteam1 来说，整个用户组占用的磁盘空间已超过软限制（5MB），距离硬限制（10MB）还有大约 5MB 的余量。

第 8 步，测试用户组磁盘配额。以用户 ss 的身份在目录/home/devteam1 中创建一个大小为 6MB 的文件 file4，并查看用户和用户组的磁盘配额使用情况，如例 5-12.13 所示。

例 5-12.13：配置 XFS 磁盘配额——创建指定大小的文件 file4

```
[root@centos8 ~]# su – ss
[ss@centos8 ~]$ cd /home/devteam1
[ss@centos8 devteam1]$ dd if=/dev/zero of=file4 bs=1M count=6
dd: 写入'file4' 出错: 超出磁盘限额
[ss@centos8 devteam1]$ ls –lh file4
-rw-r--r--. 1 ss devteam1 5.0M 2 月 24 19:04 file4
[ss@centos8 devteam1]$ exit
[root@centos8 ~]# xfs_quota -x -c "report –gbih" /dev/sda5
Group quota on /home/devteam1 (/dev/sda5)
```

Group quota on /home/devteam1 (/dev/sda5)

	Blocks				Inodes			
Group ID	Used	Soft	Hard	Warn/Grace	Used	Soft	Hard	Warn/Grace
devteam1	10M	5M	10M	00 [6 days]	5	5	10	00 [------]

例 5-12.6 只为用户 xf 启用了用户磁盘配额功能。但是以用户 ss 的身份创建文件 file4 时，系统提示超出磁盘限额。这是因为用户 ss 当前的有效用户组是 devteam1，而用户组 devteam1 已经启用了用户组磁盘配额功能，所以用户 ss 的操作也会受到相应的限制。最终的结果是虽然文件 file4 创建成功，但实际只写入了 5MB 的内容。

用户和用户组的磁盘配额设置完毕。张经理接下来重点演示如何设置目录磁盘配额。下面是张经理的操作步骤。

第 9 步，添加磁盘配额挂载参数。注意，用户组磁盘配额和目录磁盘配额不能同时使用，因此张经理首先把分区/dev/sda5 的 grpquota 参数改为 prjquota 参数，如例 5-12.14 所示。

例 5-12.14：配置 XFS 磁盘配额——修改磁盘配额挂载参数

```
[root@centos8 ~]# vim /etc/fstab
/dev/sda5   /home/devteam1  xfs  defaults,usrquota,prjquota  0  0  <== 将 grpquota 改为
prjquota
```

第 10 步，和前面类似，张经理先卸载原分区，再重新挂载分区，以使设置生效，如例 5-12.15 所示。

例 5-12.15：配置 XFS 磁盘配额——卸载分区后重新挂载

```
[root@centos8 ~]# umount /dev/sda5
[root@centos8 ~]# mount -a        // 重新挂载分区，以使设置生效
```

第 11 步，再次查看磁盘配额状态，如例 5-12.16 所示。

例 5-12.16：配置 XFS 磁盘配额——再次查看磁盘配额状态

```
[root@centos8 ~]# xfs_quota -c print /dev/sda5
Filesystem            Pathname
/home/devteam1        /dev/sda5 (uquota, pquota) <== 已启用用户磁盘配额和目录磁盘配额功能
```

第 12 步，设置目录磁盘配额。张经理先在目录/home/devteam1 中创建了子目录 log，再将其磁盘空间软限制和硬限制分别设为 50MB 和 100MB，将文件数量软限制和硬限制分别设为 10 个和 20 个。在 XFS 中设置目录磁盘配额时需要为该目录创建一个项目，可以用 project 子命令指定目录和项目标识符，如例 5-12.17 所示。

例 5-12.17：配置 XFS 磁盘配额——设置目录磁盘配额

```
[root@centos8 ~]# mkdir /home/devteam1/log
[root@centos8 ~]# chown ss:devteam1 /home/devteam1/log
[root@centos8 ~]# chmod 770 /home/devteam1/log
[root@centos8 ~]# xfs_quota -x -c "project -s -p /home/devteam1/log 16" /dev/sda5
Setting up project 16 (path /home/devteam1/log)...
Processed 1 (/etc/projects and cmdline) paths for project 16 with recursion depth infinite (-1).
[root@centos8 ~]# xfs_quota -x -c "limit -p bsoft=50M bhard=100M isoft=10 ihard=20 16"
/dev/sda5
```

张经理将项目标识符设为 16，这个数字可以自己设定。张经理提醒小朱，还有一种方法可以设置目录磁盘配额，但是要使用配置文件。张经理要求小朱查阅相关资料自行完成这个任务。

第 13 步，测试目录磁盘配额。

① 张经理以 root 用户身份创建了一个大小为 40MB 的文件 file1，并查看了磁盘配额的使用情况，如例 5-12.18 所示。本例中，report 子命令的输出中，Project ID 为 16 的那一行就是前面为目录/home/devteam1/log 设置的目录磁盘配额。

例 5-12.18：配置 XFS 磁盘配额——创建文件 file1 并查看磁盘配额的使用情况

```
[root@centos8 ~]# cd /home/devteam1/log
[root@centos8 log]# dd if=/dev/zero of=file1 bs=1M count=40
[root@centos8 log]# ls -lh file1
```

```
-rw-r--r--.  1  root  root  40M  2月 24 19:20  file1
[root@centos8 log]# xfs_quota -x -c "report -pbih" /dev/sda5
Project quota on /home/devteam1 (/dev/sda5)
                         Blocks                              Inodes
Project ID    Used   Soft   Hard  Warn/Grace      Used   Soft   Hard  Warn/Grace
--------  ---------------------------------   -----------------------------
#16           40M    50M    100M  00 [------]      2     10     20      00 [------]
```

② 张经理又创建了一个大小为 70MB 的文件 file2，如例 5-12.19 所示。这一次，系统提示设备上没有空间，即分配给目录/home/devteam1/log 的磁盘空间已用完，所以实际写入文件 file2 的内容只有 60MB。张经理还特别提醒小朱，这两个文件是以 root 用户身份创建的，因此即使是 root 用户也不能打破目录磁盘配额的限制。

例 5-12.19：配置 XFS 磁盘配额——创建文件 file2 并测试目录磁盘配额

```
[root@centos8 log]# dd if=/dev/zero of=file2 bs=1M count=70
dd: 写入'file2' 出错: 设备上没有空间
[root@centos8 log]# ls -lh file2
-rw-r--r--.  1  root  root  60M  2月 24 19:24  file2
[root@centos8 log]# xfs_quota -x -c "report -pbih" /dev/sda5
Project quota on /home/devteam1 (/dev/sda5)
                         Blocks                              Inodes
Project ID    Used   Soft   Hard  Warn/Grace      Used   Soft   Hard  Warn/Grace
--------  ---------------------------------   -----------------------------
#16           100M   50M    100M  00 [7 days]      3     10     20      00 [------]
```

第 14 步，至此，张经理把用户磁盘配额、用户组磁盘配额及目录磁盘配额全都配置完成了。就在小朱打算长舒一口气时，张经理提醒他做事要有始有终，不要忘记把用户 xf 和 ss 的主组恢复为实验前的状态，如例 5-12.20 所示。

例 5-12.20：配置 XFS 磁盘配额——恢复主组

```
[root@centos8 log]# usermod -g xf xf
[root@centos8 log]# usermod -g ss ss
[root@centos8 log]# id xf
uid=1235(xf) gid=1235(xf) 组=1235(xf),1004(devteam1),1006(devcenter)
[root@centos8 log]# id ss
uid=1237(ss) gid=1237(ss) 组=1237(ss),1004(devteam1),1005(devteam2),1006(devcenter)
```

最后，张经理借助这个实验向小朱解释"凡事预则立"的道理。具体来说，做实验前要制订实验方案，确定实验的具体步骤，明确每一步的预期结果和验证方法。做到这些，就能够在实验时保持思路清晰，不至于手忙脚乱或乱中出错。

必备技能 16：配置 RAID 5 与 LVM

考虑到开发服务器存储的数据越来越多，为提高数据存储的安全性和可靠性，也为以后进一步扩展服务器存储空间留有余地，张经理在虚拟机中配置了 RAID 5 与 LVM 以支持软件开发中心的快速发展。

1. 添加虚拟硬盘

张经理首先为虚拟机添加 4 块容量为 1GB 的 SCSI 硬盘，如图 5-4 所示。重启虚拟机后，使用 lsblk 命令查看添加的 4 块虚拟硬盘，如例 5-13.1 所示。

微课

V5-5 配置 RAID 5
与 LVM

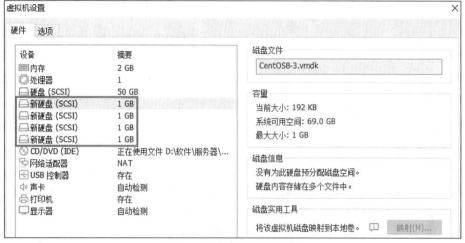

图 5-4   为虚拟机添加虚拟硬盘

例 5-13.1：配置 RAID 5 与 LVM——查看新虚拟硬盘信息

```
[zys@centos8 ~]$ su - root
[root@centos8 ~]# lsblk -p
NAME        MAJ:MIN  RM  SIZE  RO  TYPE  MOUNTPOINT
/dev/sdb     8:16     0   1G    0   disk  <==只显示新加的 4 块硬盘，省略其他信息
/dev/sdc     8:32     0   1G    0   disk
/dev/sdd     8:48     0   1G    0   disk
/dev/sde     8:64     0   1G    0   disk
```

2. 创建 RAID5

使用 mdadm 命令在添加的虚拟硬盘上创建 RAID 5，并将其命名为/dev/md0，如例 5-13.2
所示。

例 5-13.2：配置 RAID 5 与 LVM——创建 RAID 5 并命名

```
[root@centos8 ~]# mdadm -C /dev/md0 -l 5 -n 3 -x 1 /dev/sd[bcde]
mdadm: Defaulting to version 1.2 metadata
mdadm: array /dev/md0 started.
[root@centos8 ~]# mdadm -D /dev/md0              // 查看阵列参数
/dev/md0:
          Raid Level :    raid5            <== RAID 级别
     Active Devices :    3                <== 活动设备的数量
      Spare Devices:    1                <== 空闲设备的数量

    Number  Major  Minor  RaidDevice State
      0       8      16       0        active sync   /dev/sdb    <== 活动的设备
      1       8      32       1        active sync   /dev/sdc    <== 活动的设备
      4       8      48       2        active sync   /dev/sdd    <== 活动的设备
      3       8      64       -        spare         /dev/sde    <== 空闲的设备
```

3. PV 阶段

在 RAID 5 上创建 PV，具体方法如例 5-13.3 所示。注意，pvscan 命令输出结果的最后一行显
示了 3 条信息：当前 PV 的数量（1 个）、已经加入 VG 中的 PV 的数量（0 个），以及未使用的 PV 的
数量（1 个）。如果想查看某个 PV 的详细信息，则可以使用 pvdisplay 命令。

例 5-13.3：配置 RAID 5 与 LVM——创建 PV

```
[root@centos8 ~]# pvcreate /dev/md0          // 在阵列上创建 PV
  Physical volume "/dev/md0" successfully created.
[root@centos8 ~]# pvscan
  PV /dev/md0                          lvm2 [<2.00 GiB]
  Total: 1 [<2.00 GiB] / in use: 0 [0      ] / in no VG: 1 [<2.00 GiB]
```

4. VG 阶段

这一阶段需要创建 VG 并把 VG 和 PV 关联起来。在创建 VG 时要为 VG 选择一个合适的名称，同时指定 PE 的大小及关联的 PV。此例中，要创建的 VG 名为 itovg，PE 大小为 4MB，把 /dev/md0 分配给 itovg，如例 5-13.4 所示。注意：vgcreate 命令的-s 选项可以指定 PE 的大小，单位可以使用 k/K（KB）、m/M（MB）、g/G（GB）等。itovg 创建好之后可以使用 vgscan 或 vgdisplay 命令查看 VG 信息。如果此时再次查看/dev/md0 的详细信息，则可以看到它已经关联 itovg。

例 5-13.4：配置 RAID 5 与 LVM——关联 PV 和 VG

```
[root@centos8 ~]# vgcreate itovg /dev/md0
  Volume group "itovg" successfully created
[root@centos8 ~]# pvscan
  PV /dev/md0     VG itovg           lvm2 [1.99 GiB / 1.99 GiB free]
  Total: 1 [1.99 GiB] / in use: 1 [1.99 GiB] / in no VG: 0 [0      ]
```

5. LV 阶段

现在 itovg 已经创建好，相当于系统中有了一块虚拟的逻辑磁盘。接下来要做的就是在这块逻辑磁盘中进行分区操作，即将 VG 划分为多个 LV。此例为 LV 指定 1GB 的容量。创建好 LV 后，可以使用 lvscan 和 lvdisplay 命令进行查看，如例 5-13.5 所示。

例 5-13.5：配置 RAID 5 与 LVM——创建 LV 并进行查看

```
[root@centos8 ~]# lvcreate -L 1G -n sielv itovg          // 创建 LV，容量为 1GB
  Logical volume "sielv" created.
[root@centos8 ~]# lvdisplay
  LV Path          /dev/itovg/sielv      <== LV 全称，即完整的路径名
  LV Name          sielv                 <== LV 名称
  VG Name          itovg                 <== VG 名称
  LV Size          1.00 GiB              <== LV 实际容量
  Current LE       256                   <== LV 包含的 PE 数量
```

6. 文件系统阶段

这一阶段的主要任务是为 LV 创建文件系统并挂载，如例 5-13.6 所示。

例 5-13.6：配置 RAID 5 与 LVM——创建文件系统并挂载

```
[root@centos8 ~]# mkfs -t xfs /dev/itovg/sielv          // 创建 XFS
[root@centos8 ~]# mkdir -p /mnt/lvm/sie                 // 创建挂载点
[root@centos8 ~]# mount /dev/itovg/sielv /mnt/lvm/sie  // 挂载
[root@centos8 ~]# df -Th /mnt/lvm/sie
文件系统                      类型    容量    已用    可用    已用%    挂载点
/dev/mapper/itovg-sielv   xfs    1015M   40M    975M    4%      /mnt/lvm/sie
```

至此，LVM 的配置成功地完成了，张经理让小朱在挂载点/mnt/lvm/sie 中尝试进行新建文件或其他文件操作，看看它和普通分区有没有不同之处。实际上，在 LV 中进行的所有操作都会被映射到物理分区，而且这个映射由 LVM 自动完成，普通用户感觉不到任何不同。

小贴士乐园——停用 LVM 和 RAID

如果想从 LVM 恢复到传统的磁盘分区管理方式,则要按照特定的顺序删除已创建的 LV 和 VG 等。如果想要停用 RAID,则可以在备份 RAID 的数据后将其删除。一般来说,停用 LVM 和 RAID 要按照特定的顺序进行,具体内容详见本书配套电子资源。

项目小结

本项目包含两个任务,主要介绍了在 Linux 系统中进行磁盘管理的方法。磁盘管理分为磁盘分区管理和高级磁盘管理。任务 5.1 主要介绍了磁盘的基本概念、磁盘管理的相关命令,以及挂载分区的方法。完成这些操作可以让磁盘变得"可用",但是其可靠性、安全性及可扩展性等非功能性指标必须借助高级磁盘管理技术才能进行调整。任务 5.2 介绍了 3 种常用的高级磁盘管理技术,即磁盘配额、LVM 及 RAID。普通用户平时不会经常进行磁盘分区和磁盘配额管理等操作,因此对这部分内容的学习要求可适当降低。

项目练习题

1. 选择题

(1)下列(　　　)命令可以显示文件和目录占用的磁盘空间大小。

    A. df   B. du   C. ls   D. fdisk

(2)磁头在盘片上划过的区域就是磁盘的一个(　　　)。

    A. 马达   B. 扇区   C. 磁道   D. 分区

(3)磁盘的最小物理存储单元是(　　　)。

    A. 扇区   B. 磁道   C. 数据块   D. 盘片

(4)Windows 操作系统中常见的 C 盘、D 盘等相当于 Linux 系统中的一个(　　　)。

    A. 扇区   B. 分区   C. 数据块   D. 盘片

(5)Linux 系统中,硬件设备对应的文件都保存在(　　　)目录下。

    A. /home   B. /bin   C. /dev   D. /etc

(6)/dev/sda1 中的数字 1 表示(　　　)。

    A. 第 1 个分区 B. 第 1 块磁盘   C. 第 1 个数据块 D. 第 1 个扇区

(7)若想查看系统当前的磁盘与分区状态,可以使用(　　　)命令。

    A. cd   B. mount   C. mkfs   D. lsblk

(8)关于磁盘格式化,下列说法不正确的是(　　　)。

    A. 磁盘分区后必须对其进行格式化才能使用

    B. 磁盘格式化会在磁盘中创建文件系统所需数据

    C. Linux 系统中常用的磁盘格式化命令是 mount

    D. 利用新技术,可以将一个分区格式化为多个文件系统

(9)关于文件系统挂载,下列说法不正确的是(　　　)。

    A. 不要把一个分区挂载到不同的目录

    B. 不要把多个分区挂载到同一个目录

C. 作为挂载点的目录最好是空目录

D. 作为挂载点的目录不能是文件系统根目录

（10）下列不是 Linux 文件系统的内部数据结构的是（　　）。

　　A. 磁道　　　　　　B. 数据块　　　　　　　C. inode　　　　　　　D. 超级块

（11）关于 Linux 文件系统的内部数据结构，下列说法错误的是（　　）。

A. 文件系统管理磁盘空间的基本单位是区块，每个区块都有唯一的编号

B. inode 用于记录文件的元数据，一个文件可以有多个 inode

C. inode 通过间接索引的方式扩展文件的容量

D. 超级块用于记录与文件系统有关的信息，所有数据块和 inode 都受到超级块的管理

（12）下列说法错误的是（　　）。

A. Linux 文件系统中的链接分为硬链接和符号链接

B. 删除硬链接文件或原文件时，仍然可以通过另一个文件名将文件打开

C. 如果符号链接的原文件被删除，那么符号链接将无法打开原文件

D. 硬链接也称为符号链接

（13）关于磁盘配额，下列说法不正确的是（　　）。

A. 可以防止某个用户不合理地使用磁盘

B. Linux 用户默认启用磁盘配额

C. 可以针对不同的用户和用户组设置磁盘配额

D. 一般通过限制数据块和 inode 的数量实施磁盘配额

（14）关于 etc4 和 XFS 的磁盘配额，下列说法正确的是（　　）。

A. XFS 对磁盘配额的支持相比 ext4 的有所增强

B. 两种文件系统使用的配置命令基本相同

C. etc4 支持目录磁盘配额，XFS 不支持

D. 用户组磁盘配额和目录磁盘配额可以同时启用

（15）下列关于 LVM 基本概念及术语的说法中，不正确的是（　　）。

A. 实际的数据最终都要存储在物理磁盘中

B. PV 是指磁盘分区或逻辑上与磁盘分区具有同样功能的设备

C. LVM 的最小存储单元是数据块

D. VG 是在物理存储设备上虚拟出来的逻辑磁盘

（16）配置 LVM 的正确顺序是（　　）。

　　A. PV 阶段→VG 阶段→LV 阶段　　　　　B. PV 阶段→LV 阶段→VG 阶段

　　C. VG 阶段→PV 阶段→LV 阶段　　　　　D. LV 阶段→VG 阶段→PV 阶段

（17）下列关于 RAID 技术的说法中，不正确的是（　　）。

A. RAID 是将相同数据存储在多个磁盘的不同位置的技术

B. RAID 通过数据条带化技术提高数据存取速度

C. RAID 的目的是提高数据存取速度而非数据存储的可靠性

D. 根据不同的应用场景需求，有多种不同的 RAID 等级

2. 填空题

（1）为了能够把新建立的文件系统挂载到系统目录中，还需要指定该文件系统在整个目录结构中的位置，这个位置被称为_____。

（2）磁头在盘片上划过的区域形成_____。

（3）_____是磁盘的最小物理存储单元。

（4）_____就是把磁盘分为若干个逻辑独立的部分。

（5）磁盘的分区信息保存在磁盘的特殊空间中，称为_____。

（6）当前两种典型的磁盘分区格式是_____和_____。

（7）在 Linux 系统中，硬件设备对应的文件都在目录_____下。

（8）以/dev/sd 标识的磁盘表示使用_____模块驱动。

（9）使用_____命令可以快速查询每个分区的通用唯一识别码。

（10）MBR 分区表和 GPT 使用的磁盘分区命令分别是_____和_____。

（11）磁盘格式化时会在分区中创建_____。

（12）把一个分区与一个目录绑定，这个操作称为_____。

（13）挂载和解挂载的命令分别是_____和_____。

（14）Linux 文件系统的内部数据结构包括_____、_____、_____、_____和_____。

（15）Linux 文件系统中的链接分为_____和_____。

（16）硬链接文件只是原文件的一个_____，删除硬链接文件不会影响原文件。

（17）符号链接也称为_____，是一个独立的文件，有自己的 inode。

（18）磁盘配额管理包括_____、_____和_____。

（19）磁盘配额的实施主要是为了限制用户使用_____和_____的数量。

（20）XFS 使用_____命令完成全部的磁盘配额操作。

（21）LVM 将一块或多块磁盘组合成一个存储池，称为_____，并在其上划分出不同大小的_____。

（22）_____类似于物理磁盘上的数据块，是 LV 的划分单元，也是 LVM 的最小存储单元。

（23）LVM 的配置依次经历 3 个阶段，分别是_____、_____和_____。

（24）RAID 通过对数据进行_____实现对数据的成块存取。

3. 简答题

（1）简述磁盘分区的作用和主要步骤。

（2）进行挂载操作时需要注意哪些方面？

（3）Linux 文件系统有哪些内部数据结构？分别有什么作用？

（4）磁盘配额的主要作用是什么？有哪几种磁盘配额方式？

（5）配置 LVM 主要分为哪 3 个阶段？每个阶段要完成什么任务？

（6）RAID 技术有哪些功能？

4. 实训题

【实训 1】

磁盘是操作系统的存储设备，对磁盘进行分区可以提高磁盘的安全性和性能。本实训的主要任务是练习使用 fdisk 命令进行磁盘分区，巩固对 fdisk 命令的各种子命令及选项的使用。请根据以下实训内容练习磁盘分区。

（1）打开一个终端窗口，使用 su - root 命令切换为 root 用户。

（2）使用 lsblk -p 命令查看当前系统的所有磁盘及分区，分析 lsblk 命令的输出中每一列的含义。思考问题：当前系统有几块磁盘？每块磁盘各有什么接口？有几个分区？磁盘名称和分区名称有什么规律？使用 man 命令学习 lsblk 命令的其他选项的使用方法并进行试验。

（3）使用 parted 命令查看磁盘分区表的类型，根据磁盘分区表的类型确定分区管理工具。如果是 MBR 格式的磁盘分区表，则使用 fdisk 命令进行分区。如果是 GPT 格式的磁盘分区表，则使用 gdisk 命令进行分区。

（4）使用 fdisk 命令为系统当前磁盘添加分区。进入 fdisk 交互工作模式，依次完成以下操作。

① 输入 m，获取 fdisk 的子命令提示。在 fdisk 交互工作模式下有很多子命令，每个子命令都用一个字母表示，如 n 表示添加分区，d 表示删除分区。

② 输入 p，查看磁盘分区表信息。这里显示的磁盘分区表信息包括分区名称、是否为启动分区标识、起始扇区号、终止扇区号、扇区数、文件系统标识及文件系统类型等。

③ 输入 n，添加新分区。fdisk 命令根据已有分区自动确定新分区号，并提示输入新分区的起始扇区号。这里直接按 Enter 键，即采用默认值。

④ fdisk 命令提示输入新分区的大小。这里采用"+size"的方式指定分区大小。

⑤ 输入 p，再次查看磁盘分区表信息。虽然现在可以看到新添加的分区，但是这些操作目前只保存在内存中，重启系统后才会真正写入磁盘分区表。

⑥ 输入 w，保存操作并退出 fdisk 交互工作模式。

（5）使用 shutdown -r now 命令重启系统。在终端窗口中切换为 root 用户。再次使用 lsblk -p 命令查看当前系统的所有磁盘及分区。

（6）使用 mkfs 命令为新建的分区创建 XFS。

（7）使用 mkdir 命令创建新目录，使用 mount 命令将新分区挂载到新目录。

（8）使用 lsblk 命令再次查看新分区的挂载点，检查挂载是否成功。

（9）在挂载点中新建文件，检查常规文件操作是否成功。

【实训 2】

借助一些高级的磁盘管理技术，可以提高磁盘的可靠性、安全性和可扩展性。本实训的主要任务是利用多块 SCSI 硬盘创建 RAID 5，然后基于 RAID 5 配置 LVM 和磁盘配额。请根据以下实训内容练习 LVM 及 RAID 的基本配置。

（1）在关机状态下为虚拟机添加 5 块大小为 2GB 的 SCSI 硬盘。

（2）打开虚拟机，通过 lsblk 命令查看虚拟机的硬盘信息。

（3）使用 mdadm 命令在 5 块添加的硬盘上创建 RAID 5。

（4）在 RAID 5 上创建 PV，并查看 PV 的详细信息。

（5）根据 PV 创建 VG，并把 VG 和 PV 进行关联，再次查看 PV 的详细信息。

（6）对 VG 进行分区，以将 VG 划分为多个 LV，查看 LV 的详细信息。

（7）为 LV 创建 XFS，并将其挂载到相应的目录。

（8）在 LV 对应的挂载点中配置磁盘配额，分别验证用户磁盘配额、用户组磁盘配额及目录磁盘配额是否生效。

项目6
软件管理

学习目标

知识目标

* 了解 Linux 中软件管理的发展历史。
* 了解 YUM 和 DNF 软件包管理器的工作原理及优势。

能力目标

* 熟练掌握配置软件源的方法。
* 熟练使用 dnf 命令进行软件管理。

素质目标

* 学习 Linux 中软件管理的发展历史，学会从用户的角度思考问题，培养解决问题的主动性和创造性。
* 安装和使用 Linux 开源软件，增进对开源软件的了解，培养"我为人人，人人为我"的分享意识。

项目引例

软件开发中心最近要启动一个大型研发项目，需要用到一些新的开发平台和软件。为配合好软件开发中心的研发工作，张经理计划在软件开发中心服务器上安装相关软件。这项工作难度不大，他打算让小朱负责。接到这个任务，小朱忽然意识到自己前段时间忙于Linux基础知识的学习，竟然还从未在Linux操作系统中安装或卸载过任何软件。小朱很想知道Linux操作系统和Windows操作系统在软件管理上有何不同，Linux是不是也有Windows中类似的软件管理工具。面对这个疑惑，小朱决定尽快掌握在Linux中管理软件的技能，这样如果以后自己需要安装软件，就不用请其他同事帮忙了。

任务 6.1 软件包管理器

 ### 任务陈述

经过多年的发展，在 Linux 操作系统中安装、升级或卸载软件已经变成一件非常简单、方便的事。Linux 发行版提供了功能强大的软件包管理器，协助用户高效管理软件。本任务将简述 Linux 软件管理的发展历史，介绍 Linux 中常用的软件包管理器，并重点介绍 DNF 软件包管理器的配置和使用方法。

知识准备

6.1.1 认识软件包管理器

作为计算机用户，安装、升级和卸载软件是最常做的事情之一。在 Windows 操作系统中完成这些工作是非常容易的。以安装软件为例，只要有一个合适的软件安装包，基本上只需要单击几次就能完成软件的安装。Linux 操作系统中的软件安装经历了长期的发展。如今，在 Linux 中安装软件也很方便、快捷，而且有相当数量的优秀开源软件供大家免费使用。

V6-1　认识软件包
管理器

1. 早期：编译源码

早期，Linux 软件开发者直接把软件源码打包发给用户，用户需要对源码进行编译，生成二进制可执行文件，然后使用。对于普通 Linux 用户来说，编译源码不是一件轻松的事。因为用户的操作环境和开发人员的开发环境可能不一样，所以以编译源码时需要对系统进行相关的配置，有时甚至还要修改源码。虽然编译源码为用户提供了一定的自由度，允许用户根据自己的实际需要选择软件功能和组件，或者根据特定的硬件平台设置编译选项，但是它带来的麻烦太大，导致让这些自由度失去了吸引力。

2. 进阶：软件包管理器

如果我们能够直接得到 Linux 软件开发者编译好的二进制可执行文件，岂不是可以省去编译源码的烦恼？软件包管理器的作用就在于此。用户借助软件包管理器查询系统当前安装了哪些软件，执行软件的安装、升级和卸载操作。这就和 Windows 操作系统中管理软件的方式很类似了。软件包包含编译好的二进制可执行文件、配置文档及其他相关说明文档。这种由开发人员编译好的软件包一般都会考虑软件的跨平台通用性，当然也有可能针对特定的平台发布特殊的软件包。目前在 Linux 发行版中有两种主流的软件包管理器，即 RPM 和 Deb。

红帽软件包管理器（Red-Hat Package Manager，RPM）是由 Red Hat 公司开发的一款软件包管理器，目前在很多 Linux 发行版中得到广泛应用，包括 Fedora、CentOS、SUSE 等。RPM 支持的软件包的文件扩展名是.rpm，使用 RPM 工具管理软件包。Deb 最早是由 Debian Linux 社区开发的软件包管理器，主要应用于衍生自 Debian 的 Linux 发行版，如 Ubuntu 等。Deb 的软件包格式是.deb，使用的管理工具是 dpkg。

本任务以 RPM 为例简单说明软件包管理器的工作机制。RPM 在本地计算机系统中建立一个软件数据库，其中记录了系统当前已安装的所有软件的信息，如软件名称、版本、安装时间和安装路径等。当准备安装一个 RPM 软件包时，RPM 首先分析软件包本身包含的安装说明信息。例如，软件包的版本、软件的软硬件需求、软件依赖关系。其中，最重要的是分析软件的依赖关系。也就是说，RPM 从本地软件数据库中检查待安装软件所依赖的软件是否已全部安装。如果已全部安装，就正常安装该软件，并把软件相关信息写入本地软件数据库中。如果依赖的软件没有全部安装，哪怕只有一个没有安装，RPM 也会停止安装过程。

可以看出，RPM 主要依靠两项信息安装软件：一项是本地软件数据库中记录的已安装软件信息，另一项是待安装的 RPM 软件包中的说明信息。升级或卸载软件时也要用到这些信息。但是，我们希望软件包管理器在遇到没有安装的依赖软件时，能够自动下载和安装这些软件。可惜的是，RPM 和 Deb 都没有解决这个问题，所以我们需要借助更智能的软件包管理器，也就是后文要介绍的 YUM（Yellow dog Updater，Modified）和高级软件包工具（Advanced Packaging Tools，APT）。

3. 如今：更智能的软件包管理器

YUM 基于 RPM，在 Fedora、RHEL、CentOS 及 SUSE 等操作系统中应用广泛。YUM 能自动处理 RPM 软件包之间的依赖关系，从指定的服务器下载 RPM 软件包，并且一次性安装所有依赖的 RPM 软件包。YUM 能提供这么强大的功能主要得益于 YUM 服务器的支持，也就是通常所说的 YUM 源。可以把 YUM 源理解为一个软件仓库，其中包括一份整理好的软件清单及编译好的软件包。软件清单包含软件的依赖关系，以及依赖软件的下载地址。安装软件时，YUM 先根据软件清单找到软件的依赖关系，并和 RPM 建立的本地软件数据库进行对比。对于那些尚未安装的依赖软件，YUM 根据软件清单中记录的下载地址自动下载并安装依赖软件。安装系统时使用的 ISO 镜像文件中集中了许多软件，所以可以将其配置为一个 YUM 源，称为本地 YUM 源。也可以配置一个网络 YUM 源，从互联网上获得软件。

APT 是 Debian 及其衍生的 Linux 发行版中使用的高级软件包管理器。APT 能够自动处理软件包的依赖关系，自动下载、配置、安装和升级二进制和源码格式的软件包。甚至只需一条命令，APT 就可以更新整个操作系统的软件，大大简化了软件的安装。

4. DNF 与 YUM

在 RHEL 7 及以前的版本中，YUM 是默认的软件包管理工具。在 RHEL 8 及以后的版本中，DNF 取代了 YUM 成为默认的软件包管理工具。DNF 是 YUM 的升级版，在解决依赖关系和软件包查询等操作上的性能更好。本书使用 DNF 进行软件管理。

6.1.2 使用 DNF 管理软件

RHEL 8 把软件源分成两类，即 BaseOS 和 AppStream。BaseOS 库以传统的 RPM 软件包的形式提供一套操作系统底层的核心功能，是操作系统基础软件安装库。AppStream 库包括额外的用户空间应用程序、运行时语言库和数据库，即通常所说的第三方应用程序。

使用 DNF 管理软件时，首先要做的是配置软件源，即指定软件仓库所在地。DNF 软件源配置文件保存在目录/etc/yum.repos.d 中，文件扩展名是.repo。打开其中一个文件，可以看到类似例 6-1 所示的内容。

例 6-1：DNF 软件源配置文件

```
[zys@centos8 ~]$ su - root
[root@centos8 ~]# cd /etc/yum.repos.d/
[root@centos8 yum.repos.d]# ls -l
-rw-r--r--.  1  root  root  719  11月  10  2020  CentOS-Linux-AppStream.repo
-rw-r--r--.  1  root  root  704  11月  10  2020  CentOS-Linux-BaseOS.repo
[root@centos8 yum.repos.d]# cat CentOS-Linux-BaseOS.repo
[baseos]
name=CentOS Linux $releasever - BaseOS
mirrorlist=http://mirrorlist.centos.org/?release...
#baseurl=http://mirror.centos.org/$contentdir/$releasever/BaseOS/$basearch/os/
gpgcheck=1
enabled=1
gpgkey=file:///etc/pki/rpm-gpg/RPM-GPG-KEY-centosofficial
```

配置文件的结构是类似的。下面简单解释配置文件的结构和常用的配置项。

- 以#开头的行是注释行。
- [baseos]：这是软件源的名称，一定要放在中括号中。
- name：软件源的简短说明。
- mirrorlist：软件源的镜像站点，这一行不是必需的，可以注释掉。
- baseurl：软件源的实际地址，即 DNF 真正下载 RPM 软件包的地方。
- gpgcheck：表示是否检查 RPM 软件包的数字签名。gpgcheck=1 表示检查，gpgcheck=0 表示不检查。
- enabled：表示软件源是否生效。省略这一行或 enabled=1 表示软件源生效，enabled=0 表示软件源不生效。
- gpgkey：表示数字签名的公钥文件所在位置，这一行不需要修改，使用默认值即可。

配置 DNF 软件源的具体方法详见后文的必备技能 17。

DNF 支持的命令行参数与 YUM 的类似，但有一些细微的差异。YUM 和 DNF 分别使用 yum 命令和 dnf 命令管理软件。在 CentOS 8 中，软件管理命令由 yum 变为 dnf。实际上，在 CentOS 8 中，yum 命令和 dnf 命令都是 dnf-3 的符号链接文件。因此，使用 yum 命令和 dnf 命令的效果是相同的。本书统一使用 dnf 命令。表 6-1 列出了常用的 dnf 命令及其功能。

表 6-1　dnf 命令及其功能

命令	功能说明	命令	功能说明
dnf repolist all	列出所有软件仓库	dnf list all	列出软件仓库中所有的软件
dnf search 软件包	搜索软件包	dnf info 软件包	查询软件包详细信息
dnf clean all	清除软件仓库缓存	dnf makecache	建立软件仓库元数据缓存
dnf install 软件包	安装软件包	dnf update 软件包	升级软件包
dnf remove 软件包	卸载软件包	dnf check-update	检查可更新的软件包
dnf provides 命令	查找命令的软件包提供者	dnf grouplist	查看已安装的软件组
dnf groupinfo 软件组	查询软件组信息	dnf groupinstall 软件组	安装软件组
dnf groupupdate 软件组	升级软件组	dnf groupremove 软件组	卸载软件组

表 6-1 中出现了"软件组"的概念，这是 YUM 和 DNF 为方便软件管理而提供的一个功能。软件组即按照软件的功能把软件分配到不同的组，从而可以一次性安装或卸载组里的所有软件。具体用法详见必备技能 18。

任务实施

必备技能 17：配置 DNF 软件源

考虑到软件开发中心服务器访问互联网有诸多限制，张经理决定使用之前安装 CentOS 8 时使用的 ISO 镜像文件配置 DNF 软件源。张经理告诉小朱，这个镜像文件其实包含许多常用的软件包，完全可以作为本地软件源使用。下面是张经理的操作步骤。

第 1 步，创建挂载点/mnt/centos8，将操作系统 ISO 镜像文件挂载到这个目录，如例 6-2.1 所示。注意，本例使用的是自动挂载方式，文件系统设为 iso9660。当然，也可以使用 mount /dev/sr0 /mnt/centos8 命令进行手动挂载。但手动挂

微课

V6-2　配置 DNF
软件源

载的缺点是每次启动系统后都要重新挂载。这一点在项目 5 中已有所提及。

例 6-2.1：配置 DNF 软件源——挂载 ISO 镜像文件

```
[zys@centos8 ~]$ su - root
[root@centos8 ~]# mkdir /mnt/centos8
[root@centos8 ~]# vim /etc/fstab
/dev/sr0  /mnt/centos8  iso9660  defaults  0    0    <== 添加这一行
t@centos8 ~]# mount -a
[root@centos8 ~]# lsblk | grep centos8
sr0          11:0   1  9.3G  0 rom  /mnt/centos8
```

第 2 步，备份 /etc/yum.repos.d 目录中原有的软件源配置文件，如例 6-2.2 所示。

例 6-2.2：配置 DNF 软件源——备份软件源配置文件

```
[root@centos8 ~]# cd /etc/yum.repos.d
[root@centos8 yum.repos.d]# mkdir backup
[root@centos8 yum.repos.d]# mv CentOS* ./backup
[root@centos8 yum.repos.d]# ls
backup
```

第 3 步，新建一个以 .repo 结尾的软件源配置文件并添加以下内容，如例 6-2.3 所示。注意：在配置软件源地址时，file: 后面有 3 个"/"。

例 6-2.3：配置 DNF 软件源——新建软件源配置文件

```
[root@centos8 yum.repos.d]# touch centos8.repo
[root@centos8 yum.repos.d]# vim centos8.repo
[centos8-baseos]
name=centos8-baseos
baseurl=file:///mnt/centos8/BaseOS        <== 软件源地址
enabled=1
gpgcheck=0


[centos8-appstream]
name=centos8-appstream
baseurl=file:///mnt/centos8/AppStream     <== 软件源地址
enabled=1
gpgcheck=0
```

第 4 步，清理 DNF 缓存并重新建立元数据缓存，然后查询系统中的所有软件源，如例 6-2.4 所示。注意：使用 dnf repolist all 和 dnf repolist enabled 命令可分别查询系统中的全部和已启用的软件源。

例 6-2.4：配置 DNF 软件源——建立元数据缓存

```
[root@centos8 yum.repos.d]# dnf clean all
[root@centos8 yum.repos.d]# dnf makecache
[root@centos8 yum.repos.d]# dnf repolist all
仓库 id              仓库名称              状态
centos8-appstream    centos8-appstream     启用
centos8-baseos       centos8-baseos        启用
```

第 5 步，验证软件源元数据缓存是否已成功建立，如例 6-2.5 所示。可以看到，DNF 软件源已成功配置，下面就可以开始安装软件了。

例 6-2.5：配置 DNF 软件源——验证软件源信息

```
[root@centos8 yum.repos.d]# dnf list httpd
可安装的软件包
```

```
httpd.x86_64    2.4.37-39.module_el8.4.0+778+c970deab    centos8-appstream
[root@centos8 yum.repos.d]# dnf info httpd
名称        : httpd
版本        : 2.4.37
发布        : 39.module_el8.4.0+778+c970deab
架构        : x86_64
大小        : 1.4 M
源          : httpd-2.4.37-39.module_el8.4.0+778+c970deab.src.rpm
仓库        : centos8-appstream
```

必备技能 18：软件管理综合应用

张经理以 bind 为例，向小朱演示如何使用 DNF 方便地管理软件。下面是张经理的操作步骤。

第 1 步，查询软件安装信息。张经理使用 dnf list 命令查看系统当前的软件安装信息，然后使 dnf info 命令查看 bind 的详细信息，如例 6-3.1 所示。

V6-3 软件管理
综合应用

例 6-3.1：软件管理综合应用——查询软件安装信息及 bind 的详细信息

```
[root@centos8 ~]# dnf list bind*
上次元数据过期检查：0:29:08 前，执行于 2024 年 02 月 25 日 星期日 10 时
11 分 49 秒。
已安装的软件包
bind-export-libs.x86_64        32:9.11.26-3.el8     @anaconda
bind-libs.x86_64               32:9.11.26-3.el8     @AppStream
可安装的软件包
bind.x86_64                    32:9.11.26-3.el8     centos8-appstream
bind-chroot.x86_64             32:9.11.26-3.el8     centos8-appstream
[root@centos8 ~]# dnf info httpd
名称        : httpd
版本        : 2.4.37
发布        : 39.module_el8.4.0+778+c970deab
架构        : x86_64
大小        : 1.4 M
源          : httpd-2.4.37-39.module_el8.4.0+778+c970deab.src.rpm
仓库        : centos8-appstream
```

第 2 步，使用 dnf install 命令安装软件。张经理告诉小朱，安装过程中可能有些步骤需要用户确认，-y 选项能够代替用户给出 yes 的回答，如例 6-3.2 所示。张经理让小朱仔细观察安装日志信息。小朱从安装日志信息看到，DNF 首先解决软件的依赖关系，自动下载尚未安装的依赖软件，安装时甚至能看到下载软件的进度。

例 6-3.2：软件管理综合应用——安装软件

```
[root@centos8 ~]# dnf install bind -y
依赖关系解决。
下载软件包：
运行事务检查
事务检查成功。
运行事务测试
事务测试成功。
已安装：
   bind-32:9.11.26-3.el8.x86_64
```

完毕!

第 3 步,使用 dnf update 命令升级软件。升级前先使用 dnf list updates 命令查看有哪些软件更新包可用,如例 6-3.3 所示。由于本地软件源中没有最新的 bind 更新包,因此 dnf update 命令没有执行更新操作。

例 6-3.3:软件管理综合应用——升级软件

```
[root@centos8 ~]# dnf list updates
上次元数据过期检查: 0:40:31 前,执行于 2024 年 02 月 25 日 星期日 10 时 11 分 49 秒。
[root@centos8 ~]# dnf update bind
上次元数据过期检查: 0:40:43 前,执行于 2024 年 02 月 25 日 星期日 10 时 11 分 49 秒。
依赖关系解决。
无须任何处理。
完毕!
```

第 4 步,使用 dnf remove 命令卸载 bind。卸载时同样可以使用-y 选项,如例 6-3.4 所示。

例 6-3.4:软件管理综合应用——卸载软件

```
[root@centos8 ~]# dnf remove bind -y
依赖关系解决。

将会释放空间: 4.5 M
运行事务检查
事务检查成功。
运行事务测试
事务测试成功。

已移除:
  bind-32:9.11.26-3.el8.x86_64

完毕!
```

第 5 步,张经理向小朱演示如何使用 dnf 命令管理软件组。首先查看有哪些可用的软件组,如例 6-3.5 所示。

例 6-3.5:软件管理综合应用——查看可用的软件组

```
[root@centos8 ~]# dnf grouplist
可用环境组:
   服务器
   最小安装
已安装的环境组:
   带 GUI 的服务器
已安装组:
   容器管理
   无头系统管理
可用组:
   传统 UNIX 兼容性
   开发工具
   .NET 核心开发
```

第 6 步,安装"开发工具"软件组,如例 6-3.6 所示。可以看到,DNF 先安装依赖的软件包,然后安装软件组中的 92 个软件包。

例 6-3.6：软件管理综合应用——安装软件组

```
[root@centos8 ~]# dnf groupinstall 开发工具 -y
依赖关系解决。
安装依赖关系:              <== 先安装依赖的软件包
安装弱的依赖:
安装   92 软件包
下载软件包:
运行事务检查
事务检查成功。
运行事务测试
事务测试成功。
完毕!
```

软件组的卸载这里不演示，张经理让小朱自己尝试升级和卸载软件组。

通过这两个实验，小朱认识到 DNF 确实是一个非常强大的软件包管理器，只要配置好软件源，整个安装过程无须用户参与，非常方便。掌握了这项技能，小朱再也不用为安装软件发愁了。

 小贴士乐园——RPM 基本操作

其实有了 YUM 之后，RPM 的功能就被大大弱化了，所有的软件安装、升级和卸载工作都可以通过 YUM 完成。现在我们用得最多的是 RPM 提供的查询功能。RPM 的使用方法详见本书配套电子资源。

任务 6.2　Linux 应用软件

 任务陈述

完整的操作系统离不开高层应用程序的支持，Linux 操作系统同样如此。如今，Linux 操作系统受到越来越多个人用户的喜爱，其中一个重要的原因是各 Linux 发行版均提供了众多开源、免费且功能强大、稳定的应用软件。这些软件使用简单，比较容易上手，用户体验甚至可以和 Windows 操作系统中的常用软件相媲美。不同的 Linux 发行版默认安装的应用软件有所不同，本任务重点介绍 CentOS 8 中几类常用的应用软件，包括办公应用软件和互联网应用软件。

 知识准备

6.2.1　办公应用软件

1. LibreOffice 概述

微软公司的 Microsoft Office 办公套件相信大家已经比较熟悉了。CentOS 8 中也有与之功能类似的办公套件——LibreOffice。LibreOffice 包含六大组件，分别是 Writer（文字处理）、Calc（电子表格）、Impress（演示文稿）、Draw（绘图）、Base（数据库）、Math（公式编辑器）。相比于其他办公应用软件，LibreOffice 具有以下几个显著优势。

（1）开源、免费。根据 LibreOffice 的开源许可证，用户可以根据自己的想法随意分发、复制和修改 LibreOffice，并且不需要支付任何费用。

（2）跨平台。LibreOffice 支持多种硬件架构，可以在多种操作系统中运行，如 Windows、Linux、Mac OS 等。

微课

V6-4　LibreOffice 概述

（3）多语言支持。LibreOffice 支持 100 多种语言/方言，包括从右到左布局的语言。LibreOffice 内置了拼写检查功能、连字符功能和词库词典功能。

（4）统一的操作界面。LibreOffice 的所有组件都具有基本相同的图形用户界面，这使得用户更容易使用和掌握。

LibreOffice 的各个组件彼此间很好地集成在一起。各个组件共享一些相同的工具，这些工具在不同组件中的功能和使用方法是一致的。另外，LibreOffice 只有一个主程序，这意味着用户不需要特别在意某个类型的文件需要使用哪个应用程序来创建或打开，可以在任何一个程序中创建或打开其他类型的文件。例如，可以使用 Writer 打开一个 Draw 文件，LibreOffice 会自动识别文件格式。

LibreOffice 使用开放文档格式（Open Document Format，ODF）作为默认文件格式，这是一种基于 XML 的文件格式，也是一种行业标准。ODF 的框架是免费公开发布的，因此很容易被其他文本编辑器读取和编辑。相比之下，有些办公软件采用封闭的文件格式，这意味着使用这些软件创建的文档只能由其自身打开。另外，除了原生的 ODF，LibreOffice 还支持其他多种常见文件格式，包括 Microsoft Office、HTML、XML、WordPerfect、Lotus 1-2-3 和 PDF 等。

2．LibreOffice 窗口

LibreOffice 各个组件的窗口的外观基本相同，只是各个组件的用途在某些细节上有所不同。下面以 Writer 为例说明 LibreOffice 窗口的主要组成和常用功能。

LibreOffice 窗口包括标题栏、菜单栏、工具栏、状态栏、侧边栏，如图 6-1 所示。

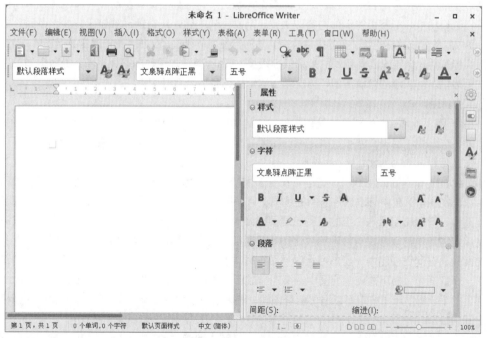

图 6-1　LibreOffice 窗口

标题栏位于窗口的顶部，显示当前打开文件的标题及类型。

菜单栏位于 LibreOffice 窗口的顶部、标题栏的正下方。下面是 Writer 菜单的简单说明。

- 【文件】菜单：包含用于调整文件的命令，如打开、保存、导出、打印等。
- 【编辑】菜单：包含用于编辑文档的命令，如剪切、复制、粘贴、撤销、查找和替换等。
- 【视图】菜单：包含用于控制文档显示的命令，如设置视图模式、窗口布局和风格等。

Linux操作系统基础项目教程

- 【插入】菜单：包含用于将元素插入文档的命令，如图像、页眉、页脚和超链接等。
- 【格式】菜单：包含用于排版文档的命令，如间距、对齐方式、批注、分栏和水印等。
- 【样式】菜单：包含常见的样式命令，用于编辑、加载和创建新样式等。
- 【表格】菜单：包含在文档中插入和编辑表格的命令。
- 【表单】菜单：包含在文档中插入和编辑表单元素的命令，如标签、文本框、单选按钮等。
- 【工具】菜单：包含拼写检查、自动更正、自定义和选项等功能。
- 【窗口】菜单：包含用于创建、关闭及显示窗口的操作。
- 【帮助】菜单：包含 LibreOffice 的帮助链接及有关 LibreOffice 的信息。

LibreOffice 有两种类型的工具栏，即停靠或固定在某个位置的工具栏及浮动工具栏。可以将停靠工具栏移到其他位置，使之成为浮动工具栏，浮动工具栏也可以改为停靠工具栏。默认情况下，位于 LibreOffice 菜单栏下方的第一行工具栏称为标准工具栏。它在所有的 LibreOffice 组件中都是一样的。位于 LibreOffice 菜单栏下方的第二行工具栏称为格式工具栏。格式工具栏与当前内容有关，也就是说，光标当前位置或所选对象不同时，格式工具栏会发生相应变化。如果想显示或隐藏某个工具栏，则可以选择【视图】→【工具栏】命令进行设置。

状态栏位于 LibreOffice 窗口的底部，主要用于显示与文件相关的基本信息，并包含快速修改某些功能的便捷方法。Writer、Calc、Impress 和 Draw 的状态栏很相似，但各自又有一些与自身文件类型相关的特定内容。以 Writer 为例，其状态栏显示的信息包括当前页码、字词统计、页面样式、语言、选择模式、修改状态、数字签名、视图布局、缩放滑块和缩放比例等。

侧边栏位于工作区的右侧，包含一个或多个标签页。这些标签页被整合在一起，通过侧边栏右侧的标签栏进行切换。标签页的具体内容取决于当前文件的内容。所有组件都包含属性、页面、样式和格式、图片库和导航等标签页。有的组件会有特殊的标签页。例如，Writer 有管理变更标签页，Impress 有母版页标签页、自定义动画和幻灯片切换标签页，Calc 有公式函数标签页。若要隐藏侧边栏，则可以单击侧边栏左侧灰色的隐藏按钮。再次单击这个按钮会重新打开侧边栏。

3. Writer

Writer 是 LibreOffice 的文字处理组件，支持常用的文字处理功能，如拼写检查、自动更正、查找和替换、自动生成目录和索引、表格设计和填充等。Writer 文件的扩展名是.odt。可以使用 Writer 把.odt 文件保存成 Microsoft Word 文件。

Writer 的工作界面如图 6-1 所示。Writer 支持 3 种文件查看视图，即普通视图、网页视图和全屏视图。在【视图】菜单中可以选择所需的视图。普通视图又称为打印视图，是 Writer 的默认视图。在普通视图中，可以使用状态栏上的视图布局图标修改文件的显示视图为单页视图、双页视图或书本视图。使用缩放滑块可以修改文件的缩放比例。普通视图还允许用户隐藏或显示页眉、页脚，以及页面之间的间隙。在网页视图中，状态栏上的视图布局功能被禁用，只能使用缩放滑块修改文件的缩放比例。在全屏视图中，使用在其他视图中选择的缩放和布局设置显示文件。按 Esc 键或单击左上角浮动工具栏上的【全屏显示】按钮可以退出全屏视图，还可以按【Ctrl+Shift+J】组合键在全屏视图和其他视图之间切换。

Writer 提供的导航功能可以方便用户快速查找特定类型的对象。按【Alt+4】组合键或单击侧边栏中的导航标签，可以打开【导航】标签页，如图 6-2（a）所示。在【导航】标签页左上角的下拉列表中选择所要查找的对象类型，然后单击右侧的上一个按钮和下一个按钮，会跳转到该对象类型的上一个位置或下一个位置。这对于查找文本中某些很难看到的对象特别有用。如果想快速跳转到文件的某个页面，则可以按【Ctrl+G】组合键打开【转到页面】对话框，如图 6-2（b）所示，输入目标页面的页码，然后单击【确定】按钮，即可跳转到指定的页面。

（a）【导航】标签页　　　　　　（b）【转到页面】对话框

图6-2　【导航】标签页和【转到页面】对话框

4．Calc

Calc 是 LibreOffice 的电子表格组件，功能上类似于 Microsoft Excel，其工作界面如图6-3所示。Calc 电子表格由许多单独的工作表组成，工作表包含许多按行和列排列的单元格，每个单元格都由行编号和列字母标识。单元格中的数据可以是文字、数字、公式等。

图6-3　Calc 工作界面

在 Calc 中输入数据，然后对这些数据进行统计、计算和分析以生成结果，这是 Calc 的主要功能。除此之外，Calc 还提供下列功能。

● 公式和函数。公式是使用数字和变量来生成结果的方程，函数是在单元格中输入的预定义的计算关系，用于分析或处理数据。

● 数据库功能。使用 Calc 可以快速地排序和筛选数据。Calc 还提供许多用于数据统计分析的工具，用户可以利用这些工具进行特定行业的数据统计分析。

● 数据透视表和透视图。数据透视表是一种组织、处理和汇总大量数据的工具，是数据分析最有用的工具之一。使用数据透视表可以重新排列或汇总数据以提取重要的信息。数据透视表使数据更易于阅读和理解。还可以利用数据透视表的数据生成数据透视图，从而更加直观地表示数据。当数据透视表中的数据被修改时，数据透视图将自动更新。

● 宏。Calc 提供宏这一功能辅助用户记录和执行重复的任务，支持的脚本语言包括 LibreOffice Basic、Python 和 JavaScript 等。

- 兼容 Microsoft Excel 电子表格。Calc 能够打开、编辑和保存 Microsoft Excel 电子表格。不过需要注意的是，Calc 和 Microsoft Excel 电子表格不是完全兼容的，二者在函数的定义上略有不同。
- 导入和导出。Calc 支持以多种格式输入和输出电子表格，包括 HTML、CSV、PDF 和 PostScript 等。

5. Impress

Impress 是 LibreOffice 的文稿演示组件，功能上类似于 Microsoft PowerPoint，其工作界面如图 6-4 所示。Impress 窗口主要包括幻灯片窗格、工作区和侧边栏 3 个部分。左侧的幻灯片窗格按照幻灯片显示顺序排列幻灯片的缩略图。选中幻灯片窗格中的缩略图，工作区中会显示完整的幻灯片。可以在幻灯片窗格中对幻灯片进行编辑，如添加或删除幻灯片、复制或重命名幻灯片、隐藏或移动幻灯片，还可以修改幻灯片的布局。

图 6-4　Impress 工作界面

Impress 支持使用幻灯片母版定义幻灯片的基本格式，所有基于同一幻灯片母版的幻灯片拥有相同的格式。一个 Impress 可以应用多个幻灯片母版。可以在 Impress 幻灯片中添加多种不同元素，包括文字、项目符号、编号列表、表格、图表，以及各种图形对象。

Impress 支持多种幻灯片放映方式，如自动播放和循环播放等。用户可以自定义幻灯片放映的参数，这些参数用于控制幻灯片的放映顺序、切换动画、翻页效果等。

Impress 还具有演讲者控制台（Presenter Console）功能。演讲者控制台功能为演讲者和观众提供不同的视图。演讲者在自己的计算机屏幕上看到的视图包括当前幻灯片、下一张幻灯片、幻灯片备注和演示计时器，而观众只能看到当前幻灯片的内容。

6.2.2　互联网应用软件

Linux 操作系统支持非常多的网络服务。下面介绍一些 CentOS 8 中常用的互联网应用软件，包括 Firefox 浏览器、邮件客户端软件 Thunderbird 及几种下载软件。

1. Firefox 浏览器

Firefox 浏览器是 CentOS 8 默认安装的 Web 浏览器，俗称"火狐"浏览器。Firefox 由 Mozilla 基金会与开源团体共同合作开发，用户可以免费使用。Firefox 可以运行在多种操作系统上，如 Windows、Linux、Mac OS 等。在【应用程序】菜单中选择【互联网】→【Firefox】命令，即可打开 Firefox 浏览器，如图 6-5 所示。

Firefox 支持标签页浏览。用户可以在同一个 Firefox 窗口中打开多个网页。在图 6-5 所示的界面中，单击当前标签页右侧的加号按钮即可打开一个新的标签页。

Firefox 是一个非常安全的 Web 浏览器，重视安全性和用户隐私保护。用户浏览网页时，Firefox 会实时检查网站 ID 以排查恶意网站，并通过不同颜色提醒用户。Firefox 提供隐私浏览的功能，可以在用户退出 Firefox 时清除浏览痕迹，不会在本地留下任何个人数据。Firefox 还通过沙盒安全模型限制网页脚本对用户数据的访问，从而保护用户信息安全。

Firefox 允许用户根据自身需要对其进行设置。单击工具栏最右侧的【打开菜单】按钮，选择【首选项】，可以打开 Firefox 的【选项】窗口，如图 6-6 所示。在【选项】窗口中，可以对 Firefox 进行常规设置，如 Firefox 的浏览方式、语言和外观等，还可以设置 Firefox 的主页、默认搜索引擎及隐私与安全条款等。

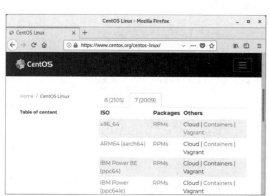

图 6-5　Firefox 浏览器

图 6-6　Firefox 的【选项】窗口

Firefox 的可扩展性非常好，用户可以通过安装附加组件为 Firefox 添加额外的功能。Mozilla 基金会官方和众多第三方开发者提供了大量的附加组件。单击工具栏最右侧的【打开菜单】按钮，选择【附件组件】，可以打开 Firefox 的【附加组件管理器】窗口，如图 6-7 所示。在【附加组件管理器】窗口中，可以查看当前已安装的附加组件，也可以根据关键词搜索附加组件进行下载安装。

图 6-7　Firefox 的【附加组件管理器】窗口

2．邮件客户端软件 Thunderbird

通过邮件客户端软件，用户可以随时随地收发邮件。Thunderbird 是 Linux 操作系统中非常受欢迎的邮件客户端软件之一。Thunderbird 由 Mozilla 基金会推出。

Thunderbird 功能强大，支持因特网消息访问协议（Internet Message Access Protocol，IMAP）和邮局协议（Post Office Protocol，POP）及 HTML 邮件格式，具有快速搜索、自动拼写检查等功能。Thunderbird 具有较好的安全性，不仅提供垃圾邮件过滤、反"钓鱼"欺诈等功能，还为政府和企业应用场景提供更强的安全策略，包括安全/多用途互联网邮件扩展协议（Secure/Multipurpose Internet Mail Extensions，S/MIME）、数字签名、信息加密等。

Thunderbird 使用起来简单、方便，可在多种平台上运行。用户可以自定义 Thunderbird 的外观主题，以及添加需要的扩展插件。首次使用 Thunderbird 时需要添加邮件账户信息，如图 6-8 所示。设置好账户信息，即可进行邮件收发，其窗口如图 6-9 所示。

图 6-8　添加邮件账户信息

图 6-9　邮件收发窗口

3．下载软件

（1）wget

wget 是在 Linux 操作系统中使用最多的命令行下载管理器。使用 wget 可以下载一个或多个文件，也可以下载整个目录甚至整个网站。wget 支持 HTTP、HTTPS、FTP，还支持使用 HTTP 代理。wget 是一个非交互式工具，因此可以很轻松地通过脚本、cron 任务和终端窗口调用。

使用 wget 下载单个文件时，只需提供文件的 URL（Uniform Resourse Locater，统一资源定位符）即可，如例 6-4 所示。下载的文件默认以原始名称保存，使用-O 选项可以指定输出文件名。wget 还支持断点续传的功能，使用-c 选项可以重新让下载中断的文件继续下载，这里不演示。

例 6-4：使用 wget 下载文件

```
[zys@centos8 ~]$ wget   http://dangshi.people.com.cn/GB/437131/index.html
--2024-02-25 13:21:46--   http://dangshi.people.com.cn/GB/437131/index.html
正在解析主机 dangshi.people.com.cn (dangshi.people.com.cn)...
正在连接 dangshi.people.com.cn (dangshi.people.com.cn)|39.175.173.155|:80... 已连接。
已发出 HTTP 请求，正在等待回应... 200 OK
长度：10548 (10K) [text/html]
正在保存至："index.html.1"
2024-02-25 13:21:46 (291 MB/s) - 已保存 "index.html.1" [10548/10548])
[zys@centos8 ~]$ ls -l index.html
-rw-rw-r--.  1  zys  zys  10548  1月 2 14:52  index.html
```

（2）curl

和 wget 类似，curl 也是一个使用广泛的下载工具。由于 curl 还可以上传文件，因此称 curl 为文件传输工具更合适。curl 比 wget 支持的协议要多，功能也非常强大，包括代理访问、用户认证、FTP 上传下载、HTTP POST、SSL 连接、cookie、断点续传等。由于 curl 功能较多，因此选项也较多，这里简单介绍使用 curl 下载文件的方法，如例 6-5 所示。其中，-o 选项的作用是指定输出文件名，与 wget 的-O 选项的作用相同。

例 6-5：使用 curl 下载文件

```
[zys@centos8 ~]$ curl http://dangshi.people.com.cn/GB/437131/index.html -o dangshi.html
  % Total    % Received % Xferd  Average Speed   Time    Time     Time  Current
                                 Dload  Upload   Total   Spent    Left  Speed
100 10548  100 10548    0     0  61684      0 --:--:-- --:--:-- --:--:-- 62047
[zys@centos8 ~]$ ls -l dangshi.html
-rw-rw-r--. 1 zys  zys  10548  2月 25 13:24  dangshi.html
```

（3）FileZilla

FTP 是互联网上常用的文件传输服务，用于在不同的计算机之间传输文件。在 Linux 操作系统中，FileZilla 是一个免费、开源的 FTP 软件，分为客户端版本和服务器版本，具备 FTP 软件所有的功能。FileZilla 的工作界面清晰，可控性强，支持断点续传、文件名过滤、拖动等功能。图 6-10 所示是 FileZilla 客户端的工作界面。

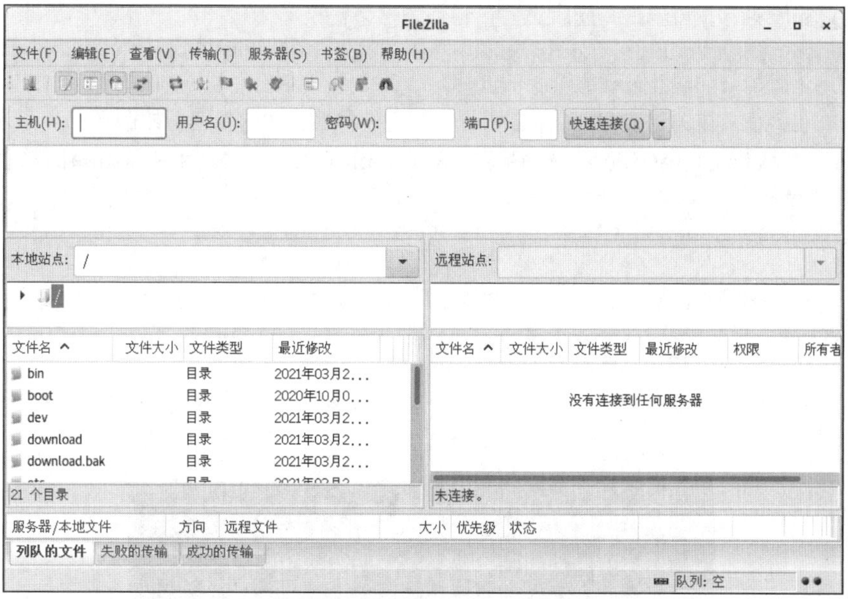

图 6-10 FileZilla 客户端的工作界面

任务实施

必备技能 19：安装 LibreOffice

LibreOffice 是 Linux 操作系统中被广泛使用的办公套件，但是 CentOS 8 没有预装 LibreOffice。为了方便软件开发中心的同事使用 LibreOffice 处理项目文档，张经理决定在软件开发服务器中安装 LibreOffice。下面是张经理的操作步骤。

微课

V6-5 安装 LibreOffice

第 1 步，登录开发服务器，打开一个终端窗口，使用 su－root 命令切换为 root 用户。

第 2 步，创建目录/download 以保存下载的 LibreOffice，如例 6-6.1 所示。

例 6-6.1：安装 LibreOffice——创建下载目录

```
[zys@centos8 ~]$ su - root
[root@centos8 ~]# mkdir /download
[root@centos8 ~]# cd /download
```

第 3 步，使用 wget 工具下载 LibreOffice 的软件包及中文用户界面辅助软件包，如例 6-6.2 所示。

例 6-6.2：安装 LibreOffice——下载软件包

```
[root@centos8 download]# wget https://mirrors.nju.edu.cn/tdf/libreoffice/stable/7.6.5/
rpm/x86_64/LibreOffice_7.6.5_Linux_x86-64_rpm.tar.gz
[root@centos8 download]# wget https://mirrors.nju.edu.cn/tdf/libreoffice/stable/7.6.5/rpm/
x86_64/LibreOffice_7.6.5_Linux_x86-64_rpm_langpack_zh-CN.tar.gz
[root@centos8 download]# ls
LibreOffice_7.6.5_Linux_x86-64_rpm_langpack_zh-CN.tar.gz
LibreOffice_7.6.5_Linux_x86-64_rpm.tar.gz
```

第 4 步，解压 LibreOffice 软件包至当前目录，然后进入 RPMS 子目录，使用 dnf 命令进行安装，如例 6-6.3 所示。

例 6-6.3：安装 LibreOffice——解压并安装 LibreOffice 软件包

```
[root@centos8 download]# tar -xf LibreOffice_7.6.5_Linux_x86-64_rpm.tar.gz
[root@centos8 download]# cd LibreOffice_7.6.5.2_Linux_x86-64_rpm
[root@centos8 LibreOffice_7.6.5.2_Linux_x86-64_rpm]# cd RPMS
[root@centos8 RPMS]# dnf install *rpm -y
```

第 5 步，使用同样的方法安装 LibreOffice 中文用户界面辅助软件包，如例 6-6.4 所示。

例 6-6.4：安装 LibreOffice——解压并安装 LibreOffice 中文用户界面辅助软件包

```
[root@centos8 RPMS]# cd /download
[root@centos8 download]# tar -zxf LibreOffice_7.6.5_Linux_x86-64_rpm_langpack_
zh-CN.tar.gz
[root@centos8 download]# cd LibreOffice_7.6.5.2_Linux_x86-64_rpm_langpack_zh-CN
[root@centos8 LibreOffice_7.6.5.2_Linux_x86-64_rpm_langpack_zh-CN]# cd RPMS
[root@centos8 RPMS]# dnf install *rpm -y
```

至此，LibreOffice 办公套件安装完成。在【活动】菜单中可以看到已安装的 LibreOffice 各组件，如图 6-11 所示。

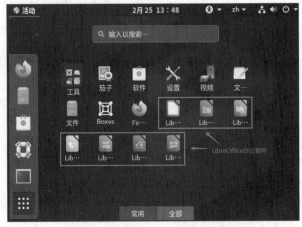

图 6-11 已安装的 LibreOffice 各组件

小贴士乐园——Linux 开源软件

Linux 操作系统中有很多应用软件可以和 Windows 操作系统中的同类软件在功能、用户体验和性能上相较高下。几乎可以肯定地说，在 Linux 操作系统中，你总能找到一款合适的软件。其中既包括 Linux 厂商提供的优秀软件，也包括众多第三方开发人员提供的优秀软件。有关 Linux 开源软件的详细信息详见本书配套电子资源。

项目小结

本项目和Linux操作系统中的软件相关。任务6.1主要介绍了Linux操作系统中软件管理的发展历史及相关的软件包管理器。从最初直接编译源码，到如今使用YUM、DNF等高级软件包管理器，在Linux中管理软件已变得非常简单。RPM在本地计算机系统中建立一个软件数据库，记录已安装软件的相关信息，作为后续升级或卸载软件的基础。但RPM未解决软件包的依赖关系，即不能自动下载和安装依赖软件。YUM基于RPM，弥补了RPM的这一缺点。只要配置好YUM源，就可以使用简单的命令安装、升级和卸载软件。DNF是YUM的升级版，是RHEL 8及以后版本中默认的软件包管理工具。任务6.2主要介绍了Linux中常见的几种应用软件，包括LibreOffice办公套件、Firefox浏览器、邮件客户端软件Thunderbird及几个下载软件。Linux操作系统包含大量优秀的应用软件，这些软件稳定、可靠、用户体验感好，大大提高了Linux操作系统在个人用户中的受喜爱度。

项目练习题

1. 选择题

（1）关于通过编译源码安装软件，下列说法错误的是（　　　）。

    A. 这是 Linux 早期的软件安装方式

    B. 对于普通 Linux 用户来说，编译源码不是一件轻松的事

    C. 编译源码为用户提供了一定的自由度

    D. 编辑源码不需要考虑平台差异，只要硬件支持即可

（2）关于 RPM，下列说法错误的是（　　　）。

    A. RPM 是由 Red Hat 公司开发的一款软件包管理器，应用广泛

    B. RPM 在本地计算机系统中建立了一个软件数据库

    C. RPM 解决了软件包之间的依赖关系，可以自动安装依赖的软件

    D. RPM 软件包一般都会考虑软件的跨平台通用性

（3）rpm -i vsftpd 命令的作用是（　　　）。

    A. 查询软件包 vsftpd   B. 安装软件包 vsftpd

    C. 升级软件包 vsftpd   D. 卸载软件包 vsftpd

（4）rpm -ql httpd 命令的作用是（　　　）。

    A. 查询软件 httpd 的所有文件和目录   B. 查询软件 httpd 的详细信息

    C. 查询软件 httpd 是否被安装   D. 查询软件 httpd 的说明信息

（5）下列关于软件源的说法错误的是（　　　）。

    A. 软件源包含整理好的软件清单和软件安装包

    B. 配置好软件源之后，就可以从软件源中下载并安装软件

    C. 软件源只能使用网络资源，本地计算机无法配置软件源

    D. 软件源配置文件的扩展名是.repo

2. 填空题

（1）一般来说，软件包包含编译好的＿＿＿＿、＿＿＿＿＿及＿＿＿＿＿。

（2）Linux 早期安装软件常用的方式是＿＿＿＿＿＿＿＿。

（3）RPM 使用的管理命令是＿＿＿＿＿，RPM 软件包的文件扩展名是＿＿＿＿＿。

（4）配置 YUM 源时，baseurl 配置项表示＿＿＿＿＿＿＿＿。

3. 简答题

（1）简述 Linux 软件管理的发展历史。

（2）简述 RPM 和 YUM 软件包管理器的区别和联系。

4. 实训题

【实训 1】

    DNF 是 CentOS 8 中的高级软件包管理器，利用 DNF 可以方便地完成软件安装、升级和卸载等操作。本实训的主要任务是练习本地软件源的配置，并利用本地软件源安装、升级和卸载 vsftpd。请根据以下内容练习使用 dnf 命令管理软件的操作。

（1）将 CentOS 8 镜像文件挂载到目录/mnt/centos_iso。

（2）配置本地软件源。首先备份系统原有的软件源配置文件，然后新建配置文件 media.repo，并配置 centos8_baseos 和 centos8_appstream 软件源。

（3）使用 dnf list 命令查看系统当前的软件安装信息，使用 dnf info 命令查看 vsftpd 的详细信息。

（4）使用 dnf install 命令安装 vsftpd。

（5）使用 dnf update 命令升级 vsftpd。

（6）使用 dnf remove 命令卸载 vsftpd。

【实训 2】

    Linux 操作系统提供了大量优秀的应用软件供用户使用。本实训的主要任务是练习常见的应用软件的安装，体验这些软件的使用，并将其和 Windows 操作系统中的同类软件进行比较。按照以下步骤完成应用软件的安装和使用练习。

（1）使用 wget 下载 LibreOffice 软件包。

（2）使用 curl 下载 LibreOffice 中文用户界面辅助软件包。

（3）安装 LibreOffice 软件包。

（4）安装 LibreOffice 中文用户界面辅助软件包。

（5）创建一个 LibreOffice Writer 文件，在其中添加文本、图片、表格等元素，并进行常规的排版。

（6）创建一个 LibreOffice Calc 文件，输入数据并练习数据排序、筛选、统计和分析等操作。

（7）创建一个 LibreOffice Impress 文件，新建一个幻灯片母版，并利用该母版创建其他幻灯片。

提高篇：成为Linux专业人士

亲爱的同学们：

　　基础篇涉及的几个管理主题一定让你感受到Linux的强大管理能力了吧？你是不是迫不及待地想要更进一步，学习更多的管理技能？别着急，本篇列举的网络管理、进程服务管理肯定能满足你的需求。进入本篇，我们将一起学习如何让你的计算机与外部世界安全地连接（网络管理），并且尝试为Linux"把脉"（进程服务管理）。

　　一直以来，Linux都以其强大的网络功能而闻名，是网络设备和服务器的首选操作系统。在网络管理方面，Linux提供了丰富的配置工具和协议支持，使我们能够轻松配置网络接口、管理网络流量以及实施安全控制策略。本篇中，我们将学习使用几种常用的方式配置基础网络，如IP地址、子网掩码、默认网关及主机名等重要网络参数，并介绍几个常用的网络管理命令。此外，我们还将重点学习firewalld防火墙的基本概念和基本配置，提高系统安全性，以保护系统免受网络攻击。

　　进程是Linux中最基本的执行单元，可以看作是操作系统的"脉搏"。了解并监控进程的状态对于系统的稳定性和性能至关重要。Linux为我们提供了多种进程管理和监控工具。通过这些工具，我们能够方便地查看当前系统中运行的所有进程，了解它们的CPU和内存使用情况，以及它们之间的依赖关系，灵活地切换前后台进程，或者根据需要手动终止不响应或占用过多资源的进程，以保持系统的流畅运行。

　　此外，在Linux中系统服务通常以守护进程（daemon）的形式运行。虽然我们平时一般不会特别关注，但它们确实在后台默默地为系统提供各种功能。Linux还提供了如systemd这样的系统和服务管理器。作为系统管理员，使用systemd能够轻松灵活地安装、配置、启动、停止和重启系统服务。

　　这一篇的学习将让我们能够更好地管理和维护Linux操作系统，确保其高效、稳定地运行，同时也将让我们进一步感受其强大的功能和灵活性。无论是系统管理员还是软件开发人员，掌握这些技能都将让我们"如虎添翼"，在Linux的世界里更畅快地闯荡。我们正一步步地成为理想的自己。加油吧，同学们！

你们的学习伙伴和朋友

张运嵩

项目7
网络管理

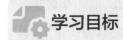 学习目标

知识目标

- 了解几种常用的网络配置方法。
- 熟悉常用的网络管理命令。
- 了解 VNC 远程桌面和 OpenSSH 服务器的配置方法。

能力目标

- 熟练掌握几种常用的网络配置方法。
- 能够使用 VNC 配置远程桌面。
- 能够配置 OpenSSH 服务器。

素质目标

- 配置基础网络信息，理解计算机网络的通信方式和安全隐患，培养"网络无边，安全有界"的网络安全意识。
- 配置防火墙，理解防火墙在网络安全体系中的重要作用，增强筑牢网络安全防线和坚守网络安全底线的意识。同时，学会居安思危，不断学习新技术，防患于未然。
- 配置远程桌面，理解与此相关的网络风险，培养构建健康网络空间的责任感和荣誉感，自觉践行"网络红客"精神。

项目引例

　　小朱现在越来越喜欢Linux了，尤其喜欢在终端窗口中通过执行各种命令完成工作。但是接触Linux这么久，小朱还没有配置过系统的网络。小朱不知道怎样使虚拟机连接互联网，也不知道在Linux中配置网络是否复杂。带着这些疑问，小朱又一次走进了张经理的办公室。张经理告诉小朱，Linux的网络功能非常强大，配置网络的方式也不止一种。另外，系统管理员除了要保证网络联通性，还要重点关注网络安全性。张经理让小朱做好准备，学习的"列车"即将驶入丰富多彩的Linux"网络大世界"。

任务 7.1 配置基础网络信息

 任务陈述

计算机能联网的前提是要有正确的网络配置，这是 Linux 系统管理员的重要工作内容。与其他 Linux 发行版一样，CentOS 8 也具有非常强大的网络功能。本任务重点介绍在 CentOS 8 中配置基础网络信息和系统主机名的几种常见方式，以及常用的网络管理命令。

 知识准备

7.1.1 配置虚拟机 NAT

由于本书所有的实验均基于 VMware，因此必须先确定使用哪种网络连接模式。前文说过，VMware 提供了 3 种网络连接模式，分别是桥接模式、NAT 模式和仅主机模式，这 3 种模式有不同的应用场合。

（1）桥接模式。在这种模式下，物理机变成一台虚拟交换机，物理机网卡与虚拟机的虚拟网卡利用虚拟交换机进行通信，物理机与虚拟机在同一网段中，虚拟机可直接利用物理网络访问外网。

微课

V7-1 VMware 网络连接模式

（2）NAT 模式。NAT 的英文全称是 Network Address Translation，即网络地址转换。在 NAT 模式下，物理机更像一台路由器，兼具 NAT 服务器与 DHCP 服务器的功能。物理机为虚拟机分配不同于自己网段的 IP 地址，虚拟机必须通过物理机才能访问外网。

（3）仅主机模式。这种模式阻断了虚拟机与外网的连接，虚拟机只能与物理机相互通信。

注意

本书后面的实验均采用NAT模式。

首先，为当前虚拟机选择 NAT 模式。在 VMware 中选择【虚拟机】→【设置】，弹出【虚拟机设置】对话框，如图 7-1 所示。选择【网络适配器】，选中【NAT 模式(N)：用于共享主机的 IP 地址】单选按钮，单击【确定】按钮。

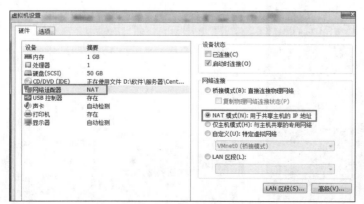

图 7-1 【虚拟机设置】对话框

　　其次，在 VMware 中选择【编辑】→【虚拟网络编辑器】，弹出【虚拟网络编辑器】对话框。选中【NAT 模式(与虚拟机共享主机的 IP 地址)】单选按钮，取消选中【使用本地 DHCP 服务将 IP 地址分配给虚拟机】复选框，然后将子网 IP 和子网掩码分别设为 192.168.62.0 和 255.255.255.0，单击【NAT 设置】按钮，如图 7-2 所示，弹出【NAT 设置】对话框，查看 NAT 模式的默认设置，如图 7-3 所示。这里需要大家记住【NAT 设置】对话框中的子网 IP、子网掩码和网关 IP，后文进行网络配置时会用到这些信息。单击【确定】按钮保存配置。

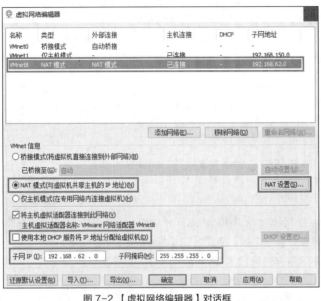

图 7-2　【虚拟网络编辑器】对话框

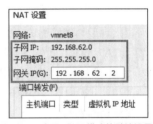

图 7-3　查看 NAT 模式的默认设置

7.1.2　配置基础网络

　　下面详细介绍在 CentOS 8 中经常使用的几种网络配置方法。

1. 使用图形用户界面配置网络

　　Linux 初学者适合使用图形用户界面配置网络，操作比较简单。打开 CentOS 8，单击桌面右上角的快捷启动按钮，即带有声音和电源图标的部分，展开【有线】下拉列表，如图 7-4 所示。因为还未正确配置网络，所以以有线连接处于关闭状态。单击【有线设置】，进入网络系统设置界面，如图 7-5 所示。单击【有线】选项组中的齿轮按钮，设置有线网络，设置如图 7-6 所示。

图 7-4　【有线】下拉列表

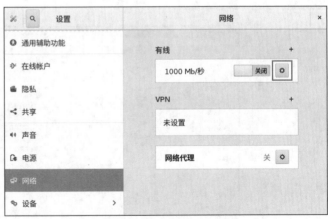

图 7-5　网络系统设置界面

在图 7-6 所示的界面中，打开【IPv4】选项卡，设置 IP 地址获取方式为【手动】，将 IP 地址和子网掩码分别设置为 192.168.62.213 和 255.255.255.0，网关和 DNS 设为 192.168.62.2。单击【应用】按钮保存设置，回到图 7-5 所示的界面，单击【有线】选项组中齿轮按钮左侧的开关按钮，开启有线网络。网络状态显示为"已连接"，如图 7-7 所示。

图 7-6　有线网络的设置

图 7-7　网络连接成功

2. 使用 nmtui 工具配置网络

nmtui 是 Linux 操作系统提供的一个字符界面的文本配置工具。在终端窗口中，以 root 用户身份执行 nmtui 命令即可进入【网络管理器】界面，如图 7-8 所示。

通过按键盘的上、下方向键，可以在 nmtui 的【网络管理器】界面中选择不同的操作，通过按左、右方向键可以在不同的功能区之间跳转。在【网络管理器】界面中，选择【编辑连接】后按 Enter 键，可以看到系统当前已有的网卡及操作列表，如图 7-9 所示。这里选择【ens33】并对其进行编辑操作，按 Enter 键后进入 nmtui 的【编辑连接】界面，如图 7-10 所示。

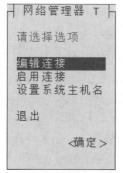

图 7-8　【网络管理器】界面

图 7-9　系统当前已有的网卡及操作列表

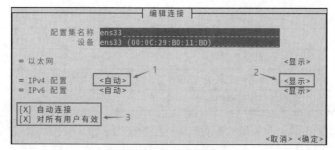

图 7-10　【编辑连接】界面

nmtui 的配置项都集中在【编辑连接】界面中。在图 7-10 中 1 号箭头的【自动】处按 Space 键，将 IP 地址的配置方式设为【手动】。在 2 号箭头的【显示】处按 Space 键，系统界面会出现和 IP 地址相关的文本框。依次配置 IP 地址、网关和 DNS 服务器，如图 7-11 所示。配置结束后，在右下角的【确定】处按 Enter 键保存网络配置，并回到图 7-9 所示的界面，然后在【返回】处按 Enter 键回到图 7-8 所示的界面。选择【启用连接】后按 Enter 键，在有线网卡列表中选择【ens33】，按 Enter 键激活 ens33 网卡，如图 7-12 所示。可以看到，网卡激活成功后在其名称左侧会出现一个*。

虽然 nmtui 的操作界面不像图形用户界面那么清晰明了，但是熟悉相关操作之后，会发现 nmtui 是一个非常方便的网络配置工具。

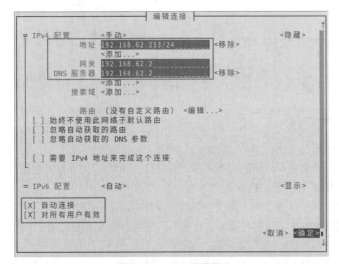

图 7-11　nmtui 配置界面

图 7-12　激活网卡

3. 使用 nmcli 命令配置网络

Linux 操作系统通过网络管理器（NetworkManager）守护进程管理和监控网络，而 nmcli 命令可以控制 NetworkManager 守护进程。网络管理器管理网络的基本形式是"连接"（Connection）。一个连接就是一组网络配置的集合，包括 IP 地址、网关、网络二层信息等内容。网络管理器可以管理多个网络连接，但同一时刻只有一个网络连接处于激活状态。使用 nmcli 命令可以创建、修改、删除、激活和禁用网络连接，还可以控制和显示网络设备状态。nmcli 命令的功能非常强大，和网络连接管理相关的子命令如下。其中，*conn_name* 表示网络连接的名称。表 7-1 列出了这些子命令及其功能。

nmcli connection show | up | down | modify | add | delete | reload　*conn_name*

表 7-1　nmcli 网络连接管理相关子命令及其功能

子命令	功能	子命令	功能
show [--active]	查看网络连接	add	创建网络连接
delete	删除网络连接	modify	修改网络连接参数
up	激活网络连接	down	禁用网络连接
reload	重新加载网络配置		

本书后面会反复使用 modify 子命令配置网络连接参数，表 7-2 列出了常用的 modify 子命令的网络连接参数及其含义。

表 7-2　常用的 modify 子命令的网络连接参数及其含义

网络连接参数	含义	网络连接参数	含义
ipv4.method	网络配置方式	ipv4.addresses 或 ip4	IPv4 地址
ipv4.gateway 或 gw4	默认网关	ipv4.dns	DNS 服务器
ipv4.dns-search	域名	connection.autoconnect 或 autoconnect	是否开机启动网络
connection.interface-name 或 ifname	网卡名称	connection.type 或 type	网卡类型

例 7-1 演示了如何使用 nmcli 的 show 子命令查看系统当前的网络连接。

例 7-1：使用 nmcli 的 show 子命令查看系统当前的网络连接

```
[zys@centos8 ~]$ su – root          // 查看网络连接
[root@centos8 ~]# nmcli connection show
NAME       UUID                                    TYPE       DEVICE
ens33      6aa0ff7c-46e3-4c5e-b689-9235eaeb49e5    ethernet   ens33
virbr0     e332019d-d7fb-4581-bf4d-74da5919f032    bridge     virbr0
```

例 7-2 所示是使用 nmcli 的 modify 子命令配置网络连接参数的具体示例。注意：修改网络连接参数之后要用 nmcli 的 up 子命令重新激活网络连接。

例 7-2：使用 nmcli 的 modify 子命令配置网络连接参数

```
[root@centos8 ~]# nmcli connection modify ens33 autoconnect yes \
> ipv4.method manual   \
> ip4 192.168.62.213/24   \
> gw4 192.168.62.2   \
> ipv4.dns 192.168.62.2
[root@centos8 ~]# nmcli connection up ens33          // 激活网络连接
```

nmcli 命令的参数及其取值非常多。幸运的是，nmcli 命令支持自动补全功能。也就是说，使用 Tab 键可以显示 nmcli 可用的子命令、网络参数及其取值。大家可以自己动手尝试一下。

7.1.3　修改系统主机名

1. Linux 主机名

虽然计算机之间通信时使用 IP 地址作为唯一的身份标识，但是在局域网中，往往使用主机名对主机进行区分。相比于数字形式的 IP 地址，主机名更加直观，因此更容易理解和记忆。Linux 系统支持 3 种类型的主机名。

● 静态主机名（Static Hostname）。静态主机名是启动系统时从文件/etc/hostname 中加载的主机名，也称为内核主机名。

● 临时主机名（Transient Hostname）。临时主机名也称为动态主机名或瞬态主机名。临时主机名由内核维护，保存在文件/proc/sys/kernel/hostname 中。这个主机名一般是系统运行过程中因为某些需要而临时设置的，可由 DHCP 或 DNS 服务动态分配。

● 灵活主机名（Pretty Hostname）。灵活主机名在形式上更加自由，可以包含特殊字符，主要给终端用户使用。

使用 hostname 命令可以查看系统当前的主机名，如例 7-3 所示。下面介绍几种修改 Linux 主机名的常用方法。

例 7-3：查看系统主机名

```
[zys@centos8 ~]$ hostname
centos8
```

2．使用 nmtui 工具修改主机名

使用 nmtui 工具也可以修改静态主机名。在图 7-8 所示的【网络管理器】界面中，选择【设置系统主机名】后按 Enter 键，进入【设置主机名】界面。本例将主机名修改为 centos8-1，如图 7-13 所示。修改完成后，打开文件 /etc/hostname 即可看到新的主机名，如例 7-4 所示。注意：已经打开的终端窗口并不会同步更新主机名，需要关闭后打开新的终端窗口才可以看到。另外，要以 root 用户身份执行 nmtui 命令才可以修改主机名。

V7-2　设置系统
主机名

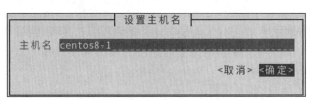

图 7-13　使用 nmtui 工具修改主机名

例 7-4：查看新的主机名

```
[zys@centos8-1 ~]$ cat /etc/hostname
centos8-1
```

3．使用 nmcli 命令修改主机名

使用 nmcli 命令修改主机名的方法如例 7-5 所示。本例将主机名修改为 centos8-2。注意：这种方法修改的也是静态主机名。

例 7-5：使用 nmcli 命令修改主机名

```
[root@centos8-1 ~]# nmcli general hostname
centos8-1          <== 当前主机名
[root@centos8-1 ~]# nmcli general hostname centos8-2
[root@centos8-1 ~]# nmcli general hostname
centos8-2          <==主机名修改成功
[root@centos8-1 ~]# cat /etc/hostname
centos8-2
```

4．使用 hostname 命令修改主机名

hostname 命令可以修改系统的临时主机名，如例 7-6 所示。重新打开一个终端窗口可以看到新的主机名。注意，由于修改的是临时主机名，所以文件/etc/hostname 中的内容并未改变，而且重启系统后，终端窗口中显示的仍然是静态主机名。

例 7-6：使用 hostname 命令修改主机名

```
[root@centos8-2 ~]# hostname centos8-3          // 修改临时主机名
[root@centos8-2 ~]# hostname
centos8-3          <== 临时主机名
[root@centos8-2 ~]# cat /etc/hostname
centos8-2          <== 静态主机名
```

5．使用 hostnamectl 命令修改主机名

hostnamectl 是专门用于查看和管理系统主机名的命令。单独执行 hostnamectl 命令可以显示系统主机名及其他相关信息。使用 hostnamectl 的 status 子命令，并结合--static、--transient 和 --pretty 等长格式选项，可以分别查看系统的静态主机名、临时主机名和灵活主机名，如例 7-7 所示。

例 7-7：使用 hostnamectl 命令查看主机名相关信息

```
[root@centos8-3 ~]# hostnamectl
    Static hostname: centos8-2
```

```
Transient hostname: centos8-3
[root@centos8-3 ~]# hostnamectl status --static
centos8-2
```

使用 hostnamectl 的 set-hostname 子命令可以同时修改系统的静态主机名、临时主机名和灵活主机名。另外，还可以分别使用--static、--transient 和--pretty 等长格式选项修改指定的主机名，如例 7-8 所示。

例 7-8：使用 hostnamectl 命令修改主机名

```
[root@centos8-3 ~]# hostnamectl
    Static hostname: centos8-2
Transient hostname: centos8-3
[root@centos8-3 ~]# hostnamectl set-hostname centos8-4
[root@centos8-3 ~]# hostnamectl status --static
centos8-4
[root@centos8-3 ~]# hostnamectl status --transient
centos8-4
[root@centos8-3 ~]# hostnamectl set-hostname centos8 --static
[root@centos8-3 ~]# cat /etc/hostname
centos8
```

7.1.4 常用网络管理命令

Linux 网络管理员经常使用一些命令进行网络配置和调试。这些命令的功能强大、使用简单。下面介绍几个 Linux 操作系统中常用的网络管理命令。

微课

V7-3 Linux 常用网络管理命令

1. ping 命令

ping 命令是最常用的测试网络联通性的命令之一。ping 命令向目标主机连续发送多个 ICMP（互联网控制报文协议）分组，记录目标主机是否正常响应及响应时间。ping 命令的基本用法如下。其中，*dest_ip* 是目标主机的 IP 地址或域名。表 7-3 列出了 ping 命令的常用选项及其功能说明。

```
ping  [-c|-i|-s|-t|-w]  dest_ip
```

表 7-3 ping 命令的常用选项及其功能说明

选项	功能说明
-c *count*	指定发送 *count* 个分组后停止发送
-i *interval*	指定发送分组的间隔，默认为 1s
-s *packetsize*	指定发送分组的字节数，默认为 56
-t *ttl*	指定发送分组的生存时间（其实是指路由器跳数）
-w *waitsecs*	指定 ping 命令在 *waitsecs* 秒后停止发送分组

例 7-9 演示了 ping 命令的基本用法，目标主机分别为人民邮电出版社和中华人民共和国教育部的官方网站域名。需要注意的是，如果没有特殊设置， ping 命令会不停地发送数据包，因此需要手动终止 ping 命令的执行，方法是按【Ctrl+C】组合键。

例 7-9：ping 命令的基本用法

```
[zys@centos8 ~]$ ping www.ptpress.com.cn
PING www.ptpress.com.cn (39.96.127.170) 56(84) bytes of data.
64 bytes from 39.96.127.170 (39.96.127.170): icmp_seq=1 ttl=128 time=29.8 ms
64 bytes from 39.96.127.170 (39.96.127.170): icmp_seq=2 ttl=128 time=30.2 ms
^C        <== 按【Ctrl+C】组合键手动终止 ping 命令的执行
```

```
[zys@centos8 ~]$ ping –c 3 www.moe.gov.cn              <== 只发送 3 个 ICMP 分组
PING hcdnw101.v3.ipv6.cdnhwcprh113.com (36.150.90.83) 56(84) bytes of data.
64 bytes from 36.150.90.83 (36.150.90.83): icmp_seq=1 ttl=128 time=15.1 ms
64 bytes from 36.150.90.83 (36.150.90.83): icmp_seq=2 ttl=128 time=15.2 ms
64 bytes from 36.150.90.83 (36.150.90.83): icmp_seq=3 ttl=128 time=17.1 ms
```

2. traceroute 命令

另一个经常用于测试网络联通性的命令是 traceroute（在 Windows 操作系统中是 tracert）。traceroute 命令向目标主机发送特殊的分组，并跟踪分组从源主机到目标主机的传输路径。traceroute 命令的基本用法如例 7-10 所示。注意，traceroute 命令需要先安装相应软件包后才能使用。

例 7-10：traceroute 命令的基本用法

```
[zys@centos8 ~]$ su – root
[root@centos8 ~]# dnf install traceroute –y
[root@centos8 ~]# exit
[zys@centos8 ~]$ traceroute  www.baidu.com
traceroute to www.baidu.com (36.152.44.95), 30 hops max, 60 byte packets
 1   192.168.0.1 (192.168.0.1)  5.693 ms  5.572 ms  5.465 ms
 2   192.168.1.1 (192.168.1.1)  5.376 ms  5.288 ms  5.197 ms
 3   221.178.235.218 (221.178.235.218)  4.955 ms  5.263 ms  5.632 ms
```

3. ss 命令

ss 是 Socket Statistics（套接字统计）的缩写。从名字上可以看出，ss 命令主要用于统计套接字信息。从功能上来说，ss 命令和传统的 netstat 命令类似，但是 ss 命令可以显示更多、更详细的 TCP（传输控制协议）和网络连接状态信息，执行起来也要比 netstat 命令更加快速、高效。尤其是在服务器需要维护数量巨大的套接字时，ss 命令的优势更加明显。常用的 ss 命令选项及其功能说明如表 7-4 所示。

表 7-4 常用的 ss 命令选项及其功能说明

选项	功能说明	选项	功能说明
–n	不解析服务名	–r	尝试解析数字形式的地址或端口
–a	显示所有套接字	–l	显示监听状态的套接字信息
–4	仅显示 IPv4 的套接字，相当于 –f net	–6	仅显示 IPv6 的套接字，相当于 –f net6
–t	仅显示 TCP 的套接字信息	–u	仅显示 UDP（用户数据报协议）的套接字信息
–p	显示使用套接字的进程		

ss 命令的用法很多，下面仅演示 ss 命令的基本用法，如例 7-11 所示。

例 7-11：ss 命令的基本用法

```
[zys@centos8 ~]$ ss -tln
State      Recv-Q  Send-Q  Local Address:Port    Peer Address:PortProcess
LISTEN     0       32      192.168.122.1:53      0.0.0.0:*
LISTEN     0       128     0.0.0.0:22            0.0.0.0:*
[zys@centos8 ~]$ ss -tlr
State      Recv-Q  Send-Q  Local Address:Port             Peer Address:PortProcess
LISTEN     0       128     0.0.0.0:rpc.portmapper         0.0.0.0:*
LISTEN     0       128     0.0.0.0:ssh                    0.0.0.0:*
[zys@centos8 ~]$ ss -lr4
Netid    State    Recv-Q  Send-Q  Local Address:Port       Peer Address:PortProcess
tcp      LISTEN   0       32      centos8:domain           0.0.0.0:*
tcp      LISTEN   0       128     0.0.0.0:ssh              0.0.0.0:*
```

4. ifconfig 命令

ifconfig 命令可用于查看或配置 Linux 中的网络设备。ifconfig 命令的参数比较多，这里不展开介绍。下面仅演示使用 ifconfig 命令查看指定网络接口信息的方法，如例 7-12 所示。

例 7-12：ifconfig 命令的基本用法

```
[zys@centos8 ~]$ ifconfig ens33        // 查看 ens33 网络接口的相关信息
ens33: flags=4163<UP,BROADCAST,RUNNING,MULTICAST>   mtu 1500
        inet 192.168.62.213   netmask 255.255.255.0   broadcast 192.168.62.255
        inet6 fe80::20c:29ff:feb0:11bd   prefixlen 64   scopeid 0x20<link>
        ether 00:0c:29:b0:11:bd   txqueuelen 1000   (Ethernet)
```

5. ip 命令

ip 命令可以说是 Linux 系统中最强大的网络管理命令之一，可以用于查看和管理路由、网络接口及隧道信息。ip 命令有许多子命令，如 netns、address、route、link 和 neigh 等。下面仅简单介绍本书后面实验中经常使用的 address 子命令。ip 命令的其他用法，读者可以借助 man 命令进行学习。

可以使用 ip 命令的 address 子命令查看网卡 IP 地址，或者为网卡添加、删除 IP 地址，如例 7-13 所示。注意：address 子命令可缩写为 a、ad、add 或 addr 等。另外，通过 ip address add 命令添加的 IP 地址只是临时地址，重启系统后该地址将失效。

例 7-13：address 子命令的基本用法

```
[zys@centos8 ~]$ su - root
[root@centos8 ~]# ip address show ens33
    inet 192.168.62.213/24 brd 192.168.62.255 scope global noprefixroute ens33
    inet6 fe80::20c:29ff:feb0:11bd/64 scope link noprefixroute
[root@centos8 ~]# ip address add 192.168.62.214/24 dev ens33       // 添加临时地址
[root@centos8 ~]# ip address show ens33
    inet 192.168.62.213/24 brd 192.168.62.255 scope global noprefixroute ens33
    inet 192.168.62.214/24 scope global secondary ens33
    inet6 fe80::20c:29ff:feb0:11bd/64 scope link noprefixroute
[root@centos8 ~]# ip address del 192.168.62.214/24 dev ens33 // 删除 IP 地址
[root@centos8 ~]# exit
```

6. 域名解析相关命令

Linux 系统中与域名解析相关的命令主要有 nslookup、host 和 dig 等。例 7-14 展示了这几种命令的基本用法。

例 7-14：nslookup 命令的基本用法

```
[root@centos8 ~]# nslookup www.ptpress.com.cn
Non-authoritative answer:
Name:    www.ptpress.com.cn
Address:  39.96.127.170                <== IPv4 地址
Name:    www.ptpress.com.cn
Address:    2408:4000:300::48        <== IPv6 地址
[root@centos8 ~]# host www.ptpress.com.cn
www.ptpress.com.cn has address 39.96.127.170 <== IPv4 地址
www.ptpress.com.cn has IPv6 address 2408:4000:300::48 <== IPv6 地址
[root@centos8 ~]# dig -t A www.ptpress.com.cn
;; ANSWER SECTION:
www.ptpress.com.cn.    5    IN    A    39.96.127.170      <== IPv4 地址
```

在日常的网络管理工作中，系统管理员经常使用这些命令进行网络配置和调试。限于篇幅，本节只简单介绍这些常用网络管理命令的基本用法。大家别忘了可以借助 man 命令了解它们的详细用法，或者查询其他相关资料进行深入学习。

 任务实施

必备技能 20：配置服务器基础网络

为帮助小朱尽快掌握 Linux 网络配置方法，张经理找了一套比较有代表性的企业网络服务器拓扑，如图 7-14 所示。该拓扑中的设备分别是应用服务器 appsrv、文件服务器 storagesrv、出口网关 routersrv，以及内网客户端 insidecli。考虑到小朱目前的实际水平，张经理决定先实现内网的基本网络配置，保证服务器之间的网络联通性。各个设备的配置参数如表 7-5 所示。

V7-4　配置服务器
基础网络

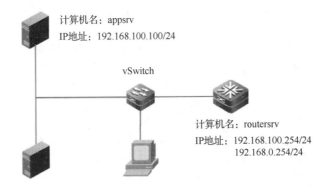

图 7-14　网络服务器拓扑

表 7-5　各个设备的配置参数

设备	主机名	IP 地址/子网掩码/网关
应用服务器	appsrv	192.168.100.100 / 255.255.255.0 / 192.168.100.254
文件服务器	storagesrv	192.168.100.200 / 255.255.255.0 / 192.168.100.254
出口网关	routersrv	192.168.100.254 / 255.255.255.0 / 无 192.168.0.254 / 255.255.255.0 / 无
内网客户端	insidecli	192.168.0.190 / 255.255.255.0 / 192.168.0.254

下面是张经理的操作步骤。

第 1 步，在 VMware 中安装 4 台 CentOS 8 虚拟机，如图 7-15 所示。为减轻物理机硬件压力，可将应用服务器、文件服务器和出口网关安装为只有字符界面的操作系统（在图 1-20 所示界面中选中【最小安装】单选按钮），内网客户端安装为带图形用户界面的操作系统（在图 1-20 所示界面中选中【带 GUI 的服务器】单选按钮）。

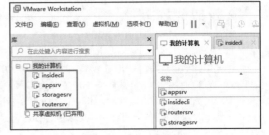

图 7-15　安装 4 台虚拟机

第 2 步，为虚拟机添加虚拟网络。在图 7-2 所示的【虚拟网络编辑器】对话框中，单击【添加网络】按钮，弹出【添加虚拟网络】对话框，如图 7-16 所示。在【添加虚拟网络】对话框中选择【VMnet11】，单击【确定】按钮返回【虚拟网络编辑器】

对话框。选择 VMnet11 选项，将其设置为【仅主机模式】，取消选中【使用本地 DHCP 服务将 IP 地址分配给虚拟机】复选框，然后将 VMnet11 的子网 IP 和子网掩码分别设为 192.168.100.0 和 255.255.255.0，如图 7-17 所示。单击【应用】按钮保存设置。采用同样的方法添加虚拟网络 VMnet12，将子网 IP 和子网掩码分别设为 192.168.0.0 和 255.255.255.0，如图 7-18 所示。单击【确定】按钮返回 VMware 主界面。

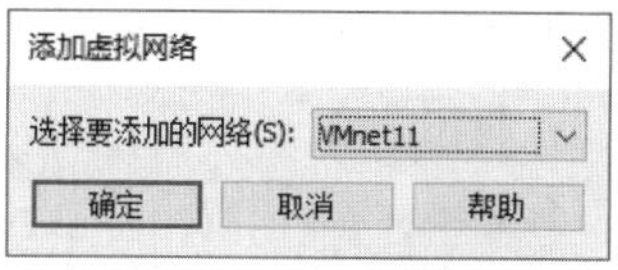

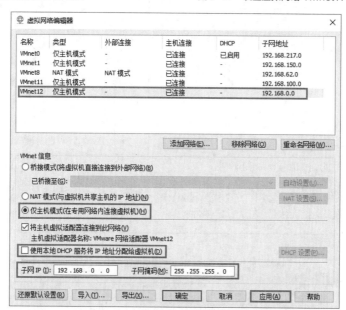

图 7-16 【添加虚拟网络】对话框 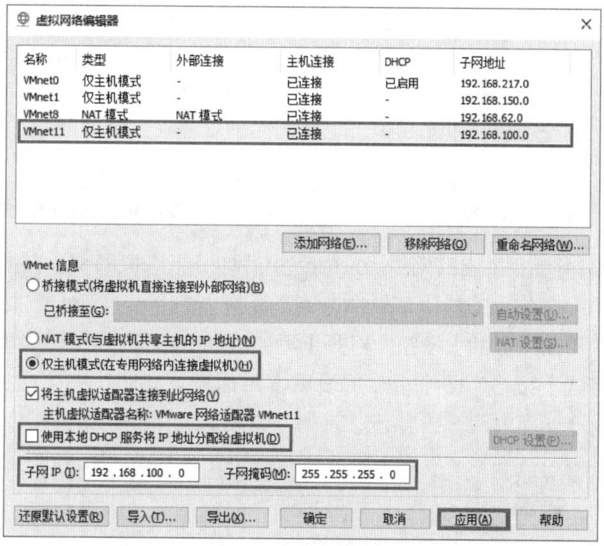   图 7-17 设置虚拟网络 VMnet11

图 7-18 设置虚拟网络 VMnet12

第 3 步，配置应用服务器 appsrv 的虚拟网卡。在图 7-15 所示的界面中，右击 appsrv 虚拟机，在弹出的快捷菜单中选择【设置】命令，打开【虚拟机设置】对话框。在【虚拟机设置】对话框中单击【网络适配器】，将网络连接模式修改为【自定义(U):特定虚拟网络】，并从下拉列表中选择【VMnet11(仅主机模式)】，如图 7-19 所示。单击【确定】按钮保存配置。采用同样的方法将 storagesrv 的网络连接模式修改为【VMnet11(仅主机模式)】。

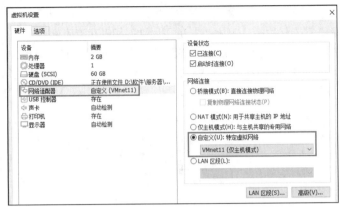

图 7-19　设置虚拟机网络连接模式

第 4 步，为出口网关 routersrv 添加一张虚拟网卡。在图 7-15 所示的界面中，右击 routersrv 虚拟机，在弹出的快捷菜单中选择【设置】命令，打开【虚拟机设置】对话框。在【虚拟机设置】对话框中单击【添加】按钮，打开【添加硬件向导】对话框，如图 7-20 所示，选择【网络适配器】，单击【完成】按钮返回【虚拟机设置】对话框。此时，在【虚拟机设置】对话框中可以看到新添加的虚拟网卡，如图 7-21 所示。注意：这两张网卡的网络连接模式均是默认的 NAT 模式。

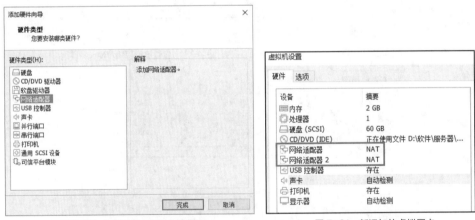

图 7-20　【添加硬件向导】对话框　　　　　　图 7-21　新添加的虚拟网卡

第 5 步，采用第 3 步的方法将两张网卡的网络连接模式修改为【VMnet11(仅主机模式)】和【VMnet12(仅主机模式)】，结果如图 7-22 所示。

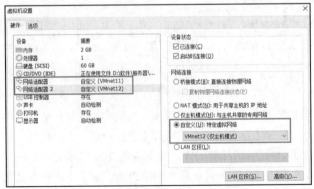

图 7-22　设置 routersrv 的网络连接模式

第 6 步，分别登录 3 台设备，按照表 7-5 所示的要求设置各个设备的主机名。例 7-15.1 显示了配置之后的结果。

例 7-15.1：配置服务器基础网络——设置主机名

```
[root@appsrv ~]# hostname
appsrv
[root@storagesrv ~]# hostname
storagesrv
[root@routersrv ~]# hostname
routersrv
[root@insidecli ~]# hostname
insidecli
```

第 7 步，配置 appsrv 基础网络信息，如例 7-15.2 所示。

例 7-15.2：配置服务器基础网络——配置 appsrv 网络信息

```
[root@appsrv ~]# nmcli connection modify ens33 autoconnect yes  \
> ipv4.method manual  \
> ip4 192.168.100.100/24  \
> gw4 192.168.100.254  \
> ipv4.dns 192.168.100.100
[root@appsrv ~]# nmcli connection up ens33
[root@appsrv ~]# ip address show ens33
    inet 192.168.100.100/24 brd 192.168.100.255 scope global noprefixroute ens33
```

第 8 步，配置 storagesrv 基础网络信息，如例 7-15.3 所示。

例 7-15.3：配置服务器基础网络——配置 storagesrv 网络信息

```
[root@storagesrv ~]# nmcli connection modify ens33 autoconnect yes  \
> ipv4.method manual  \
> ip4 192.168.100.200/24  \
> gw4 192.168.100.254  \
> ipv4.dns 192.168.100.200
[root@storagesrv ~]# nmcli connection up ens33
[root@storagesrv ~]# ip address show ens33
    inet 192.168.100.200/24 brd 192.168.100.255 scope global noprefixroute ens33
```

第 9 步，配置 insidecli 基础网络信息，如例 7-15.4 所示。

例 7-15.4：配置服务器基础网络——配置 insidecli 网络信息

```
[root@inclidecli ~]# nmcli connection modify ens33 autoconnect yes \
> ipv4.method manual  \
> ip4 192.168.0.190/24  \
> gw4 192.168.0.254  \
> ipv4.dns 192.168.0.190
[root@storagesrv ~]# nmcli connection up ens33
[root@storagesrv ~]# ip address show ens33
    inet 192.168.0.190/24 brd 192.168.0.255 scope global noprefixroute ens33
```

第 10 步，配置 routersrv 基础网络信息，如例 7-15.5 所示。

例 7-15.5：配置服务器基础网络——配置 routersrv 网络信息

```
[root@routersrv ~]# nmcli connection add type ethernet  \
> con-name ens37 ifname ens37        // 添加新网卡
[root@routersrv ~]# nmcli connection modify ens33 autoconnect yes  \
> ipv4.method manual  \
```

151

```
> ip4 192.168.100.254/24
[root@routersrv ~]# nmcli connection modify ens37 autoconnect yes   \
> ipv4.method manual   \
> ip4 192.168.0.254/24
[root@routersrv ~]# nmcli connection up ens33
[root@routersrv ~]# nmcli connection up ens37
[root@routersrv ~]# ip addr show ens33
    inet 192.168.100.254/24 brd 192.168.100.255 scope global noprefixroute ens33
[root@routersrv ~]# ip addr show ens37
    inet 192.168.0.254/24 brd 192.168.0.255 scope global noprefixroute ens37
```

第 11 步，在 routersrv 上开启路由转发，为当前实验环境提供路由功能，如例 7-15.6 所示。

例 7-15.6：配置服务器基础网络——配置 routersrv 路由转发功能

```
[root@routersrv ~]# vim /etc/sysctl.conf
net.ipv4.ip_forward=1          <== 添加这一行
[root@routersrv ~]# sysctl -p      // 查看系统设置
net.ipv4.ip_forward = 1
```

第 12 步，验证 appsrv 与 routersrv 的网络联通性，如例 7-15.7 所示。

例 7-15.7：配置服务器基础网络——在 appsrv 上验证网络联通性

```
[root@appsrv ~]# ping -c 2 192.168.100.254
PING 192.168.100.254 (192.168.100.254) 56(84) bytes of data.
64 bytes from 192.168.100.254: icmp_seq=1 ttl=64 time=0.536 ms
64 bytes from 192.168.100.254: icmp_seq=2 ttl=64 time=0.281 ms
```

第 13 步，验证 routersrv 与 appsrv 的网络连通性，如例 7-15.8 所示。

例 7-15.8：配置服务器基础网络——在 routersrv 上验证网络联通性

```
[root@routersrv ~]# ping -c 2 192.168.100.100
PING 192.168.100.100 (192.168.100.100) 56(84) bytes of data.
64 bytes from 192.168.100.100: icmp_seq=1 ttl=64 time=0.841 ms
64 bytes from 192.168.100.100: icmp_seq=2 ttl=64 time=0.337 ms
```

其他几台主机之间的网络联通性测试是类似的，张经理让小朱自己完成。至此，几台服务器的基础网络总算是配置完成了。小朱不禁提出了疑问：网络联通性为什么要进行双向验证？如果从 appsrv 到 routersrv 可以正常通信，难道从 routersrv 到 appsrv 还有可能不通吗？张经理微笑着跟小朱解释，网络通信是有方向的，所以网络配置也要考虑网络流量的方向，不能想当然地认为网络会按照自己预期的方式运行，否则很可能出现意想不到的情况。具体的原理会在后文防火墙的相关内容中详细介绍。

 ## 小贴士乐园——网卡文件与 nmcli

在 Linux 操作系统中，所有的系统设置都保存在特定的文件中，因此，配置网络其实就是修改网卡配置文件。网卡配置文件位于目录/etc/sysconfig/network-scripts 中，文件名以 ifcfg 开头。网卡配置文件中的内容与 nmcli 命令的参数是有对应关系的，具体信息详见本书配套电子资源。

任务 7.2　配置防火墙

 ## 任务陈述

防火墙是提升计算机安全级别的重要机制，可以有效防止计算机遭受来自外部的恶意攻击和破坏。用户通过定义一组防火墙规则，对来自外部的网络流量进行匹配和分类，并根据规则决定是允许还是拒绝流量通过防火墙。firewalld 是 CentOS 8 中默认使用的防火墙。本任务将介绍 firewalld 的基本概念、firewalld 的安装和启停、firewalld 的基本配置与管理。

 知识准备

7.2.1　firewalld 的基本概念

firewalld 是一种支持动态更新的防火墙实现机制。firewalld 的动态性是指可以在不重启防火墙的情况下创建、修改和删除规则。firewalld 使用区域和服务来简化防火墙的规则配置。

微课

V7-5　认识
firewalld

1. 区域

区域包括一组预定义的规则。可以把网络接口和流量源指定到某个区域中，允许哪些流量通过防火墙取决于主机所连接的网络及用户为网络定义的安全级别。

计算机有可能通过网络接口与多个网络建立连接。firewalld 引入了区域和信任级别的概念，把网络分配到不同的区域中，并为网络及其关联的网络接口或流量源指定信任级别，不同的信任级别代表默认开放的服务有所不同。一个网络连接只能属于一个区域，但是一个区域可以包含多个网络连接。在区域中定义规则后，firewalld 会把这些规则应用到进入该区域的网络流量上。可以把区域理解为 firewalld 提供的防火墙策略集合（或策略模板），用户可以根据实际的使用场景选择合适的策略集合。

firewalld 预定义了 9 个区域，分别是丢弃区域、限制区域、隔离区域、工作区域、信任区域、外部区域、家庭区域、内部区域和公共区域等。

2. 服务

服务是端口和协议的组合，表示允许外部流量访问某种服务所需的规则集合。使用服务来配置防火墙规则的最大好处就是减少配置工作量。在 firewalld 中放行一个服务，就相当于开启与该服务相关的端口和协议、启用数据包转发等功能，可以将多步操作集成到一条简单的规则中。

7.2.2　firewalld 的安装和启停

firewalld 在 CentOS 8 中是默认安装的。CentOS 8 还支持以图形用户界面的方式配置防火墙，即 firewall-config 工具。例 7-16 列出了安装 firewalld 和 firewall-config 工具的方法。

　　例 7-16：安装 firewalld 和 firewall-config 工具

```
[root@centos8 ~]# dnf install firewalld -y
[root@centos8 ~]# dnf install firewall-config -y
```

firewalld 安装和启停的相关命令及其功能如表 7-6 所示。

表 7-6　firewalld 安装和启停的相关命令及其功能

firewalld 安装和启停的相关命令	功能
systemctl start firewalld.service	启动 firewalld 服务。firewalld.service 可简写为 firewalld，下同
systemctl restart firewalld.service	重启 firewalld 服务（先停止再启动）
systemctl stop firewalld.service	停止 firewalld 服务
systemctl reload firewalld.service	重新加载 firewalld 服务
systemctl status firewalld.service	查看 firewalld 服务的状态
systemctl enable firewalld.service	设置 firewalld 服务为开机自动启动
systemctl list-unit-files | grep firewalld.service	查看 firewalld 服务是否为开机自动启动

7.2.3　firewalld 的基本配置与管理

可以使用 firewall-config、firewall-cmd 和 firewall-offline-cmd 等命令启动 firewalld。在桌面的【活动】菜单中单击【防火墙】，即可打开【防火墙配置】对话框，如图 7-23 所示。

图 7-23　【防火墙配置】对话框

firewall-cmd 命令的功能十分强大，可以完成各种规则配置。本任务主要介绍如何使用 firewall-cmd 命令配置防火墙规则。注意：需要以 root 用户身份执行 firewall-cmd 命令。

1.　查看 firewalld 的当前状态和当前配置

（1）查看 firewalld 的当前状态

可以使用 firewall-cmd 命令来快速查看 firewalld 的当前状态，如例 7-17 所示。

例 7-17：查看 firewalld 的当前状态

```
[root@centos8 ~]# firewall-cmd --state
running
```

（2）查看 firewalld 的当前配置

使用带--list-all 选项的 firewall-cmd 命令可以查看默认区域的当前配置，如例 7-18 所示。

例 7-18：查看默认区域的当前配置

```
[root@centos8 ~]# firewall-cmd --list-all
public
    target: default
    services: cockpit dhcpv6-client ssh
```

如果想查看特定区域的信息，则可以使用--zone 选项指定区域名。也可以专门查看区域某一方面的配置，如例 7-19 所示。

例 7-19：查看区域某一方面的配置

```
[root@centos8 ~]# firewall-cmd --list-all --zone=work          // 指定区域名
work
    target: default
    services: cockpit dhcpv6-client ssh
```

```
[root@centos8 ~]# firewall-cmd --list-services      // 只查看服务信息
cockpit dhcpv6-client ssh
[root@centos8 ~]# firewall-cmd --list-services  --zone=home      // 指定区域名
cockpit dhcpv6-client mdns samba-client ssh
```

2. firewalld 的两种配置

firewalld 的配置有运行时配置和永久配置（或持久配置）之分。运行时配置是指在 firewalld 处于运行状态时生效的配置，永久配置是 firewalld 重载或重启时应用的配置。在运行模式下进行的更改对应修改的是运行时配置，如例 7-20 所示。

例 7-20：修改运行时配置

```
[root@centos8 ~]# firewall-cmd --add-service=http      // 只修改运行时配置
success
```

重启 firewalld 后，配置会恢复为永久配置。如果想让更改在下次启动 firewalld 时仍然生效，则需要使用--permanent 选项。但即使使用了--permanent 选项，这些修改也只会在下次启动 firewalld 后生效。使用--reload 选项重载永久配置可以使永久配置立即生效并覆盖当前的运行时配置，如例 7-21 所示。

例 7-21：修改永久配置

```
[root@centos8 ~]# firewall-cmd --permanent --add-service=http      // 修改永久配置
[root@centos8 ~]# firewall-cmd --reload      // 重载永久配置
```

一种常见的做法是先修改运行时配置，验证修改正确后，再把这些修改提交到永久配置中。可以借助--runtime-to-permanent 选项来实现，如例 7-22 所示。

例 7-22：先修改运行时配置，再提交到永久配置中

```
[root@centos8 ~]# firewall-cmd --add-service=http      // 先修改运行时配置
[root@centos8 ~]# firewall-cmd --runtime-to-permanent      // 提交到永久配置中
```

3. 基于服务的流量管理

服务是端口和协议的组合，合理地配置服务能够减少配置工作量，避免错误。

（1）使用预定义服务

使用服务管理网络流量的最直接方法就是把预定义服务添加到 firewalld 的允许服务列表中，或者从允许服务列表中移除预定义服务。使用--add-service 选项可以将预定义服务添加到 firewalld 的允许服务列表中。如果想从允许服务列表中移除某个预定义服务，则可以使用--remove-service 选项，如例 7-23 所示。

微课

V7-6　firewalld
服务配置

例 7-23：添加或移除预定义服务

```
[root@centos8 ~]# firewall-cmd --list-services      // 查看当前的允许服务列表
cockpit dhcpv6-client http ssh
[root@centos8 ~]# firewall-cmd --permanent --add-service=ftp      // 添加预定义服务
[root@centos8 ~]# firewall-cmd --reload      // 重载防火墙的永久配置
[root@centos8 ~]# firewall-cmd --list-services
cockpit dhcpv6-client ftp http ssh
[root@centos8 ~]# firewall-cmd --permanent --remove-service=ftp // 添加预定义服务
[root@centos8 ~]# firewall-cmd --reload
[root@centos8 ~]# firewall-cmd --list-services
cockpit dhcpv6-client http ssh
```

（2）配置服务端口

每种预定义服务都有相应的监听端口，如 HTTP 服务的监听端口是 80，操作系统根据端口号决定把网络流量交给哪个服务处理。如果想开放或关闭某些端口，则可以采用例 7-24 所示的方法。

例 7-24：开放或关闭端口

```
[root@centos8 ~]# firewall-cmd --list-ports
        <== 当前没有配置
[root@centos8 ~]# firewall-cmd --add-port=80/tcp
[root@centos8 ~]# firewall-cmd --list-ports
80/tcp        <== 添加成功
[root@centos8 ~]# firewall-cmd --remove-port=80/tcp
[root@centos8 ~]# firewall-cmd --list-ports
        <== 删除成功
```

4.基于区域的流量管理

区域关联了一组网络接口和源 IP 地址，可以在区域中配置复杂的规则以管理来自这些网络接口和源 IP 地址的网络流量。

（1）查看可用区域

使用带--get-zones 选项的 firewall-cmd 命令可以查看系统当前可用的区域，但是不显示每个区域的详细信息。如果想查看所有区域的详细信息，则可以使用--list-all-zones 选项；也可以结合使用--list-all 和--zone 两个选项来查看指定区域的详细信息，如例 7-25 所示。

微课

V7-7   firewalld
区域配置

例 7-25：查看区域的详细信息

```
[root@centos8 ~]# firewall-cmd --get-zones
block dmz drop external home internal libvirt nm-shared public trusted work
[root@centos8 ~]# firewall-cmd --list-all-zones
block
    target: %%REJECT%%
    icmp-block-inversion: no
[root@centos8 ~]# firewall-cmd --list-all --zone=work
work
    target: default
    services: cockpit dhcpv6-client ssh
```

（2）修改指定区域的规则

如果没有特别说明，firewall-cmd 命令默认将修改的规则应用在当前活动区域中。若想修改其他区域的规则，则可以通过--zone 选项指定区域名，如例 7-26 所示，表示在 work 区域中放行 FTP 服务。

例 7-26：修改指定区域的规则

```
[root@centos8 ~]# firewall-cmd --add-service=ftp --zone=work
success
```

（3）修改默认区域

如果没有明确地把网络接口和某个区域关联起来，则 firewalld 会自动将其和默认区域关联起来。firewalld 启动时会加载默认区域的配置并激活默认区域。firewalld 的默认区域是 public。也可以修改默认区域，如例 7-27 所示。

例 7-27：修改默认区域

```
[root@centos8 ~]# firewall-cmd --get-default-zone          // 查看当前默认区域
public
[root@centos8 ~]# firewall-cmd --set-default-zone work     // 修改默认区域
[root@centos8 ~]# firewall-cmd --get-default-zone          // 再次查看当前默认区域
work
[root@centos8 ~]# firewall-cmd --set-default-zone public   // 恢复默认区域
```

（4）关联区域和网络接口

网络接口关联到哪个区域，进入该网络接口的流量就使用哪个区域的规则。因此，可以为不同区域制定不同的规则，并根据实际需要把网络接口关联到合适的区域中，如例 7-28 所示。

例 7-28：关联区域和网络接口

```
[root@centos8 ~]# firewall-cmd --zone=work --change-interface=ens33
[root@centos8 ~]# firewall-cmd --get-active-zones          // 查看活动区域的网络接口
work
    interfaces: ens33
```

（5）配置区域的默认规则

当数据包与区域的所有规则都不匹配时，可以使用区域的默认规则处理数据包，包括接受（ACCEPT）、拒绝（REJECT）和丢弃（DROP）3 种处理方式。ACCEPT 表示默认接受所有数据包，除非数据包被某些规则明确拒绝。REJECT 和 DROP 默认拒绝所有数据包，除非数据包被某些规则明确接受。REJECT 会向源主机返回响应信息；DROP 则直接丢弃数据包，不返回任何响应信息。

可以使用--set-target 选项配置区域的默认规则，如例 7-29 所示。

例 7-29：配置区域的默认规则

```
[root@centos8 ~]# firewall-cmd --permanent --zone=work --set-target=ACCEPT
success
[root@centos8 ~]# firewall-cmd --reload
success
[root@centos8 ~]# firewall-cmd --zone=work --list-all
work
    target: ACCEPT          <== 设置成功
    icmp-block-inversion: no
```

（6）添加和删除流量源

流量源是指某一特定的 IP 地址或子网。可以使用--add-source 选项把来自某一流量源的网络流量添加到某个区域中，这样即可将该区域的规则应用在这些网络流量上。例如，在工作区域中允许所有来自 192.168.62.0/24 子网的网络流量通过，删除流量源时只需要用--remove-source 选项替换--add-source 即可，如例 7-30 所示。

例 7-30：添加和删除流量源

```
[root@centos8 ~]# firewall-cmd --zone=work --add-source=192.168.62.0/24
[root@centos8 ~]# firewall-cmd --runtime-to-permanent
[root@centos8 ~]# firewall-cmd --zone=work --remove-source=192.168.62.0/24
```

（7）添加和删除源端口

根据流量源端口对网络流量进行分类处理也是比较常见的做法。使用--add-source-port 和--remove-source-port 选项可以在区域中添加和删除源端口，以允许或拒绝来自某些端口的网络流量通过，如例 7-31 所示。

例 7-31：添加和删除源端口

```
[root@centos8 ~]# firewall-cmd --zone=work --add-source-port=3721/tcp
[root@centos8 ~]# firewall-cmd --zone=work --remove-source-port=3721/tcp
```

（8）添加和删除协议

可以根据协议来决定是接受还是拒绝使用某种协议的网络流量。常见的协议有 TCP、UDP、ICMP 等。在内部区域中添加 ICMP 即可接受来自对方主机的 ping 命令测试。例 7-32 演示了如何添加和删除 ICMP。

例 7-32：添加和删除 ICMP

```
[root@centos8 ~]# firewall-cmd --zone=internal --add-protocol=icmp
[root@centos8 ~]# firewall-cmd --zone=internal --remove-protocol=icmp
```

对于接收到的网络流量具体使用哪个区域的规则，firewalld 会按照下面的顺序进行处理。

① 交给网络流量源地址所匹配的区域处理。

② 交给接收网络流量的网络接口所属的区域处理。

③ 交给 firewalld 的默认区域处理。

也就是说，如果按照网络流量的源地址可以找到匹配的区域，则交给相应的区域处理。如果没有匹配的区域，则交给接收网络流量的网络接口所属的区域处理。如果没有明确配置，则交给 firewalld 的默认区域进行处理。

 任务实施

必备技能 21：配置服务器防火墙

前段时间，张经理为开发服务器配置好了网络。最近，部分软件开发人员反映开发的服务器安全性不高，经常受到外网的攻击。小朱将这一情况反馈给张经理。张经理告诉小朱，如果不对服务器进行安全设置，确实是一种非常不专业和危险的做法。为了提高开发服务器的安全性，保证软件项目资源不被非法获取和恶意破坏，张经理决定使用 CentOS 8 自带的 firewalld 加固开发服务器。下面是张经理的具体操作步骤。

V7-8　配置服务器
防火墙

第 1 步，登录开发服务器，打开一个终端窗口，使用 su － root 命令切换为 root 用户。

第 2 步，把 firewalld 的默认区域修改为工作区域，如例 7-33.1 所示。

例 7-33.1：配置服务器防火墙——查看并修改默认区域

```
[root@centos8 ~]# firewall-cmd --get-default-zone      // 查看当前默认区域
public
[root@centos8 ~]# firewall-cmd --set-default-zone=work // 修改默认区域
[root@centos8 ~]# firewall-cmd --get-default-zone
work      <== 修改成功
```

第 3 步，关联开发服务器的网络接口和工作区域，并把工作区域的默认处理规则设为拒绝，如例 7-33.2 所示。

例 7-33.2：配置服务器防火墙——关联开发服务器的网络接口和工作区域

```
[root@centos8 ~]# firewall-cmd --zone=work --change-interface=ens33
[root@centos8 ~]# firewall-cmd --permanent --zone=work --set-target=REJECT
```

第 4 步，考虑到软件开发人员经常使用 FTP 服务上传和下载项目文件，张经理决定在防火墙中放行 FTP 服务，如例 7-33.3 所示。

例 7-33.3：配置服务器防火墙——放行 FTP 服务

```
[root@centos8 ~]# firewall-cmd --list-services
cockpit dhcpv6-client ssh
[root@centos8 ~]# firewall-cmd --zone=work --add-service=ftp      // 放行 FTP 服务
[root@centos8 ~]# firewall-cmd --list-services
cockpit dhcpv6-client ftp ssh      <== 添加成功
```

第 5 步，允许源于 192.168.100.0/24 和 192.168.0.0/24 两个网段的流量通过，即添加流量源，如例 7-33.4 所示。

例 7-33.4：配置服务器防火墙——添加流量源

```
[root@centos8 ~]# firewall-cmd --zone=work --add-source=192.168.100.0/24
[root@centos8 ~]# firewall-cmd --zone=work --add-source=192.168.0.0/24
```

第 6 步，将运行时配置添加到永久配置中，如例 7-33.5 所示。

例 7-33.5：配置服务器防火墙——将运行时配置添加到永久配置中

```
[root@centos8 ~]# firewall-cmd --runtime-to-permanent
```

做完这个实验，张经理叮嘱小朱，服务器安全管理永远在路上，不能有丝毫松懈。张经理又向小朱详细讲解了安全风险的复杂性和多样性。最后张经理告诉小朱，应对安全风险的最好办法就是提高自身应对风险的能力，这就是"打铁还需自身硬"蕴含的道理。虽然小朱还不能完全理解张经理的深意，但他感觉肩上多了一份沉甸甸的责任感……

 小贴士乐园——firewalld 高级功能

1. IP 地址伪装和端口转发

IP 地址伪装和端口转发都是 NAT 的具体实现方式。一般来说，内网的主机或服务器使用私有 IP 地址，但使用私有 IP 地址无法与互联网中的其他主机进行通信。通过 IP 地址伪装，NAT 设备将数据包的源 IP 地址从私有 IP 地址转换为公有 IP 地址并转发到目标主机中。当收到响应报文时，再把响应报文中的目的 IP 地址从公有 IP 地址转换为原始的私有 IP 地址并发送到源主机中。开启 IP 地址伪装功能的防火墙就相当于一台 NAT 设备，能够使公司局域网中的多个私有 IP 地址共享一个公有 IP 地址，实现与外网的通信。具体内容详见本书配套电子资源。

2. 富规则

在前文的介绍中，用户都是通过简单的单条规则来配置防火墙的。当单条规则的功能不能满足要求时，可以使用 firewalld 的富规则。富规则的功能很强大，表达能力更强，能够实现允许或拒绝流量、IP 地址伪装、端口转发、日志和审计等功能。具体内容详见本书配套电子资源。

任务 7.3　配置远程桌面

 任务陈述

经常使用 Windows 操作系统的用户都非常熟悉远程桌面。开启远程桌面功能后，可以在一台本地计算机（远程桌面客户端）中控制网络上的另一台计算机（远程桌面服务器），并在上面执行各种操作，就像使用本地计算机一样。Linux 操作系统为计算机网络提供了强大的支持，当然也少不了远程桌面功能。本任务将介绍两种在 Linux 操作系统中实现远程桌面连接的方法。

 知识准备

7.3.1　VNC

1. VNC 工作流程

虚拟网络控制台（Virtual Network Console，VNC）是一款非常优秀的远程控制软件。从工作原理上讲，VNC 主要分为两部分，即 VNC Server（VNC 服务器）和 VNC Viewer（VNC 客户端），工作流程如下。

（1）用户从 VNC 客户端发起远程连接请求。

（2）VNC 服务器收到 VNC 客户端的请求后，要求 VNC 客户端提供远程连接密码。

（3）VNC 客户端输入密码并交给 VNC 服务器验证。VNC 服务器验证密码的合法性及 VNC 客户端的访问权限。

（4）通过 VNC 服务器验证后，VNC 客户端请求 VNC 服务器显示远程桌面环境。

（5）VNC 服务器利用 VNC 通信协议把桌面环境传送至 VNC 客户端，并且允许 VNC 客户端控制 VNC 服务器的桌面环境及输入设备。

2. 启动 VNC 服务

需要先安装 VNC 服务器软件才能启动 VNC 服务，具体安装方法参见本任务实施部分的必备技能 22。在终端窗口中启动 VNC 服务的命令格式如下。

```
vncserver :桌面号
```

VNC 服务器为每个 VNC 客户端分配一个桌面号，编号从 1 开始。注意，vncserver 命令和冒号 ":" 之间有空格。如果要关闭 VNC 服务，则可以使用-kill 选项，如 "vncserver -kill :桌面号"。

VNC 服务器使用的 TCP 端口号从 5900 开始。桌面号 1 对应的端口号为 5901（5900+1），桌面号 2 对应的端口号为 5902，以此类推。可以使用 netstat 命令检查某个桌面号对应的端口是否处于监听状态。

使用 VNC 服务时，还需要客户端主机上安装 VNC 客户端软件。本书使用的 VNC 客户端软件是 RealVNC。

7.3.2　OpenSSH

1. SSH 服务概述

常见的网络服务协议，如 FTP 和远程登录协议（Telnet 协议）等都是不安全的网络协议。一方面是因为这些协议在网络上使用明文传输数据；另一方面，这些协议的安全验证方式有缺陷，很容易受到"中间人"攻击。"中间人"攻击，可以理解为攻击者在通信双方之间安插一个"中间人"（一般是计算机）的角色，由中间人进行信息转发，从而实现信息篡改或信息窃取。安全外壳（Secure Shell，SSH）是专为提高网络服务的安全性而设计的安全协议。使用 SSH 提供的安全机制，可以对数据进行加密传输，有效防止远程管理过程中的信息泄露问题。另外，使用 SSH 传输的数据是经过压缩的，可以提高数据的传输速度。

SSH 服务由客户端和服务器两部分组成。SSH 在客户端和服务器之间提供两种级别的安全验证。第 1 种级别是基于口令的安全验证，SSH 客户端只要知道服务器的账号和密码就可以登录远程服务器。这种安全验证方式可以实现数据的加密传输，但是不能防止中间人攻击。第 2 种级别是基于密钥的安全验证，这要求 SSH 客户端创建一对密钥，即公钥和私钥。

配置 SSH 服务器时要考虑是否允许以 root 用户身份登录，因为 root 用户权限太大了。可以修改 SSH 主配置文件以禁止 root 用户登录 SSH 服务器，降低系统安全风险。

2. OpenSSH

OpenSSH 是一款开源、免费的 SSH 软件，基于 SSH 协议实现数据加密传输。OpenSSH 在 CentOS 8 上是默认安装的。OpenSSH 的守护进程是 sshd，主配置文件为/etc/ssh/sshd_config。使用 OpenSSH 自带的 ssh 命令可以访问 SSH 服务器，格式如下。

```
ssh [-p port] username@ip_address
```

其中，username 和 ip_address 分别表示 SSH 服务器的用户名和 IP 地址。如果不指定 port 参数，则 ssh 命令使用 SSH 服务的默认监听端口，即 TCP 的 22 号端口。可以在 SSH 主配置文件中修改这个端口，以免受到攻击。

 任务实施

必备技能 22：配置 VNC 远程桌面

自从部署好开发服务器，小朱就经常跟张经理到公司机房进行各种日常维护操

微课

V7-9　配置 VNC
远程桌面

作。小朱想知道能不能远程连接开发服务器，这样在办公室就能完成这些工作。张经理本来也有这个打算，所以就利用这个机会向小朱演示如何在 Linux 中配置远程桌面。实验拓扑如图 7-14 所示。张经理先在 insidecli 上配置 VNC 服务，然后在物理机上远程访问 insidecli。下面是张经理的操作步骤。

第 1 步，在 insidecli 虚拟机中安装 VNC 服务器软件，如例 7-34.1 所示。这一步需要在 insidecli 中提前配置好软件源，具体操作可以参考项目 6。

例 7-34.1：配置 VNC 远程桌面——安装 VNC 服务器软件

```
[zys@insidecli ~]$ su – root
[root@insidecli ~]# dnf install tigervnc-server -y          // 安装 VNC 服务器软件
```

第 2 步，启动 VNC 服务，开放 1 号桌面，然后使用 ss 命令检查桌面号 1 对应的 TCP 端口是否处于监听状态，如例 7-34.2 所示。注意，启动 VNC 服务时需要设置远程连接密码，该密码可以不同于系统登录密码。设置远程连接密码后可以使用 vncpasswd 命令重置，这里不演示。

例 7-34.2：配置 VNC 远程桌面——启动 VNC 服务

```
[root@insidecli ~]# vncserver    :1
You will require a password to access your desktops.
Password:          <== 输入远程连接密码
Verify:            <== 确认密码
Would you like to enter a view-only password (y/n)? n  <== 是否设置只供查看的密码
A view-only password is not used
New 'centos8:1 (root)' desktop is centos8:1
[root@centos8 ~]# ss -an | grep -E 'Netid|5901'
Netid    State     Recv-Q  Send-Q  Local Address:Port      Peer Address:Port Process
tcp      LISTEN    0       5       0.0.0.0:5901            0.0.0.0:*
tcp      LISTEN    0       5       [::]:5901               [::]:*
```

第 3 步，VNC 远程连接可能因为防火墙的限制而失败，因此要在 insidecli 防火墙中放行 VNC 服务，如例 7-34.3 所示。

例 7-34.3：配置 VNC 远程桌面——放行 VNC 服务

```
[root@insidecli ~]# firewall-cmd --permanent --add-port=5901/tcp
[root@insidecli ~]# firewall-cmd --reload
[root@insidecli ~]# firewall-cmd --list-ports
5901/tcp
```

这样就完成了 VNC 服务器的安装和配置，下面要在 VNC 客户端上通过 RealVNC 测试 VNC 远程连接。张经理把物理机作为 VNC 客户端，并且提前在物理机中安装好了 RealVNC。

第 4 步，运行 RealVNC，输入 VNC 服务器的 IP 地址和桌面号，单击【Connect】按钮，发起 VNC 远程连接，如图 7-24 所示。

第 5 步，在弹出的对话框中输入 VNC 远程连接密码，如图 7-25 所示，单击【OK】按钮。

图 7-24 发起 VNC 远程连接

图 7-25 输入 VNC 远程连接密码

如果密码验证成功，就可以进入 CentOS 8，如图 7-26 所示。单击窗口上方悬浮栏里的【关闭连接】按钮即可结束 VNC 远程连接。

图 7-26　VNC 远程连接成功

张经理告诉小朱，配置 VNC 服务器不涉及配置文件，因此过程比较简单。下面要讲的配置 OpenSSH 服务器的操作相对而言要难一些，需要格外留心。

必备技能 23：配置 OpenSSH 服务器

接下来，张经理向小朱演示另一种常用的远程连接方式，即配置 OpenSSH 服务器。张经理先介绍简单的基于口令的 SSH 安全验证方式。实验拓扑如图 7-14 所示。这一次，张经理在 appsrv 上配置 SSH 服务，然后在 insidecli 上访问 appsrv。也就是说，insidecli 和 appsrv 分别是 SSH 客户端和服务器。下面是张经理的操作步骤。

微课

V7-10　配置
OpenSSH 服务器

第 1 步，在 appsrv 上启动 SSH 服务，如例 7-35.1 所示。

例 7-35.1：配置 OpenSSH 服务器——启动 SSH 服务

```
[zys@appsrv ~]$ su - root
[root@appsrv ~]# systemctl restart sshd            // 启动 SSH 服务
[root@appsrv ~]# ss -an | grep ":22"               // 检查 SSH 监听端口
tcp    LISTEN    0    128    0.0.0.0:22              0.0.0.0:*
tcp    ESTAB     0    0      192.168.100.100:22      192.168.100.1:54974
tcp    LISTEN    0    128    [::]:22                 [::]:*
```

第 2 步，在 appsrv 上放行 SSH 服务，如例 7-35.2 所示。

例 7-35.2：配置 OpenSSH 服务器——在 appsrv 上放行的 SSH 服务

```
[root@appsrv ~]# firewall-cmd --permanent --add-service=ssh
Warning: ALREADY_ENABLED: ssh           <== SSH 服务当前已在允许服务列表中
[root@appsrv ~]# firewall-cmd --list-services
cockpit dhcpv6-client ssh
```

第 3 步，在 routersrv 上修改默认区域的默认处理规则，如例 7-35.3 所示。注意：默认配置下，firewalld 会丢弃需要转发的流量。

例 7-35.3：配置 OpenSSH 服务器——修改 routersrv 默认处理规则

```
[zys@routersrv ~]$ su - root
[root@routersrv ~]# firewall-cmd --permanent --set-target=ACCEPT
[root@routersrv ~]# firewall-cmd --reload
```

```
[root@routersrv ~]# firewall-cmd --list-all
public (active)
  target: ACCEPT
  icmp-block-inversion: no
  interfaces: ens33 ens37
```

第 4 步，在 SSH 客户端 insidecli 中验证 SSH 服务，如例 7-35.4 所示。张经理告诉小朱，基于口令的安全验证基本上不需要配置，只要在服务端启动 SSH 服务即可（可能还需要设置防火墙）。但这种做法其实非常不安全，因为 root 用户的权限太大，以 root 用户身份远程访问 SSH 服务会给 SSH 服务器带来一定的安全隐患。

例 7-35.4：配置 OpenSSH 服务器——验证 SSH 服务

```
[zys@insidecli ~]$ ssh root@192.168.100.100
Are you sure you want to continue connecting (yes/no/[fingerprint])? yes    <== 输入 yes
Warning: Permanently added '192.168.100.100' (ECDSA) to the list of known hosts.
root@192.168.100.100's password:            <== 输入 appsrv 中 root 用户的登录密码
Last login: Tue Feb 27 17:17:34 2024 from 192.168.100.254
[root@appsrv ~]#        // 登录成功
[root@appsrv ~]# exit    // 注销登录
Connection to 192.168.100.100 closed.
[zys@insidecli ~]$
```

第 5 步，修改 SSH 主配置文件，禁止使用 root 用户身份访问 SSH 服务，同时修改 SSH 服务的监听端口，如例 7-35.5 所示。注意：改变 SSH 服务的默认配置需要使用 semanage 命令修改 SELinux 的安全策略。这条命令需要安装相应软件包才能使用。

例 7-35.5：配置 OpenSSH 服务器——修改 SSH 主配置文件

```
[root@appsrv ~]# vim /etc/ssh/sshd_config
Port 22345                    <== 修改 SSH 服务默认的监听端口为 22345 号端口
PermitRootLogin no            <== 禁止 root 用户使用 SSH 服务
[root@appsrv ~]# dnf install policycoreutils-python-utils -y
[root@appsrv ~]# semanage port -a -t ssh_port_t -p tcp 22345
```

第 6 步，修改防火墙并重启 SSH 服务，如例 7-35.6 所示。张经理提醒小朱要记得使用 ss 命令检查 SSH 服务端口是否处于监听状态。

例 7-35.6：配置 OpenSSH 服务器——重启 SSH 服务

```
[root@appsrv ~]# firewall-cmd --permanent --add-port=22345/tcp
[root@appsrv ~]# firewall-cmd --reload
[root@appsrv ~]# firewall-cmd --list-ports
22345/tcp
[root@appsrv ~]# systemctl restart sshd
[root@appsrv ~]# ss -an | grep ":22345"
tcp   LISTEN  0      128     0.0.0.0:22345           0.0.0.0:*
tcp   LISTEN  0      128     [::]:22345              [::]:*
```

第 7 步，使用 ssh 命令默认访问 SSH 服务，但是这一次要使用 -p 选项指定新的 SSH 服务监听端口，如例 7-35.7 所示。该例中，前两条 ssh 命令的执行都以失败告终，张经理让小朱根据错误提示分析失败的具体原因。

例 7-35.7：配置 OpenSSH 服务器——访问 SSH 服务

```
[zys@insidecli ~]$ ssh root@192.168.100.100
ssh: connect to host 192.168.100.100 port 22: Connection refused <== 连接 22 号端口被拒绝
[zys@insidecli ~]$ ssh root@192.168.100.100 -p 22345
```

```
root@192.168.100.100's password:          <== 输入 appsrv 中 root 用户的登录密码
Permission denied, please try again.       <== 访问被拒绝
root@192.168.100.100's password:
Permission denied, please try again.
root@192.168.100.100's password:
root@192.168.100.100: Permission denied (publickey,gssapi-keyex,gssapi-with-mic,
password).
[zys@insidecli ~]$ ssh zys@192.168.100.100 -p 22345
zys@192.168.100.100's password:           <== 输入 appsrv 中的用户 zys 密码
Last login: Tue Feb 27 17:41:24 2024 from 192.168.100.1
[zys@appsrv ~]$          // 连接成功
[zys@appsrv ~]$ exit
Connection to 192.168.100.100 closed.
[zys@insidecli ~]$
```

 小贴士乐园——基于密钥的安全验证

基于密钥认证的 SSH 服务需要在 SSH 客户端创建一对密钥，即公钥和私钥，安全级别较高。具体信息详见本书配套电子资源。

项目小结

Linux操作系统具有十分强大的网络功能和丰富的网络配置工具。作为Linux系统管理员，在日常工作中经常会遇到和网络相关的问题，因此必须熟练掌握Linux操作系统的网络配置和网络排错方法。任务7.1介绍了几种常用的网络配置方法，每种方法都有不同的特点。任务7.1还介绍了几个常用的网络管理命令，这些命令有助于大家配置和调试网络。应对网络安全风险是网络管理员的重要职责。防火墙是网络管理员经常使用的安全工具。任务7.2介绍了CentOS 8自带的防火墙firewalld的基本概念和配置方法。远程桌面是计算机用户经常使用的网络服务之一，利用远程桌面可以方便地连接远程服务器进行各种管理操作。任务7.3介绍了两种配置Linux远程桌面的方法。第1种方法是使用VNC远程桌面软件，操作比较简单。第2种方法是配置OpenSSH服务器，可以修改SSH主配置文件以增强SSH服务器的安全性。

项目练习题

1. 选择题

（1）在 VMware 中，物理机与虚拟机在同一网段中，虚拟机可直接利用物理网络访问外网，这种网络连接模式是（　　）。

    A. 桥接模式　　　B. NAT 模式　　　　C. 仅主机模式　　　D. DHCP 模式

（2）在 VMware 中，物理机为虚拟机分配不同于自己网段的 IP 地址，虚拟机必须通过物理机才能访问外网，这种网络连接模式是（　　）。

    A. 桥接模式　　　B. NAT 模式　　　　C. 仅主机模式　　　D. DHCP 模式

（3）在 VMware 中，虚拟机只能与物理机相互通信，这种网络连接模式是（ ）。

    A. 桥接模式　　　B. NAT 模式　　　　　C. 仅主机模式　　　D. DHCP 模式

（4）有两台运行 Linux 操作系统的计算机，主机 A 的用户能够通过 ping 命令测试与主机 B 的连接，但主机 B 的用户不能通过 ping 命令测试与主机 A 的连接，可能的原因是（ ）。

    A. 主机 A 的网络设置有问题

    B. 主机 B 的网络设置有问题

    C. 主机 A 与主机 B 的物理网络连接有问题

    D. 主机 A 有相应的防火墙规则阻止了来自主机 B 的 ping 命令测试

（5）在计算机网络中，唯一标识一台计算机身份的是（ ）。

    A. 子网掩码　　　B. IP 地址　　　　　C. 网络地址　　　　D. DNS 服务器

（6）下列命令中可以用于测试两台计算机之间联通性的是（ ）。

    A. nslookup　　　B. nmcli　　　　　C. ping　　　　　　D. arp

（7）以下不属于 ss 命令功能的是（ ）。

    A. 配置主机 IP 地址　　　　　　　　　B. 显示套接字的内存使用情况

    C. 显示 IPv4 套接字　　　　　　　　　D. 显示 IPv6 套接字

（8）关于 SSH 服务，下列说法错误的是（ ）。

    A. SSH 服务由客户端和服务器两部分组成

    B. SSH 提供基于口令的安全验证和基于密钥的安全验证

    C. SSH 服务默认的监听端口是 23 号端口

    D. 可以通过修改配置文件禁止 root 用户登录 SSH 服务器

2. 填空题

（1）VMware 的网络连接模式有_____、_____和_____。

（2）Linux 通过 NetworkManager 守护进程管理和监控网络，而_____命令可以控制该进程。

（3）Linux 系统中有以下 3 种类型的主机名，即_____、_____和_____。

（4）nmcli 命令可以修改系统的_____主机名，hostname 命令可以修改_____主机名。

（5）重启网络服务的命令是_____。

（6）命令 nmcli connection show 的作用是_____。

（7）_____命令是最常用的测试网络联通性的命令之一。

（8）在 firewalld 中，_____包括一组预定义的规则，而_____是端口和协议的组合。

（9）配置 firewalld 可以使用_____、_____和_____。

（10）从工作原理上讲，VNC 主要分为_____和_____两部分。

（11）VNC 服务器使用的 TCP 端口号从_____开始。

（12）SSH 服务默认的监听端口是_____。

3. 简答题

（1）简述 VMware 的 3 种网络连接模式。

（2）简述 nmcli 网络连接管理的常用子命令及其功能。

（3）简述 Linux 系统的 3 种主机名的含义。

（4）简述 Linux 中常用的网络管理命令及其功能。

（5）简述 firewalld 中区域和服务的概念。

4. 实训题

【实训 1】

为操作系统配置网络并保证计算机的网络联通性是每一个 Linux 系统管理员的主要工作之

一。本实训的主要任务是练习通过不同的模式配置虚拟机网络，熟悉各种模式的操作方法。在 NAT 模式下分别为虚拟机配置网络并测试网络联通性。请根据以下内容完成网络配置基础练习。

（1）登录虚拟机，打开一个终端窗口并使用 su－root 命令切换为 root 用户。

（2）使用 nmtui 工具修改主机名。在终端窗口中查看文件/etc/hostname 中的内容是否更新。

（3）使用 nmcli 命令查看当前的网络连接，将网络修改为开机自动连接。

（4）在图形用户界面中设置虚拟机 IP 地址、子网掩码、默认网关和 DNS 服务器。

（5）使用 nmcli 命令激活网络连接。

（6）使用 ping 命令测试虚拟机与物理机的联通性。

【实训 2】

随着计算机网络技术的迅速发展，计算机受到的安全威胁越来越多，信息安全也越来越受人们重视。应用防火墙是提高计算机安全等级、减少外部恶意攻击和破坏的重要手段。请根据以下内容完成 firewalld 配置练习。

（1）将 firewalld 的默认区域设为内部区域。

（2）关联虚拟机的网络接口和默认区域，并把默认区域的默认处理规则设为接受。

（3）在防火墙中放行 DNS 服务和 HTTP 服务。

（4）允许所有 ICMP 类型的网络流量通过。

（5）允许源端口是 2046 的网络流量通过。

（6）将运行时配置添加到永久配置中。

【实训 3】

利用远程桌面可以连接 Linux 服务器进行各种操作。本实训的主要任务是配置 VNC 远程桌面和 OpenSSH 服务器，远程连接安装了 CentOS 8 的虚拟机。请根据以下内容练习远程桌面配置。

（1）准备一台安装了 CentOS 8 的虚拟机作为远程桌面服务器。配置虚拟机服务器网络，保证虚拟机和物理机网络联通。

（2）打开一个终端窗口，使用 su－root 命令切换为 root 用户。配置软件源，安装 VNC 服务器软件。

（3）启动 VNC 服务，使用 netstat 命令查看相应端口是否开放。

（4）使用物理机作为 VNC 客户端，在物理机中安装 RealVNC。

（5）运行 RealVNC，输入 VNC 服务器的 IP 地址及桌面号，测试 VNC 远程桌面连接。

（6）在远程桌面服务器上启用 SSH 服务，检查 22 号端口是否开放。

（7）准备一台安装了 CentOS 8 的虚拟机作为 SSH 客户端。在 SSH 客户端使用 ssh 命令连接 SSH 服务器，尝试能否连接成功。

（8）在 SSH 服务器中修改 SSH 主配置文件，禁止 root 用户登录 SSH 服务器，并修改 SSH 服务端口为 54321。修改后重启 SSH 服务。

（9）在 SSH 客户端中再次使用 ssh 命令连接 SSH 服务器，尝试能否连接成功。

项目8
进程服务管理

学习目标

知识目标

- 了解进程的相关概念。
- 熟悉常用的进程监控和管理工具。
- 了解进程与文件权限的关系。
- 熟悉两种任务调度的方法及区别。
- 了解系统启动的主要过程和功能。
- 了解 Linux 中常用的初始化工具。

能力目标

- 熟练使用常用的工具监控和管理进程。
- 能够使用 at 命令配置一次性任务。
- 熟练使用 crontab 命令配置周期调度任务。
- 能够使用 systemctl 命令管理系统服务。

素质目标

- 进行进程管理练习,加深对进程与操作系统关系的理解,增强个人与整体不可分割的观念,明确个人分工协作对实现整体目标的重要性。
- 进行任务调度练习,理解实际生产应用中调度自动化的重要作用,学会合理规划生活和学习。

项目引例

随着小朱对Linux操作系统的了解越来越多,张经理觉得是时候让小朱进入学习的"深水区"了。考虑到自己平时的管理工作中经常会执行一些计划任务,尤其是软件开发中心有新项目上线时需要定期监控项目运行情况,张经理决定让小朱学习一些进程管理和任务调度的知识,以便今后承担一些简单的运维任务。张经理把小朱叫到办公室,给他简单介绍了后期的工作重点和当前的主要学习任务。张经理让小朱从进程的基本概念开始,尽快掌握进程监控和管理的基本方法,并希望小朱能够独立编写任务调度程序。小朱之前虽然听说过进程的概念,但从未深入学习,更不知道任务调度是怎么回事。但是小朱有信心完成张经理下达的任务。经过这么长时间的学习,他相信只要掌握正确的学习方法,肯下功夫,多向同事请教,所有的困难都能克服。

任务 8.1 **进程管理和任务调度**

 任务陈述

进程是操作系统中非常重要的基本概念，进程管理是操作系统的核心功能之一。从某种程度上说，管理好进程也就相当于管理好操作系统。进程在运行过程中需要访问各种系统资源，这要求进程有相应的访问权限。如果想让操作系统在指定的时间或定期执行某个任务，就必须了解操作系统的任务调度方法。本任务首先介绍进程的基本概念，然后分别介绍进程监控和管理的常用工具、进程与文件权限的关系，以及两种常用的任务调度方法。

知识准备

8.1.1 进程的基本概念

作为操作系统中最基本和最重要的概念之一，不管是 Linux 系统管理员还是普通 Linux 用户，都应该熟悉进程的基本概念，并能熟练使用常用的进程监控和管理命令。

1. 进程与程序

谈到进程，一般首先要讲的是进程和程序的关系。简单来说，进程就是运行在内存中的程序。也就是说，每启动一个应用程序，其实就在操作系统中创建了一个进程，进程与程序的关系如图 8-1 所示。进程和程序有几点不同：①进程存储在内部存储设备（主要指内存）中，而程序存储在外部存储设备（如磁盘、U 盘等）中；②进程是动态的，程序是静态的；③进程是临时的，程序是持久的。

图 8-1　进程与程序的关系

2. 父进程与子进程

在 Linux 操作系统中，除了 PID（进程号）为 1 的 systemd 进程以外，其他所有的进程都是由父进程通过 fork 系统调用创建的。一个父进程可以创建多个子进程。一般来说，当父进程终止时，子进程也随之终止。反之则不然，即父进程不会随着子进程的终止而终止。父进程可以向子进程发送特定的信号来对子进程进行管理。如果父进程不能成功终止子进程，或者子进程因为某些异常情况无法自行终止，则会在操作系统中产生"僵尸"进程。"僵尸"进程往往需要管理员通过特殊操作来手动终止。

3. 进程的状态

进程在内存中会经历一系列的状态变化。根据常用的进程五状态模型，进程的 5 种状态及其转换过程如图 8-2 所示。

创建状态是进程从无到有的过程。进程创建之后，操作系统为进程分配运行所需的空间资源，如果能够满足进程的资源需求，就把进程放入就绪队列，进程转入就绪状态。在系统运行过程中，操作系统根据自己的进程调度算法，从进程就绪队列中选中一个进程并为其分配 CPU 时间片，被选中的进程转入运行状态。如果处于运行状态的进程必须等待某些事件的发生才能继续运行，那么进程就会转入阻塞状态。当等待的事件发生时进程会重新进入就绪状态。另外，当处于运行状态的进程用完 CPU 时间片，或被优先级更高的进程抢占资源时，该进程就会转入就绪状态，等待操作系统重新调度。进程可能因为多种原因正常或异常终止，从而进入终止状态。操作系统负责清理、回收被终止进程占用的内存空间，并将该内存空间分配给其他进程使用。

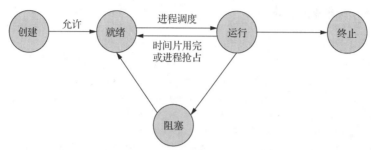

图 8-2 进程的 5 种状态及其转换过程

8.1.2 进程监控和管理

若某个进程占用的资源过多，想要手动终止它，该怎么做呢？有的时候明明终止了一个进程，可是没过多久它又出现了，这是什么原因呢？这都是和进程管理相关的内容。进程监控和管理是 Linux 系统管理员的重要工作之一，也是很多普通 Linux 用户关心的问题。本小节的知识将帮助大家回答这些问题。管理进程的前提是先学会监控进程，知道使用哪些命令查看进程的运行状态。Linux 提供了几个用于查看进程的命令，下面分别讲解这些命令的基本用法。

V8-2 进程管理相关命令

1. 查看进程

（1）ps 命令

ps 命令可用于查看系统中当前有哪些进程。ps 命令有非常多的选项，通过这些选项可查看特定进程的详细信息，或者控制 ps 命令的输出结果。以最常用的 aux 选项为例，ps 命令的基本用法如例 8-1 所示。

例 8-1：ps 命令的基本用法

```
[zys@centos8 ~]$ ps aux        // 注意，选项前可以不使用-
USER     PID  %CPU   %MEM    VSZ  RSS  TTY STAT  START TIME   COMMAND
root     2    0.0    0.0     0    0    ?   S     10:30 0:00   [kthreadd]
root     3    0.0    0.0     0    0    ?   I<    10:30 0:00   [rcu_gp]
root     4    0.0    0.0     0    0    ?   I<    10:30 0:00   [rcu_par_gp]
```

其中几个重要字段的含义如下。

- 进程所属用户（USER）：创建该进程的用户。
- 进程号（PID）：进程的唯一标识。
- 进程资源使用率：包括 CPU 使用率（%CPU）、内存使用率（%MEM）、虚拟内存使用量（VSZ）和驻留内存的固定使用量（RSS）。
- 进程状态（STAT）：进程的状态。例如，R 表示就绪状态或运行状态；S 表示进程当前处于休眠状态，但可被某些信号唤醒；+表示该进程是一个 Bash 前台进程。
- 进程命令名（COMMAND）：触发创建该进程的命令。

（2）pstree 命令

Linux 还提供了一个非常好用的 pstree 命令，该命令用于查看进程间的相关性。利用这个命令可以清晰地看出进程间的依赖关系，pstree 命令的基本用法如例 8-2 所示。小括号中的数字表示 PID。如果进程的所有者和父进程的所有者不同，还会在小括号里显示进程的所有者。可以看到，所有的进程最终都可以上溯到 systemd 进程。systemd 是 Linux 内核调用的第 1 个进程，因此其 PID 为 1，其他进程都是由 systemd 进程直接或间接创建的。systemd 进程的相关内容将在任务 8.2 中专门介绍。

例 8-2：pstree 命令的基本用法

```
[zys@centos8 ~]$ pstree -pu | more
systemd(1)-+-ModemManager(887)-+-{ModemManager}(915)
           |                    `-{ModemManager}(958)
           |-NetworkManager(1094)-+-{NetworkManager}(1105)
           |                       `-{NetworkManager}(1106)
           |-VGAuthService(888)
           |-accounts-daemon(971)-+-{accounts-daemon}(975)
           |                       `-{accounts-daemon}(977)
```

（3）top 命令

ps 命令和 pstree 命令只能显示系统进程的静态信息，如果需要实时查看进程信息，则可以使用 top 命令。top 命令的基本语法如下。

```
top  [-bcHiOSs]
```

top 命令默认每 3s 刷新一次进程信息。除了可以显示每个进程的详细信息外，top 命令还可以显示系统硬件资源的占用情况等，这些信息对于系统管理员跟踪系统运行状态或进行系统故障分析非常有用。top 命令常用的选项及其功能说明如表 8-1 所示。

表 8-1　top 命令常用的选项及其功能说明

选项	功能说明	选项	功能说明
-d *secs*	每次刷新的间隔，单位为秒	-n *max*	指定 top 命令结束前刷新的最多次数
-u *user*	只监视指定用户的进程信息	-p *pid*	只监视指定 PID 的进程，最多可指定 20 个
-o *fld*	按指定的字段进行排序		

top 命令的基本用法如例 8-3 所示。

例 8-3：top 命令的基本用法

```
[zys@centos8 ~]$ top -d 10
top - 11:23:45 up 53 min,  2 users,  load average: 0.00, 0.03, 0.09
Tasks: 240 total,  3 running, 237 sleeping,  0 stopped,  0 zombie
%Cpu(s):  0.2 us,  0.8 sy,  0.0 ni, 92.6 id,  6.1 wa,  0.2 hi,  0.1 si,  0.0 st
MiB Mem :  1790.4 total,   808.0 free,   733.5 used,   248.9 buff/cache
MiB Swap:  2079.0 total,  1729.0 free,   350.0 used.   900.0 avail Mem

  PID USER PR  NI    VIRT    RES    SHR S  %CPU %MEM     TIME+  COMMAND
 5842 zys  20   0 2748304 118000  39396 S   0.7  6.4   0:13.35  gnome-shell
   11 root 20   0       0      0      0 R   0.1  0.0   0:00.31  rcu_sched
 6007 zys  20   0  474972   1176   1156 S   0.1  0.1   0:00.34  gsd-smartcard
 7129 zys  20   0   65788   5144   4256 R   0.1  0.3   0:00.02  top
```

top 命令的输出主要包括两部分。上半部分显示操作系统当前的进程统计信息与资源使用情况，包括任务总数及每种状态下的任务数，CPU、物理内存和虚拟内存的使用情况等。下半部分是每个进程的资源使用情况。默认情况下，top 命令按照 CPU 使用率（%CPU）从大到小的顺序显示进程信息，如果想以内存使用率（%MEM）排序，可以按 M 键。另外，按 P 键可以恢复为默认排序方式，按 Q 键可以退出 top 命令。

2. 前后台进程切换

（1）后台运行命令

如果一条命令需要运行很长时间，则可以把它放入 Bash 后台运行，这样可以不影响终端窗口（又称为前台）的操作。在命令结尾输入&符号，即可把命令放入后台运行，如例 8-4 所示。

171

例 8-4：后台运行命令——&

```
[zys@centos8 ~]$ find . -name file1 &        // 将 find 命令放入后台运行
[1] 7546          <== 这一行显示任务号和 PID
[zys@centos8 ~]$ ./file1        <== 注意：这一行是 find 命令的输出

[1]+  已完成                find . -name file1     <== 这一行表示 find 命令在后台运行结束
```

V8-3　前台及后台
进程管理

在该例中，find 命令被放入后台运行，[1]表示后台任务号，7546 是 find 命令的 PID。每个在后台运行的命令都有任务号，任务号从 1 开始依次增加。find 命令的结果也会在终端窗口中显示出来。另外，当 find 命令在后台运行结束时，终端窗口中会有一行提示。

通过&放入后台运行的命令对应的进程仍然处于运行状态。如果进程在前台运行时按【Ctrl+Z】组合键，则进程会被放入后台并处于暂停状态，如例 8-5 所示。注意到系统提示进程当前的状态是"已停止"，说明进程在后台并没有运行。

例 8-5：后台运行命令——【Ctrl+Z】组合键

```
[zys@centos8 ~]$ find / -name file1 &>/dev/null        // 按 Enter 键后再按【Ctrl+Z】组合键
^Z
[1]+  已停止                find / -name file1 &> /dev/null
[zys@centos8 ~]$ bc        // 按 Enter 键后再按【Ctrl+Z】组合键
^Z
[2]+  已停止                bc
```

（2）jobs 命令

jobs 命令主要用于查看从终端窗口放入后台的进程，使用-l 选项可同时显示所有进程的 PID，其基本用法如例 8-6 所示。任务号之后的+表示这是最后一个放入后台的进程，而-表示这是倒数第 2 个放入后台的进程。

例 8-6：jobs 命令的基本用法

```
[zys@centos8 ~]$ jobs -l
[1]-  7556 停止          find / -name file1 &> /dev/null <== 倒数第 2 个放入后台的进程
[2]+  7562 停止          bc          <== 最后一个放入后台的进程
```

（3）bg 命令

如果想让后台暂停的进程重新开始运行，则可以使用 bg 命令，如例 8-7 所示。注意，1 号任务的状态显示为"运行中"。

例 8-7：bg 命令的基本用法

```
[zys@centos8 ~]$ bg 1        // bg 命令后跟任务号
[zys@centos8 ~]$ jobs -l
[1]-  7556 运行中          find / -name file1 &> /dev/null &
[2]+  7562 停止          bc
```

（4）fg 命令

fg 命令的作用与&的正好相反，可以把后台的进程恢复到前台继续运行，如例 8-8 所示。

例 8-8：fg 命令的基本用法

```
[zys@centos8 ~]$ jobs -l
[2]+   7562 停止                        bc
[zys@centos8 ~]$ fg 2      // fg 命令后跟任务号
bc
11+16      <== 这一行是在 bc 交互环境中的输入
27         <== 这一行是计算结果
6*13       <== 这一行是在 bc 交互环境中的输入
78         <== 这一行是计算结果
quit       <== 退出 bc 交互环境
[zys@centos8 ~]$
```

3. 管理进程

（1）nice 命令和 renice 命令

Linux 操作系统中的每个进程都有一个优先级属性，表示进程对 CPU 的使用能力。优先级越高，表示进程越有可能获得 CPU 的使用权。进程的优先级用 nice 值表示，取值范围是-20～19，默认值为 0。数值越大表示优先级越低，因此 19 是最低的优先级，-20 是最高的优先级。可以使用 nice 命令设置进程的优先级，命令格式如下。

```
nice  [-n]  cmd
```

其中，n 是优先级值，默认为 10。cmd 表示要执行的命令，可以带选项和参数。例如，使用 nice 命令把一个 vim 进程的优先级设为 11，并把它放入后台执行，如例 8-9 所示。

例 8-9：nice 命令的基本用法

```
[zys@centos8 ~]$ nice -11 vim file1 &
[1] 7616
[zys@centos8 ~]$ ps -l -C vim          // 查看进程优先级
F S  UID    PID    PPID C PRI NI ADDR SZ WCHAN   TTY      TIME     CMD
0 T  1000   7616   6984 0  91 11   -  8504 -      pts/1    00:00:00  vim
[1]+ 已停止                 nice -11 vim file1
```

例 8-9 使用了带-l 选项的 ps 命令，输出中，NI 字段的值表示进程的优先级。可以看到，PID 为 7616 的 vim 进程优先级为 11。

还可以使用 renice 命令调整运行中的进程的优先级。renice 命令的格式如下。

```
renice  n  [-p  pid]  [-u  uid]  [-g  gid]
```

使用 renice 命令时，可以指定进程的 PID，也可以批量修改某个用户或用户组的所有进程的优先级。使用 renice 命令把例 8-9 中的 vim 进程的优先级调整为 16，如例 8-10 所示。需要注意的是，普通用户只能调整自己创建的进程的优先级，而且只能把 nice 值调大。root 用户可以调整所有用户的进程的优先级，而且可以把 nice 值调小。

例 8-10：renice 命令的基本用法

```
[zys@centos8 ~]$ renice 16 -p 7616       // 普通用户调整自己创建的进程的优先级
7616 (process ID) // 旧 NI 为 11，新 NI 为 16
[zys@centos8 ~]$ ps -l -C vim
F S  UID    PID    PPID C PRI NI ADDR SZ WCHAN   TTY     TIME     CMD
0 T  1000   7616   6984 0  96 16   -  8504 -      pts/1   00:00:00  vim
[zys@centos8 ~]$ renice 9 -p 7616
renice: 设置 7616 的优先级失败(process ID): 权限不够 <== 普通用户只能修改为更大的值
```

（2）kill 命令

kill 命令通过操作系统内核向进程发送信号以执行某些特殊的操作，如挂起进程、正常退出进程或强行终止进程等。kill 命令的基本语法如下。

```
kill [选项] [pid]
```

信号可以通过信号名或编号的方式指定。使用-l 选项可以查看信号名及编号。kill 命令的基本用法如例 8-11 所示。

例 8-11：kill 命令的基本用法

```
[zys@centos8 ~]$ kill -l                    // 显示信号列表
 1) SIGHUP    2) SIGINT    3) SIGQUIT    4) SIGILL    5) SIGTRAP
 6) SIGABRT   7) SIGBUS    8) SIGFPE     9) SIGKILL   10) SIGUSR1
11) SIGSEGV  12) SIGUSR2  13) SIGPIPE   14) SIGALRM   15) SIGTERM
[zys@centos8 ~]$ kill -9 7616               // 编号 9 表示信号 SIGKILL
[zys@centos8 ~]$ ps -C vim
    PID TTY          TIME CMD
[1]+  已杀死                nice -11 vim file1
```

8.1.3 进程与文件权限

到目前为止，我们已经学习完进程的基本概念，也了解了查看和管理进程的方法。下面我们来重点学习进程与文件权限的关系。

V8-4 进程与文件
权限的关系

1. 进程的权限

通过对项目 3 的学习，我们对文件的权限有以下几点认识。

（1）Linux 操作系统把用户的身份分为 3 类，即所有者、属组和其他人。

（2）用户对文件的操作也分为 3 类，分别是读、写和执行。

（3）用户对文件分别拥有 3 种权限，即读权限、写权限和执行权限。

现在思考这样一个问题：当一个进程访问某个文件时，究竟是以哪类用户身份访问文件的？问题的答案取决于进程的所有者和属组与文件的所有者和属组的关系。

和普通文件类似，进程也有所有者和属组两个属性。进程是通过执行程序文件创建的，进程的所有者就是执行这个文件的用户，所以进程的所有者也称为执行者，而进程的属组就是执行者所属的用户组。当进程对文件进行操作时，Linux 操作系统按下面的顺序为进程赋予相应的权限。

（1）如果进程的所有者与文件的所有者相同，就为进程赋予文件所有者的权限。

（2）如果进程的所有者属于文件的属组，就为进程赋予文件属组的权限。

（3）为进程赋予其他人的权限。

根据这 3 条规则分析例 8-12 中的操作。在例 8-12 中，我们尝试以用户 zys 的身份使用 cat 命令查看文件/etc/shadow，结果系统提示权限不够。原因在于，通过 cat 命令创建的 cat 进程其所有者和属组分别是 zys 和 devteam，而文件/etc/shadow 只对 root 用户开放了读写权限。

例 8-12：进程与文件的权限——cat 命令

```
[zys@centos8 ~]$ which cat
/usr/bin/cat
[zys@centos8 ~]$ ls -l /usr/bin/cat /etc/shadow
----------.  1  root  root  1804   2 月 25 11:00    /etc/shadow
-rwxr-xr-x.  1  root  root  38504  4 月 27 2020     /usr/bin/cat
[zys@centos8 ~]$ id zys
uid=1000(zys) gid=1003(devteam) 组=1003(devteam)
[zys@centos8 ~]$ cat /etc/shadow
cat: /etc/shadow: 权限不够
```

再看一个使用 passwd 命令修改密码的例子，如例 8-13 所示。

例 8-13：进程与文件的权限——passwd 命令

```
[zys@centos8 ~]$ which passwd
/usr/bin/passwd
[zys@centos8 ~]$ ls -l /usr/bin/passwd /etc/passwd
-rw-r--r--. 1 root root 2825  2月 28 13:15 /etc/passwd
-rwsr-xr-x. 1 root root 33600 4月 7  2020  /usr/bin/passwd
```

在例 8-13 中，用户 zys 使用 passwd 命令修改自己的密码，passwd 进程会修改文件/etc/shadow 以更新 zys 的密码信息。这个例子的"奇怪"之处在于，如果按照前文的规则进行分析，那么 passwd 进程应该没有权限修改文件/etc/shadow，因为 passwd 进程的所有者和属组也是 zys 和 devteam，可实际上 passwd 命令执行成功了。那么 passwd 命令和 cat 命令到底有什么不同？要想回答这个问题，我们需要在目前的学习基础上进一步学习文件的特殊权限，也就是下文要讲的 SUID、SGID 和 SBIT。

2. 文件的特殊权限

（1）SUID

可能大家在例 8-13 中已经注意到，文件/usr/bin/passwd 的权限是 rwsr-xr-x，在所有者的执行权限位置上出现了之前从未讲过的 s，这就是被称为 Set UID（缩写为 SUID）的文件特殊权限。SUID 的限制和功能可以总结为下面几点。

① 只能为二进制程序文件设置 SUID 权限。SUID 权限对 Shell 脚本文件和目录不起作用。

② 执行设置了 SUID 权限的程序文件时，进程的所有者变为源程序文件的所有者，而不是执行程序的用户，也可以理解为执行者继承了文件所有者的权限。

③ 实现第②点的前提是用户对该程序文件具有执行权限。

下面利用 SUID 的特性分析例 8-13 中 passwd 命令能执行成功的原因。文件/usr/bin/passwd 具有 SUID 权限，因此当用户 zys 执行 passwd 命令时，passwd 进程的所有者是文件/usr/bin/passwd 的所有者，也就是 root 用户。也就是说，passwd 进程实际上是以 root 用户身份访问文件/etc/shadow 的，而非用户 zys。

微课

V8-5　3 种特殊的文件权限

（2）SGID

当 s 出现在文件属组的执行权限位置上时，此时的特殊权限被称为 Set GID（缩写为 SGID），如例 8-14 所示。

例 8-14：文件特殊权限——SGID

```
[zys@centos8 ~]$ ls -l /usr/bin | grep -E '^.{6}s'        // 查找具有 SGID 权限的命令
-rwx--s--x. 1 root slocate 48552 5月 11 2019 locate
-rwxr-sr-x. 1 root tty     21280 1月 21 2021 write
```

关于 SGID 的功能和限制，有下面几点说明。

① 可以为二进制程序文件和目录设置 SGID 权限。

② 为二进制程序文件设置 SGID 权限时，进程将拥有文件属组的权限，或者说执行者继承了文件属组的权限。

③ SGID 权限对二进制程序文件生效的前提是执行者对该文件具有执行权限。

④ 为目录设置 SGID 权限时，用户进入该目录后，有效用户组变为该目录的属组。因此，用户在该目录中新建的文件将拥有和目录相同的属组。

⑤ SGID 权限对目录生效的前提是用户对该目录具有执行和写权限。

⑥ 用户在具有 SGID 权限的目录中新建的目录会自动继承 SGID 权限。

（3）SBIT

最后一个特殊权限是 Sticky Bit（缩写为 SBIT，也称粘滞位），即出现在其他人的执行权限位置上的"t"，最典型的应用是目录/tmp，如例 8-15 所示。

例 8-15：文件特殊权限——SBIT

```
[zys@centos8 ~]$ ls -ld /tmp
drwxrwxrwt.  34  root  root  4096  2 月  28  12:34  /tmp
```

关于 SBIT 的功能和限制，有下面几点说明。

① 只能为目录设置 SBIT 权限。

② 用户在目录中新建的文件和目录，只有该用户和 root 用户能够删除。

③ SBIT 权限生效的前提是用户对目录具有执行和写权限。

3. 设置文件特殊权限

设置文件特殊权限同样有数字法和符号法两种方法。使用数字法设置特殊权限时，用 4、2、1 分别表示 SUID、SGID 和 SBIT，然后把特殊权限汇总后添加到基本权限的左侧。使用符号法设置特殊权限时，u+s、g+s、o+t 分别表示添加 SUID、SGID 和 SBIT 权限，u-s、g-s、o-t 分别表示删除 SUID、SGID 和 SBIT 权限。下面通过 3 个例子演示 SUID、SGID 和 SBIT 权限的设置和应用。

（1）SUID 的设置和应用

在例 8-12 中，cat 命令无法读取文件/etc/shadow。如果为 cat 命令设置 SUID 权限，就不存在这个问题了，如例 8-16 所示。由于文件/usr/bin/cat 的所有者是 root，因此要用 root 用户身份为其设置特殊权限。需要特别强调的是，这个例子仅仅是为了演示设置 SUID 权限的方法，在实际工作中千万不能通过这种方法获取文件/etc/shadow 的访问权限。所以在该例的最后又删除了 cat 命令的 SUID 权限。

例 8-16：设置文件特殊权限——SUID

```
[zys@centos8 ~]$ su – root
[root@centos8 ~]# ls –l /usr/bin/cat
-rwxr-xr-x.  1  root  root  38504  4 月  27 2020  /usr/bin/cat
[root@centos8 ~]# chmod 4755 /usr/bin/cat  // 为 cat 命令设置 SUID 权限
[root@centos8 ~]# ls –l /usr/bin/cat
-rwsr-xr-x.  1  root  root  38504  4 月  27 2020  /usr/bin/cat
[root@centos8 ~]# exit
[zys@centos8 ~]$ cat –n /etc/shadow          // 现在可以访问文件/etc/shadow
    1    root:$6$h3J7E45ujX.3wfi8z.:19775:0:99999:7:::
    2    bin:*:18397:0:99999:7:::
[zys@centos8 ~]$ su – root
[root@centos8 ~]# chmod 0755 /usr/bin/cat  // 删除 cat 命令的 SUID 权限
[root@centos8 ~]# ls –l /usr/bin/cat
-rwxr-xr-x.  1  root  root  38504  4 月  27 2020  /usr/bin/cat
[root@centos8 ~]# exit
[zys@centos8 ~]$
```

如果一个文件的所有者没有执行权限，那么为其设置 SUID 权限时会发生什么情况呢？在例 8-17 中，文件 file1 的 SUID 位显示为 S，表示这是一个无效的设置。

例 8-17：设置文件特殊权限——SUID 无效设置

```
[zys@centos8 ~]$ ls –l file1
-rw-rw-r--.  1  zys  zys  0  2 月  28  13:35  file1          // 所有者没有执行权限
[zys@centos8 ~]$ chmod u+s file1
[zys@centos8 ~]$ ls –l file1
-rwSrw-r--.  1  zys  zys  0  2 月  28  13:35  file1          // S 表示无效设置
```

（2）SGID 的设置和应用

在例 8-18 中，用户 zys 在目录/tmp 中新建子目录 sgid_testdir 并为其设置 SGID 权限，然后用户 shaw 在目录 sgid_testdir 中新建一个文件和目录。

例 8-18：设置文件特殊权限——SGID

```
[zys@centos8 ~]$ cd /tmp
[zys@centos8 tmp]$ mkdir sgid_testdir
[zys@centos8 tmp]$ chmod 2777 sgid_testdir          // 为目录设置 SGID 权限
[zys@centos8 tmp]$ ls -ld sgid_testdir
drwxrwsrwx.  2  zys  zys  6  2月  28 13:39  sgid_testdir
[zys@centos8 tmp]$ su – shaw
[shaw@centos8 ~]$ id shaw
uid=1238(shaw) gid=1001(shaw) 组=1001(shaw)
[shaw@centos8 ~]$ cd /tmp/sgid_testdir
[shaw@centos8 sgid_testdir]$ touch file1
[shaw@centos8 sgid_testdir]$ mkdir dir1
[shaw@centos8 sgid_testdir]$ ls –l
drwxrwsr-x.  2  shaw  zys  6  2月  28 13:42  dir1      // 继承 SGID 权限
-rw-rw-r--.  1  shaw  zys  0  2月  28 13:42  file1     // 继承属组
[shaw@centos8 sgid_testdir]$ exit
[zys@centos8 tmp]$
```

例 8-18 的结果显示，用户 shaw 在目录 sgid_testdir 中新建的文件和目录继承了目录 sgid_testdir 的属组，而且新建的目录 dir1 也自动拥有了 SGID 权限。如果目录的属组没有执行权限，那么为其设置 SGID 权限时也会显示为 S，这里不演示。

（3）SBIT 的设置和应用

由于目录/tmp 具有 SBIT 权限，因此此处使用它测试 SBIT 的功能。首先以用户 zys 的身份在该目录中新建一个文件 sbit_testfile 和一个目录 sbit_testdir，然后以用户 shaw 的身份删除文件 sbit_testfile，看看操作能否成功。同时，检查目录 sbit_testdir 是否具有 SBIT 权限，如例 8-19 所示。

例 8-19：设置文件特殊权限——SBIT

```
[zys@centos8 tmp]$ ls –ld /tmp
drwxrwxrwxt.  36  root  root  4096  2月  28 13:46  /tmp
[zys@centos8 tmp]$ touch sbit_testfile
[zys@centos8 tmp]$ mkdir sbit_testdir
[zys@centos8 tmp]$ ls -ld sbit*
drwxrwxr-x.  2  zys  zys  6  2月  28  13:46  sbit_testdir       // 没有继承 SBIT 权限
-rw-rw-r--.  1  zys  zys  0  2月  28  13:46  sbit_testfile
[zys@centos8 tmp]$ su – shaw
[shaw@centos8 ~]$ rm /tmp/sbit_testfile
rm: 是否删除有写保护的普通空文件 '/tmp/sbit_testfile'? y
rm: 无法删除'/tmp/sbit_testfile': 不允许的操作 <== 无法删除文件
[shaw@centos8 ~]$ exit
[zys@centos8 tmp]$
```

可以看到，用户 shaw 无法删除文件 sbit_testfile，而且目录 sbit_testdir 也没有继承目录/tmp 的 SBIT 权限，这和我们的预期效果是一致的。

8.1.4 任务调度

日常工作中，经常有定期执行某些任务的需求，如磁盘的定期清理、日志的定期备份，或者对计算机进行定期杀毒等。这很像我们在手机日历应用中设定的事件。例如，工作日会有定时的起床提醒，房贷还款日会有还款提醒等。还有一些任务是一次性的，例如，公司临时安排一个会议，我们希望在会议开始前 15min 邮件提醒。不管是定期执行的例行任务，还是不定期出现的偶发事件，在 Linux 操作系统中都被称为任务调度。如果想让 Linux 在规定的时间帮我们执行预定好的动作，就要使用任务调度相关的工具进行相应设置。这也是本小节要讲解的主要内容。下面分别介绍和周期任务相关的 crontab 命令，以及用于执行一次性任务的 at 命令和 batch 命令。

1. crontab 命令

crontab 命令用于设置需要周期执行的任务。crontab 命令的基本格式如下。

```
crontab [-u uname] | -e | -l | -r
```

微课

V8-6　crontab
命令

只有 root 用户能够使用-u 选项为其他用户设置周期任务，没有-u 选项时表示只能设置自己的周期任务。-e、-l 和-r 这 3 个选项分别表示编辑、显示和删除周期任务。在 CentOS 中，每个用户的周期任务都保存在目录/var/spool/cron 内与用户名同名的文件中。例如，文件/var/spool/cron/zys 中保存的是用户 zys 的周期任务。

使用 crontab -e 命令打开一个 vi 编辑窗口，用户可以在其中添加或删除周期任务，就像编辑一个普通文件一样。除了以#开头的注释行外，其他的每行都代表一个周期任务。任务行由 6 个字段组成，每个字段的含义及取值如表 8-2 所示。

表 8-2　每个字段的含义及取值

字段含义	分钟	小时	日期	月份	星期	命令
取值范围	0~59	0~23	1~31	1~12	0~7	需要执行的命令，可以带选项和参数

前面 5 个字段表示执行周期任务的计划时间，最后一个字段是实际需要执行的命令。设置计划时间时，各个字段以空格分隔，而且不能为空。注意：星期字段里的 0 和 7 都表示星期日。crontab 命令提供了几个特殊符号以简化计划时间的设置，具体含义如表 8-3 所示。

表 8-3　crontab 中特殊符号的含义

特殊符号	含义
*	表示字段取值范围内的任意值。例如，*出现在分钟字段中时表示每一分钟都要执行
,	用于组合字段取值范围内若干不连续的时间段。例如，"3,5"出现在日期字段，表示每月的 3 日和 5 日执行
-	用于组合字段取值范围内连续的时间段。例如，"3-5"出现在日期字段，表示每月的 3 日到 5 日执行
/num	表示字段取值范围内每隔 num 时间段执行一次。例如，分钟字段的"*/10"或"0-59/10"表示每 10min 执行一次

下面通过一个例子演示 crontab 命令的基本用法。在例 8-20 中，把周期任务设置为每 3min 向文件/tmp/cron_test 中写入一行信息。

例 8-20：crontab 命令的基本用法

```
[zys@centos8 ~]$ crontab -e
*/3  *  *  *  *  echo  "time is `date`" >>/tmp/cron_test        <== 输入这一行，然后保存退出
[zys@centos8 ~]$ crontab -l // 查看当前 crontab 周期任务
*/3  *  *  *  *  echo  "time is `date`" >>/tmp/cron_test
[zys@centos8 ~]$ tail -f /tmp/cron_test          // 查看当前 crontab 周期任务
"time is 2024 年 02 月 28 日 星期三 13:54:01 CST"
"time is 2024 年 02 月 28 日 星期三 13:57:01 CST"
```

"time is 2024 年 02 月 28 日 星期三 14:00:01 CST"
^C　　　　// 按【Ctrl+C】组合键退出

crontab -r 命令会删除当前用户的所有 crontab 周期任务。如果只想删除某一个周期任务，则可以使用 crontab -e 命令打开 crontab 编辑窗口，然后删除对应的任务行，具体操作这里不演示。

2. at 命令和 batch 命令

使用 at 命令可以在指定的时间执行某个一次性任务的设置，at 命令的基本语法如下。

微课

V8-7　at 命令

at　　[-l]　[-f *fname*]　[-d *job_number*]　*time*

-l 选项用于显示当前等待执行的 at 任务，相当于 atq 命令。-f 选项用于指定文件用来保存执行任务所需的命令。-d 选项用于删除指定编号的任务，相当于 atm 命令。*time* 参数是任务的执行时间，可以采用下列时间格式中的任何一种。

- HH:MM [am|pm] [Month] [Date] [Year]，如 11:10 am Jan 18 2022。
- HH:MM YYYY-MM-DD，如 11:10 2022-01-18。
- MMDDYY、MM/DD/YY，表示指定日期的当前时刻，如 011822、01/18/22。
- 特定时间：如 now 表示当前时刻，noon 代表 12:00 pm，midnight 代表 12:00 am。
- *time* + *n*[minutes|hours|days|weeks]，表示在某个时间点之后的某一时刻执行，如 now + 3 hours 表示当前时刻的 3h 后。

使用 at 命令会打开一个交互式的 Shell 环境，然后输入需要执行的命令。可以输入多条命令，方法为：输入一条命令后，按 Enter 键输入下一条命令。按【Ctrl+D】组合键可以退出 at 命令的交互环境。下面使用 at 命令创建一个任务，在当前时刻的 3min 后向文件/tmp/at_test 中写入一条信息，如例 8-21 所示。

例 8-21：at 命令的基本用法

```
[zys@centos8 ~]$ at now +3 minutes
at> echo "time is `date`" >>/tmp/at_test        // 输入这一行要执行的命令
at> <EOT>                                       // 按【Ctrl+D】组合键退出
job 1 at Wed Feb 28 14:01:00 2024
[zys@centos8 ~]$ at -l                           // 查看 at 任务，相当于 atq 命令
1     Wed Feb 28 14:01:00 2024 a zys             // 只在指定时间执行一次
[zys@centos8 ~]$ tail -f /tmp/at_test            // 观察文件/tmp/at_test 的实时变化
time is 2024 年 02 月 28 日 星期三 14:01:00 CST
^C                                               // 按【Ctrl+C】组合键退出
```

batch 命令和 at 命令的用法相同。不同之处在于，batch 命令设定的任务只有在 CPU 任务负载小于 0.8 时才会执行。at 任务没有这个限制，只要到了指定的时间就会执行。因此 batch 命令多用于设置一些重要性不高或资源消耗较少的任务。这里就不给出 batch 命令的具体范例了，大家可以参考例 8-21 练习 batch 命令的用法。

 任务实施

必备技能 24：按秒执行的 crontab 任务

微课

V8-8　按秒执行的 crontab 任务

学习完任务调度命令 crontab 之后，小朱感觉这个命令很有意思，应该能在系统管理中发挥不小的作用。但是他发现一个问题，crontab 命令的最小调度单位是分钟，如果想每隔几秒执行一个任务，crontab 是不是无能为力呢？他把这个疑惑讲给了张经理听。张经理告诉他，crontab 本身确实无法以秒为单位执行任务，但如果把 crontab 任务和 Shell 脚本结合起来，就可以轻松解决这个问题。张经理向小朱演示每隔 10s 写入一行日志信息的操作，下面是张经理的操作步骤。张经理

提醒小朱，Shell 脚本是下一阶段的学习重点，可以暂时跳过这个练习，等学习完 Shell 脚本后再做。

第 1 步，编写一个执行实际任务的 Shell 脚本，并将其命名为 log.sh。该脚本比较简单，只是向文件/tmp/cron.log 中写入一行日志信息，如例 8-22.1 所示。

例 8-22.1：按秒执行的 crontab 任务——编写任务脚本

```
[zys@centos8 ~]$ mkdir shell
[zys@centos8 ~]$ cd shell
[zys@centos8 shell]$ vim log.sh
 #!/bin/bash
echo  " time is `date` " >>/tmp/cron.log
```

第 2 步，编写一个触发 log.sh 执行的 Shell 脚本，将其命名为 cron.sh。cron.sh 脚本中有一个 for 循环，连续调用 6 次 log.sh 脚本，每调用一次就使用 sleep 命令休眠 10s，如例 8-22.2 所示。

例 8-22.2：按秒执行的 crontab 任务——编写触发脚本

```
[zys@centos8 shell]$ vim cron.sh
#!/bin/bash
waitsecs=10
for (( i=0;  i<60;  i=(i+waitsecs) ))
do
     sh ~/shell/log.sh
     sleep  $waitsecs
done
```

第 3 步，把 cron.sh 加入 crontab 任务，设置为每分钟执行一次，如例 8-22.3 所示。

例 8-22.3：按秒执行的 crontab 任务——添加 crontab 任务

```
[zys@centos8 shell]$ crontab -e
* * * * *  sh  ~/shell/cron.sh      <== 输入这一行，设置为每分钟执行一次
[zys@centos8 shell]$ crontab -l
* * * * *  sh  ~/shell/cron.sh
```

第 4 步，使用 tail 命令跟踪日志文件，如例 8-22.4 所示。

例 8-22.4：按秒执行的 crontab 任务——跟踪日志文件

```
[zys@centos8 shell]$ tail -f /tmp/cron.log
" time is 2024 年 02 月 28 日 星期三 14:18:01 CST "
" time is 2024 年 02 月 28 日 星期三 14:18:11 CST "
" time is 2024 年 02 月 28 日 星期三 14:18:21 CST "
^C        // 按【Ctrl+C】组合键退出
```

从结果上看，这个 crontab 任务确实每 10s 写入一行日志信息。但严格来说，它的执行间隔并不是 10s（实际上大于 10s），因为执行 log.sh 脚本也需要时间。如果对时间精度要求不高，建议采用这种方法。

第 5 步，张经理向小朱演示另一种方法。这种方法不使用触发脚本，直接使用 crontab 命令设置任务，如例 8-22.5 所示。

例 8-22.5：按秒执行的 crontab 任务——设置多个 crontab 任务

```
[zys@centos8 shell]$ crontab -e
* * * * *  sh  ~/shell/log.sh
* * * * *  sleep 10 ; sh  ~/shell/log.sh
* * * * *  sleep 20 ; sh  ~/shell/log.sh
* * * * *  sleep 30 ; sh  ~/shell/log.sh
* * * * *  sleep 40 ; sh  ~/shell/log.sh
* * * * *  sleep 50 ; sh  ~/shell/log.sh
```

第 6 步，使用 tail 命令跟踪日志文件，如例 8-22.6 所示。

例 8-22.6：按秒执行的 crontab 任务——跟踪日志文件

```
[zys@centos8 shell]$ tail -f /tmp/cron.log
" time is 2024 年 02 月 28 日 星期三 14:21:21 CST "
" time is 2024 年 02 月 28 日 星期三 14:21:32 CST "
" time is 2024 年 02 月 28 日 星期三 14:21:41 CST "
^C          // 按【Ctrl+C】组合键退出
```

第 2 种方法的工作原理是，crontab 命令同时启动多个 Bash 进程，但是每个 Bash 进程"错峰"执行（间隔为 10s）。可以使用 ps 命令观察实际运行的 Bash 进程，如例 8-22.7 所示。相比第 1 种方法，这种方法的时间精度更高。

例 8-22.7：按秒执行的 crontab 任务——跟踪 Bash 进程

```
[zys@centos8 shell]$ ps -ef | grep log.sh | grep -v grep
zys       10254    10235   0 14:23 ?       00:00:00 /bin/sh -c sleep 50 ; sh  ~/shell/log.sh
zys       10255    10238   0 14:23 ?       00:00:00 /bin/sh -c sleep 20 ; sh  ~/shell/log.sh
zys       10256    10236   0 14:23 ?       00:00:00 /bin/sh -c sleep 40 ; sh  ~/shell/log.sh
zys       10257    10239   0 14:23 ?       00:00:00 /bin/sh -c sleep 10 ; sh  ~/shell/log.sh
zys       10263    10237   0 14:23 ?       00:00:00 /bin/sh -c sleep 30 ; sh  ~/shell/log.sh
```

必备技能 25：nohup 与后台任务

利用必备技能 24 中的 cron.sh 脚本，张经理打算向小朱演示后台任务的另一个特性。下面是张经理的操作步骤。

第 1 步，打开一个终端窗口，以后台任务的方式运行 cron.sh 脚本，查看 cron.sh 进程的 PID，如例 8-23.1 所示。

微课

V8-9　nohup 与
后台任务

例 8-23.1：nohup 与后台任务——运行 cron.sh 脚本

```
[zys@centos8 shell]$ sh cron.sh &
[1] 20522
[zys@centos8 shell]$ echo $$
6522
[zys@centos8 shell]$ ps -ef | grep cron.sh | grep -v grep
zys       20522     6522   0 15:48 pts/0      00:00:00 sh cron.sh
```

第 2 步，关闭当前终端窗口。张经理特别提醒小朱，一定要单击终端窗口右上角的【关闭】按钮，而不是在命令行中输入 exit 命令退出终端。接下来重新打开一个 Shell 终端窗口，查看 cron.sh 进程是否存在，如例 8-23.2 所示。可以看到，关闭终端窗口后，原终端中的后台任务也随之终止。

例 8-23.2：nohup 与后台任务——关闭终端窗口后重新打开

```
[zys@centos8 ~]$ echo $$
20566           <== 新的终端进程的 PID
[zys@centos8 ~]$ ps -ef | grep cron.sh | grep -v grep        // 原后台任务已终止
[zys@centos8 ~]$
```

第 3 步，张经理使用另外一种方式执行 cron.sh 脚本，即先输入 nohup 命令，如例 8-23.3 所示。

例 8-23.3：nohup 与后台任务——用 nohup 命令运行 cron.sh 脚本

```
[zys@centos8 ~]$ cd shell
[zys@centos8 shell]$ nohup sh cron.sh &
[1] 20645
nohup: 忽略输入并把输出追加到'nohup.out'
[zys@centos8 shell]$ ps -ef | grep cron.sh | grep -v grep
zys       20645    20566   0 15:50 pts/0      00:00:00 sh cron.sh
```

第 4 步，使用第 2 步的方式关闭终端窗口，然后在新打开的终端窗口中查看进程信息，如例 8-23.4 所示。

例 8-23.4：nohup 与后台任务——关闭终端窗口后重新打开

```
[zys@centos8 ~]$ echo $$
20703
[zys@centos8 ~]$ ps -ef | grep cron.sh | grep -v grep
zys    20645    5735   0 15:50 ?    00:00:00 sh cron.sh      <== 原后台任务仍然存在
```

张经理问小朱从输出结果中看到了哪些有用的信息。小朱仔细观察后回答说，他发现原终端中的后台任务，即 PID 为 20645 的 cron.sh 进程仍然存在。小朱不知道该如何解释。张经理告诉小朱：关闭终端窗口时，终端会向 Bash 后台任务发送 SIGHUP 信号挂起后台任务，所以在新的终端窗口中看不到原进程，这是第 1 步和第 2 步看到的现象；nohup 命令和&结合使用时，可以让后台任务忽略 SIGHUP 信号，所以关闭终端窗口不影响后台任务的运行，在新的终端窗口中仍然能看到原进程，这是第 3 步和第 4 步观察到的现象。

 小贴士乐园——进程与线程

另一个经常和进程一同出现的概念是线程，这几乎是每个系统管理员都绕不开的话题，也是系统管理员面试时最常遇到的考题之一。关于进程与线程的关系，最常听到的是"线程是轻量级的进程"，或者"进程是资源分配的最小单位，线程是 CPU 调度的最小单位"之类的回答。那么为什么要把进程"瘦身"为线程呢？资源分配和 CPU 调度又该如何理解呢？具体内容详见本书配套电子资源。

任务 8.2 系统服务管理

 任务陈述

本任务将学习 Linux 操作系统的启动和初始化过程。本任务首先介绍操作系统启动过程中的主要步骤及各步骤完成的功能，然后介绍当前主流的系统初始化工具——systemd 的特点。systemctl 是 systemd 的管理命令，在系统服务管理中发挥着重要的作用。本任务最后会详细介绍 systemctl 命令的常用操作。

 知识准备

8.2.1 系统启动和初始化过程

在正式学习本任务的内容前，先思考一个问题：当我们按下开机电源键后计算机到底经历了怎样的过程才呈现出精美的桌面的？换句话说，计算机是怎么启动的？操作系统又是如何运行的？要完整、准确地回答这个问题需要相当多的计算机专业知识。学习完本任务，大家将能够初步了解 Linux 操作系统的启动和初始化过程，并对其中重要的步骤和工具有更深入的认识。

1. 系统启动过程

总的来说，Linux 操作系统的启动过程分为 4 步，分别是 BIOS 自检、启动引导程序、加载操作系统内核与操作系统初始化，如图 8-3 所示。

微课

V8-10　系统启动过程

图8-3　系统启动和初始化过程

（1）BIOS自检

BIOS是计算机开机后主动执行的第1个程序。BIOS从互补金属氧化物半导体（Complementary Metal Oxide Semiconductor，CMOS）中读取硬件设备配置信息并检查外围硬件设备是否能够正常工作，即开机自检（Power On Self Test，POST）。

（2）启动引导程序

开机自检之后，BIOS根据启动设备的顺序查找用于启动操作系统的驱动设备，如磁盘、U盘或网络等，并从中读取启动引导程序（Boot Loader）。

（3）加载操作系统内核

启动引导程序最主要的功能是加载操作系统内核。启动引导程序把启动系统的控制权转交给内核，然后内核执行操作系统的第1个进程，从而开始操作系统的初始化过程。

（4）操作系统初始化

系统初始化工具负责操作系统的初始化工作，准备操作系统的运行环境，包括操作系统的主机名、网络设置、语言设置、文件系统格式及各种系统服务的启动等。

2. systemd工具的特点

CentOS从版本7开始使用systemd工具执行系统初始化操作。下面简单列举systemd的主要特点。

（1）systemd是常驻内存的守护进程，PID为1，其他所有的进程都是systemd的直接或间接子进程。

（2）systemd并行启动系统服务，即同时启动多个互不依赖的系统服务。

（3）systemd支持按需响应（On-Demand）的服务启动方式。

（4）systemd把系统服务定义为一个服务单元（Unit），每个服务单元都有对应的单元配置文件。

（5）systemd兼容SysVinit启动脚本，仍然可以使用这些脚本启动系统服务。

8.2.2　systemctl命令

systemd的管理命令只有systemctl，所有的管理任务都通过systemctl命令完成。因此对Linux进行服务管理的关键就是掌握systemctl命令的用法。限于篇幅，下面仅介绍使用systemctl命令管理服务单元的方法，基本语法如下。

```
systemctl  cmd  sername.service
```

其中，sername是服务名，如httpd.service、crond.service等，可以省略服务扩展名，缩写为httpd、crond；cmd是要执行的操作类型。管理服务单元常用的操作及其含义如表8-4所示。

微课

V8-11　systemctl命令

表 8-4 管理服务单元常用的操作及其含义

操作	完整形式	含义
start	systemctl start *sername*.service	启动服务，可简写为 systemctl start *sername*，下同
stop	systemctl stop *sername*.service	停止服务
restart	systemctl restart *sername*.service	重启服务，即先停止服务再启动
reload	systemctl reload *sername*.service	重载服务，即在不重启服务的情况下重新加载服务配置文件，使配置生效
enable	systemctl enable *sername*.service	将服务设置为开机自动启动
disable	systemctl disable *sername*.service	取消服务开机自动启动
	systemctl list-unit-files | grep *sername*.service	查看服务是否开机自动启动

 任务实施

必备技能 26：systemctl 实践

systemctl 命令功能强大，包含众多查询和管理子命令。小朱现在已开始接触系统服务管理方面的工作，所以张经理让小朱认真研究 systemctl 命令的基本用法。张经理打算先带着小朱完成一个简单的实验，下面是张经理的操作步骤。

微课

V8-12 systemctl
实践

第 1 步，使用 systemctl 命令查看系统当前是否已加载 sshd 服务，如例 8-24.1 所示。可以看到，sshd 服务已加载。

例 8-24.1：systemctl 实践——查看 sshd 服务信息

```
[zys@centos8 ~]$ su – root
[root@centos8 ~]# systemctl list-units | grep sshd
sshd.service    loaded active    running    OpenSSH server daemon
```

第 2 步，使用 status 子命令查看 sshd 服务的状态，如例 8-24.2 所示。

例 8-24.2：systemctl 实践——查看 sshd 服务的状态

```
[root@centos8 ~]# systemctl status sshd
● sshd.service – OpenSSH server daemon
   Loaded: loaded (/usr/lib/systemd/system/sshd.service; enabled; vend>
   Active: active (running) since Wed 2024-02-28 17:28:07 CST; 4min 42>
     Docs: man:sshd(8)
           man:sshd_config(5)
 Main PID: 1105 (sshd)
    Tasks: 1 (limit: 11093)
```

第 3 步，使用 stop 子命令关闭 sshd 服务，如例 8-24.3 所示。

例 8-24.3：systemctl 实践——关闭 sshd 服务

```
[root@centos8 ~]# systemctl stop sshd
[root@centos8 ~]# systemctl status sshd
```

● sshd.service - OpenSSH server daemon
  Loaded: loaded (/usr/lib/systemd/system/sshd.service; enabled; vend>
  Active: **inactive (dead)** since Wed 2024-02-28 17:33:21 CST; 8s ago
    Docs: man:sshd(8)
          man:sshd_config(5)

第4步，使用ssh命令连接SSH服务，如例8-24.4所示。系统显示连接被拒绝，因为此时SSH服务处于关闭状态。

例8-24.4：systemctl实践——连接SSH服务

[root@centos8 ~]# ssh zys@localhost
ssh: connect to host localhost port 22: Connection refused

第5步，使用start或restart子命令重启sshd服务，如例8-24.5所示。

例8-24.5：systemctl实践——重启sshd服务

[root@centos8 ~]# systemctl start sshd
[root@centos8 ~]# systemctl status sshd
● sshd.service - OpenSSH server daemon
  Loaded: loaded (/usr/lib/systemd/system/sshd.service; enabled; vend>
  Active: **active (running)** since Wed 2024-02-28 17:35:54 CST; 12s ago
    Docs: man:sshd(8)

第6步，重启后连接SSH服务，如例8-24.6所示，SSH服务访问成功。

例8-24.6：systemctl实践——重启后连接SSH服务

[root@centos8 ~]# ssh zys@localhost
zys@localhost's password: <== 输入zys的密码登录
Activate the web console with: systemctl enable --now cockpit.socket
Last login: Wed Feb 28 17:36:47 2024 from ::1
[zys@centos8 ~]$ exit
Connection to localhost closed.
[root@centos8 ~]#

 小贴士乐园——切换桌面环境

一般使用的操作环境是图形用户界面，也就是systemd使用graphical.target创建的操作环境。可以使用get-default子命令查看当前的操作环境，使用set-default子命令切换操作环境。具体方法详见本书配套电子资源。

项目小结

本项目包含两个任务。任务8.1详细介绍了操作系统中非常重要的概念——进程。进程是程序运行后在内存中的表现形式，通过监控进程的运行可以了解系统当前的工作状态。任务8.1还介绍了常用的进程监控和管理命令，包括查询进程静态信息的ps命令和查询进程动态信息的top命令。任务调度是任务8.1的重点，包括进程的前后台切换及任务调度。任务8.2主要介绍了系统的启动过程和系统初始化工具systemd的特点。systemd是Linux最新的初始化工具。systemctl是systemd工具的管理命令，在系统服务管理中发挥着重要的作用。

项目练习题

1. 选择题

（1）关于进程和程序的关系，下列说法错误的是（ ）。

    A. 进程就是运行在内存中的程序

    B. 进程存储在内存中，而程序存储在外部存储设备中

    C. 程序和进程一样，会经历一系列的状态变化

    D. 进程是动态的，程序是静态的

（2）关于进程状态的变化，下列说法正确的是（ ）。

    A. 进程创建后，可直接进入运行状态

    B. 操作系统为进程分配运行所需的空间资源，如果能够满足进程的资源需求，就把进程放入就绪队列，进程转入就绪状态

    C. 如果处于运行状态的进程必须等待某些事件的发生才能继续运行，它就会转入就绪状态

    D. 进程在阻塞状态下，当等待的事件发生时会重新进入运行状态

（3）下列（ ）命令可以详细显示系统的每一个进程。

    A. ps   B. ps -f   C. ps -ef   D. ps -fu

（4）ps 命令和 top 命令的主要区别是（ ）。

    A. ps 命令用于查看普通用户的进程信息，top 命令用于查看 root 用户的进程信息

    B. ps 命令用于查看常驻内存的系统服务，top 命令用于查看普通进程

    C. ps 命令用于查看进程详细信息，top 命令用于查看进程概要信息

    D. ps 命令用于查看进程静态信息，top 命令用于查看进程动态信息

（5）复制一个大文件 bigfile 到/etc/oldfile 中，下列可以将其放入后台运行的命令是（ ）。

    A. cp bigfile /etc/oldfile #   B. cp bigfile /etc/oldfile &

    C. cp bigfile /etc/oldfile $ D. cp bigfile /etc/oldfile @

（6）下列关于 top 命令的说法，错误的一项是（ ）。

    A. top 命令可查看进程的动态信息，每 3s 刷新一次

    B. top 命令只能查看系统进程信息，无法查看系统资源使用情况

    C. top 命令常用于查看系统的资源使用情况及各进程的详细使用信息

    D. 可以通过-d 选项设置 top 命令的刷新间隔

（7）关于后台任务的说法，正确的一项是（ ）。

    A. 通过&将任务放入后台，任务处于运行状态

    B. 使用 fg 命令可以让后台的进程继续运行

    C. 通过&将任务放入后台的效果和按【Ctrl+Z】组合键的效果相同

    D. 使用 bg 命令可以把后台的进程恢复到前台继续运行

（8）下列关于进程优先级的说法，正确的一项是（ ）。

    A. 进程的优先级在进程创建时确定，运行时无法修改

    B. 进程的优先级可以修改，但是只有 root 用户能修改

    C. 普通用户可以修改自己创建的进程的优先级

    D. 普通用户可以把自己创建的进程的优先级调整得更高

（9）想要通过 kill 命令强制终止一个 PID 为 11270 的进程，正确的做法是（　　）。

    A．kill −d 11270　　　　　　　　　B．kill −l　1270

    C．kill −f 11270　　　　　　　　　D．kill −9 11270

（10）关于进程的权限，下列说法错误的是（　　）。

    A．进程也有所有者和属组两个属性

    B．创建进程时，进程自动继承对应程序文件的所有者和属组

    C．默认情况下，进程的属组就是执行者所属的用户组

    D．默认情况下，进程的所有者就是执行这个文件的用户

（11）关于 SUID，下列说法正确的是（　　）。

    A．执行设置了 SUID 权限的程序文件时，进程的所有者即执行者

    B．可以为二进制程序文件和目录设置 SUID 权限，但不能为 Shell 脚本文件设置 SUID 权限

    C．只能为二进制程序文件设置 SUID 权限

    D．为文件设置 SUID 权限后，在其属组执行权限上会出现 s

（12）关于 SGID，下列说法错误的是（　　）。

    A．可以为二进制程序文件和目录设置 SGID 权限

    B．为二进制程序文件设置 SGID 权限时，进程将拥有文件属组的权限

    C．SGID 权限对二进制程序文件生效的前提是执行者对该文件具有执行权限

    D．用户在具有 SGID 权限的目录中创建的目录不会自动继承 SGID 权限

（13）关于 SBIT，下列说法错误的是（　　）。

    A．普通用户无法为文件设置 SBIT 权限，但 root 用户可以

    B．只能为目录设置 SBIT 权限

    C．用户在目录中新建的文件和目录，只有该用户和 root 用户能够将其删除

    D．SBIT 权限生效的前提是用户对目录具有执行和写权限

（14）关于任务调度，下列说法正确的是（　　）。

    A．at 命令用于设置周期调度任务

    B．crontab 命令用于设置一次性调度任务

    C．使用 crontab 命令设置任务时，最小的时间调度单位是分钟

    D．使用 at 命令设置的任务只有在 CPU 负载比较低时才会执行

（15）在 Linux 操作系统启动过程中，下列过程会完成加载设备驱动程序、挂载根文件系统等任务的是（　　）。

    A．BIOS 自检　　　　　　　　　　B．启动引导程序

    C．加载操作系统内核　　　　　　　D．操作系统初始化

（16）关于 Linux 初始化工具 systemd，下列说法错误的是（　　）。

    A．systemd 不兼容 SysVinit 启动脚本，无法使用 SysVinit 脚本启动系统服务

    B．systemd 并行启动系统服务，即同时启动多个互不依赖的系统服务

    C．systemd 支持按需响应的服务启动方式，当有用户使用这个服务时就启动它

    D．systemd 把系统服务定义为一个服务单元，每个服务单元都有对应的单元配置文件

2．填空题

（1）进程存储在＿＿＿＿＿＿＿＿＿中，而程序存储在＿＿＿＿＿＿＿＿＿中。

（2）根据常用的进程五态模型，进程的状态包括＿＿＿＿＿＿＿＿、＿＿＿＿＿＿＿＿、

＿＿＿＿＿＿＿＿、＿＿＿＿＿＿＿＿和＿＿＿＿＿＿＿＿。

（3）常用于查看进程静态和动态信息的命令分别是＿＿＿＿＿＿＿＿和＿＿＿＿＿＿＿＿。

（4）要使程序以后台方式执行，只需在要执行的命令后跟上一个＿＿＿＿＿＿＿＿符号，通过这种方式放入后台的进程处于＿＿＿＿＿＿＿＿状态。

（5）＿＿＿＿＿＿＿＿命令可以把后台的进程恢复到前台继续运行。

（6）如果想让后台暂停的进程重新开始运行，则可以使用＿＿＿＿＿＿＿＿命令。

（7）文件除了包括读、写和执行等基本权限外，还包括＿＿＿＿、＿＿＿＿和＿＿＿＿等特殊权限。

（8）crontab 命令的配置文件中，时间调度单位分别是＿＿＿＿＿＿＿＿、＿＿＿＿＿＿＿＿、＿＿＿＿＿＿＿＿、＿＿＿＿＿＿＿＿和＿＿＿＿＿＿＿＿。

（9）配置一次性任务，可以使用＿＿＿＿＿＿＿＿和＿＿＿＿＿＿＿＿命令。

（10）Linux 操作系统的启动过程分为 4 步，分别是＿＿＿＿、＿＿＿＿、＿＿＿＿和＿＿＿＿。

（11）systemd 是常驻内存的守护进程，PID 为＿＿＿＿＿＿＿＿，其他所有的进程都是 systemd 的直接或间接子进程。

（12）systemctl 命令启动、停止和重启服务的子命令分别是＿＿＿＿＿＿、＿＿＿＿和＿＿＿＿＿＿。

3. 简答题

（1）简述进程和程序的关系。

（2）简述常用的进程五态模型中进程状态之间的变化关系。

（3）简述进程和文件权限的关系。

（4）简述 Linux 操作系统的启动过程。

（5）简述 systemd 的特点。

4. 实训题

【实训 1】

本实训的主要任务是练习使用进程监控和管理的常用命令，切换前台任务和后台任务，以及设定调度任务。请根据以下内容完成进程管理练习。

（1）使用 ps 命令查看系统当前的所有进程。

（2）使用 ps 命令查看当前登录用户的所有进程。

（3）使用 top 命令查看系统当前的资源使用情况，每 5s 刷新一次。

（4）编写一个 Shell 脚本，每隔 20s 输出一条信息，连续执行 10min。

（5）使用&符号执行这个 Shell 脚本，将其放入后台运行。

（6）使用 jobs 命令查看后台任务信息。

（7）使用 fg 命令将后台任务调入前台运行。

（8）按【Ctrl+Z】组合键将其放入后台，此时后台任务处于暂停状态。

（9）使用 bg 命令将后台任务转入运行状态继续运行。

（10）使用 kill 命令强行终止后台任务。

（11）使用 at 命令设定一个任务，在当前时间的 5min 后执行第（4）步中编写的 Shell 脚本。

（12）使用 crontab 命令设定一个任务，在每年的 6 月 1 日 19 时 28 分（执行时间可自定义）执行第（4）步中编写的 Shell 脚本。

【实训 2】

本实训的主要任务是通过学习系统启动的主要步骤，了解系统初始化工具 systemd 的特点，练习使用 systemctl 命令管理系统服务的常用操作。请根据以下内容练习 systemctl 命令常用操作。

（1）研究系统启动的主要步骤及其完成的功能。

（2）学习系统初始化工具 systemd 的特点。

（3）使用 systemctl 命令查询系统当前已加载单元。

（4）使用 systemctl 命令查询指定状态的系统服务单元。

（5）使用 systemctl 命令查询所有单元配置文件。

（6）使用 systemctl 命令查询 sshd 服务活动状态。

（7）使用 systemctl 命令停止 sshd 服务。

（8）使用 systemctl 命令重启 sshd 服务。

（9）使用 systemctl 命令把 sshd 服务设为开机自动启动。

运维篇：让工作更轻松

亲爱的同学们：

在快节奏的IT运维领域，自动化运维已成为系统管理员提升运维效率、减少运维错误的最佳选择之一。作为广泛流行的服务器操作系统，Linux拥有强大的自动化运维能力。这主要得益于Shell脚本与Python等工具的强大功能及深度融合。本篇中，我们将一起探索这些工具在Linux自动化运维中的应用。

Shell是Linux操作系统为用户提供的操作界面，负责解释用户输入的命令并交给内核执行。Bash Shell是现今Linux中最流行的Shell，提供了丰富的内置命令和环境变量，以及管道、重定向等功能。Shell不仅是用户与操作系统交互的桥梁，也是自动化运维的起点。Shell脚本是一种基于Shell命令的解释型编程语言，它允许运维人员将一系列Shell命令组合成一个可执行的脚本文件，从而实现运维任务的自动化，如自动执行周期性任务、批量处理文件、监控系统状态等。Shell脚本不仅简化了复杂的命令行操作，还提高了代码的复用性和可维护性。在编写Shell脚本时，运维人员可以充分利用Bash提供的条件判断、循环和函数等编程结构以构建复杂的自动化流程。同时，还可以在Shell脚本中调用外部程序，集成更多的第三方工具和服务。

虽然Shell脚本在自动化运维中发挥了重要作用，但Python的出现为自动化运维带来了更多可能性。Python作为一种功能强大的编程语言，简单易学，语法简单。但Python最吸引人的地方则在于其拥有数量庞大、种类齐全、功能丰富的类库和框架支持，程序员能够借此编写复杂的自动化运维脚本。此外，Python还支持面向对象编程、异常处理、模块和包等高级编程特性，这也使得编写更加健壮、可维护性更好的自动化脚本成为可能。而基于Python的自动化运维工具的使用，如Ansible等，则可以实现更高级的自动化部署和管理。

自动化运维是一个复杂而又充满挑战的领域，要求运维人员具备深厚的理论功底、娴熟的实践技能以及丰富的实战经验。同学们，你们准备好了吗？为了让系统更稳定、更安全地运行，撸起袖子加油干吧！

你们的学习伙伴和朋友

张运嵩

项目9
学习Shell脚本

09

学习目标

知识目标

- 熟悉 Bash Shell 的基本元素和常用操作。
- 熟悉基础正则表达式的规则。
- 了解 Shell 脚本的基本概念和执行方法。
- 熟悉 Shell 脚本分支结构和循环结构的类型和用法。
- 了解 Shell 脚本中函数的定义和使用方法。

能力目标

- 熟练掌握 Bash 变量的基本用法。
- 熟练掌握 Bash Shell 重定向和管道命令。
- 熟练使用基础正则表达式进行简单的行匹配操作。
- 熟练使用分支结构和循环结构编写 Shell 脚本。
- 能够编写和使用 Shell 函数。

素质目标

- 编写 Shell 脚本的分支结构，强化公平、公正信念，学会公平、公正地对待不同的人和事。
- 编写 Shell 脚本的循环结构，明白在日常工作生活中，往往要通过反复练习和持之以恒的努力才能掌握一项技能或实现目标。
- 练习正则表达式，学会对复杂的事物进行分类整理和归纳总结。

项目引例

　　经过这段时间的学习，小朱感觉自己进步很大。就在小朱准备休息一下的时候，张经理提醒他，相比于Linux的"浩瀚海洋"，目前学习的知识只能算是"一条小河"。如果没有学会Bash Shell脚本就停下脚步，就好比是"买椟还珠"。因为Bash Shell脚本才是Linux的精华所在。尤其是在Linux自动化运维领域，Shell脚本是非常重要的工具。如果能够熟练掌握Shell脚本，肯定可以极大地提高工作效率。听完张经理的这番话，小朱又有了新的学习方向。他决定振奋精神，继续踏上Linux学习之路。

任务 9.1 Bash Shell 基础

任务陈述

前文曾多次提到 Shell，并且在 Shell 终端窗口中使用 Linux 命令完成了很多工作。本任务将重点介绍 Shell 的重要概念和使用方法。Bash 是 CentOS 8 默认的 Shell，因此本任务的所有实例均在 Bash 中运行。

 知识准备

9.1.1 认识 Bash Shell

Shell 位于操作系统内核外层。从功能上来说，Shell 与图形用户界面是一样的，作用都是给用户提供一个与内核交互的操作环境。但是通过 Shell 完成工作效率往往更高，而且能让用户对工作的原理和流程更加清晰。学习 Shell 不用考虑兼容性的问题，因为同一个 Shell 在不同的 Linux 发行版中的使用方式是相同的。

V9-1 各种不同的 Shell

Linux 系统中有多种不同类型的 Shell，CentOS 8 中默认的 Shell 是 Bash Shell，简称 Bash。Bash 是布莱恩·福克斯（Brian Fox）于 1987 年为 GNU 计划编写的 Shell。Bash 的第 1 个正式版本于 1989 年发布，原本只是为 GNU 操作系统开发，但实际上它能运行于大多数类 UNIX 操作系统中，Linux 与 Mac OS 等都将它作为默认 Shell，从这一点足以看出它的优秀。Bash 是 Bourne Shell 的扩展和超集，而后者是 UNIX 操作系统最初使用的 Shell。Bash 是 Bourne Shell 的开源版本，与 Bourne Shell 完全向后兼容，并且在 Bourne Shell 的基础上增加、增强了很多特性。Bash 有许多特色，可以提供如命令自动补全、命令别名和命令历史记录等功能，拥有灵活和强大的编程接口，同时又有友好的用户界面。

9.1.2 Bash 变量

和程序设计语言中的变量一样，Bash 变量也用一个固定的字符串代表可能发生变化的内容。这个固定的字符串被称为变量名，而它所代表的内容就是变量的值。举例来说，可以用变量 fname 保存文件路径，如/home/zys/tmp/file1。在这个例子中，fname 是变量名，/home/zys/tmp/file1 是变量的值。在 Bash 中引入变量能够简化 Shell 脚本的编写，使 Shell 脚本更简洁，也更易维护。变量还为进程间共享数据提供了一种新的手段，这一点将在后续的例子中详细展示。

1. 变量的使用

（1）读取变量值

在命令行中读取变量值最简单的方法是使用 echo 命令，具体的使用方法如下。

echo $variable_name   或   echo ${variable_name}

其中，*variable_name* 是变量名。echo 命令会把变量的值显示在终端窗口中，未定义的变量值为空。例 9-1 演示了使用这两种方法读取变量值的操作。

V9-2 Bash 变量的基本用法

例 9-1：读取变量值

```
[zys@centos8 ~]$ echo $SHELL       // 第 1 种方法，SHELL 是一个环境变量
/bin/bash       <== 这是 SHELL 变量的值
[zys@centos8 ~]$ echo ${SHELL}     // 第 2 种方法
/bin/bash
[zys@centos8 ~]$ echo ${shell}     // shell 变量未定义
```

```
        <==  变量值为空
[zys@centos8 ~]$
```

注意　虽然$variable\_name$和${variable\_name}$都可以读取变量的值，但其实这两种方法在某些场合会产生不同的效果。在设置变量值时尤其要注意这两种方法的区别，具体区别在哪请大家接着往下看。

（2）设置变量

使用变量之前必须先定义一个变量并设置变量的值，具体的方法如下。

variable_name=variable_value

variable_name 和 *variable_value* 分别表示变量名和变量的值，所以设置变量的方法其实很简单，只要把变量名和变量的值用赋值符号"="连接起来即可。如果这个变量名已经存在，那么这个操作的实际效果就是修改变量的值，如例 9-2 所示。

例 9-2：设置变量值

```
[zys@centos8 ~]$ fname=/etc/os-release          // 定义 fname 变量并为其赋值
[zys@centos8 ~]$ echo $fname
/etc/os-release
[zys@centos8 ~]$ fname=/etc/centos-release      // 修改 fname 变量的值
[zys@centos8 ~]$ echo $fname
/etc/centos-release
```

虽然设置变量的方法看似很简单，但其实有很多细节需要注意，否则很可能出现意想不到的错误。下面是设置变量时必须遵循的规则。

① 变量名由字母、数字和下画线组成，但首字符不能是数字。例如，6fname 不是一个合法的变量名。

② 变量名和变量的值用赋值符号"="连接，但"="左右不能直接连接空格。联想到 Shell 命令的语法，就知道这个要求是合理的。因为如果"="两侧有空格，Shell 就会把变量名当作命令去执行。

③ 如果变量值中有空格，则可以使用双引号或单引号把变量值引起来，但是要切记双引号和单引号的作用是不同的。具体来说，双引号中的特殊字符（如$）会保留特殊含义，而单引号中的所有字符都是一般字符。当使用一个变量的值为另一个变量赋值时，这个区别会有所体现，如例 9-3 中，SHELL是一个环境变量。在设置新变量 myshell1 的值时，用双引号把$SHELL 包含在内，最终的效果是 Bash读取 SHELL 变量的值并把它作为 myshell1 变量值的一部分。设置新变量 myshell2 的值时用的是单引号，所以 Bash 把"$SHELL"这 6 个字符本身作为 myshell2 变量值的一部分。如果不了解双引号和单引号的这个区别，则很可能在设置变量值时出错。

例 9-3：双引号和单引号的作用

```
[zys@centos8 ~]$ echo $SHELL
/bin/bash
[zys@centos8 ~]$ myshell1="my shell is $SHELL"
[zys@centos8 ~]$ echo $myshell1
my shell is /bin/bash          <== 代入 SHELL 变量的值
[zys@centos8 ~]$ myshell2='my shell is $SHELL'
[zys@centos8 ~]$ echo $myshell2
my shell is $SHELL             <== 把"$SHELL"本身作为变量值的一部分
```

④ 可以使用命令的执行结果为变量赋值，方法是将命令放到一对反单引号中，或者将命令放到一

对小括号中，并加上前导符$，如下所示。

> *variable_name*=\`*command*\` 或 *variable_name*=$(*command*)

例 9-4 演示了如何使用 date 命令的执行结果为变量赋值。

例 9-4：使用 date 命令的执行结果为变量赋值

```
[zys@centos8 ~]$ curdate=`date`          // 使用反单引号获取命令执行结果
[zys@centos8 ~]$ echo $curdate
2024 年 02 月 28 日 星期三 19:24:08 CST
[zys@centos8 ~]$ curdate=$(date)         // 使用小括号和前导符$获取命令执行结果
[zys@centos8 ~]$ echo $curdate
2024 年 02 月 28 日 星期三 19:24:19 CST
```

⑤ 还可以通过 read 命令将用户的输入赋值给变量。基本的用法是 read 命令后跟变量名，也可以通过-p 选项设置输入提示，如例 9-5 所示。

例 9-5：通过 read 命令为变量赋值

```
[zys@centos8 ~]$ read fname               // 从键盘上获取变量 fname 的值
/etc/os-release        <==输入这一行然后按 Enter 键
[zys@centos8 ~]$ echo $fname
/etc/os-release
[zys@centos8 ~]$ read -p "Your last name:" lastname    // 设置输入提示
Your last name:zhang
[zys@centos8 ~]$ echo $lastname
zhang
```

⑥ Bash 变量的默认数据类型是字符串。因此，默认情况下，var=123 和 var="123"的效果是相同的，但 var=8 和 var=3+5 是完全不同的。因为 Bash 不会把 3+5 视作一个算术表达式。如果想修改变量的数据类型，可以使用 declare 命令，如例 9-6 所示。-i 选项的作用是把变量的数据类型修改为整数。declare 命令仅支持整数的数值运算，所以 8/5 的结果取整为 1，而且赋值为浮点数时 Bash 会提示语法错误。

例 9-6：使用 declare 命令修改变量的数据类型

```
[zys@centos8 ~]$ declare -i var=3*7        // 将变量 var 声明为整数
[zys@centos8 ~]$ echo $var
21
[zys@centos8 ~]$ var=8/5                    // 取整
[zys@centos8 ~]$ echo $var
1
[zys@centos8 ~]$ var=2.3                    // 赋值为浮点数
bash: 2.3: 语法错误: 无效的算术运算符 (错误符号是 ".3")
```

⑦ 可以使用 unset 命令取消或删除变量，只要在 unset 命令后跟变量名即可，如例 9-7 所示。

例 9-7：使用 unset 命令删除变量

```
[zys@centos8 ~]$ myshell="my shell is $SHELL" // 定义新变量
[zys@centos8 ~]$ echo $myshell
my shell is /bin/bash
[zys@centos8 ~]$ unset myshell               // 删除变量
[zys@centos8 ~]$ echo $myshell
     <== 变量已删除，值为空
[zys@centos8 ~]$
```

⑧ 环境变量通常使用大写字符。为了与环境变量区分开，用户自定义的变量一般使用小写字符，但是这一点不是强制性的。

2．环境变量

前文介绍的变量都是用户自己定义的，可以称为自定义变量。和自定义变量相对的是操作系统内置的变量，即环境变量。环境变量在登录操作系统后就默认存在，往往用于保存重要的系统参数，如文件和命令的默认搜索路径、系统语言编码、默认 Shell 等。环境变量可以被系统中的所有应用共享。使用 env 命令和 export 命令可以查看系统当前的环境变量，如例 9-8 所示。注意：环境变量都以大写字母表示。

V9-3　几个特殊的
Bash 变量

例 9-8：查看环境变量

```
[zys@centos8 ~]$ env          // 也可以使用 export 命令查看
LANG=zh_CN.UTF-8
HOSTNAME=centos8
USERNAME=zys
```

$和?是 Shell 脚本中常用的两个变量。$$可以用来查看当前 Bash 的 PID，$?则用来返回上一条命令的状态码。命令执行完都会返回一个状态码，一般用 0 表示成功，非 0 表示失败或异常。在 Shell 脚本中经常根据前一条命令的执行结果决定后续执行步骤。$$和$?的基本用法如例 9-9 所示。

例 9-9：$$和$?的基本用法

```
[zys@centos8 ~]$ echo $$    // 查看当前 Bash 进程的 PID
4985
[zys@centos8 ~]$ bash       // 创建 Bash 子进程
[zys@centos8 ~]$ echo $$    // 查看子进程的 PID
5109
[zys@centos8 ~]$ echo $?
0          <== 上一条命令（即 echo $$）执行成功
[zys@centos8 ~]$ ls /etc/centos-release2
ls: 无法访问'/etc/centos-release2': 没有那个文件或目录
[zys@centos8 ~]$ echo $?
2          <== 上一条命令（即 ls /etc/centos-release2）执行异常
[zys@centos8 ~]$ echo $?
0          <== 上一条命令（即 echo $?）执行成功
[zys@centos8 ~]$ exit       // 退出 Bash 子进程
```

3．变量的作用范围

在 Bash 中使用变量必须先定义，否则变量的值为空，这一点是前文已经介绍过的。但定义了一个变量后是否可以一直使用，或者说是否可以在任何地方使用。答案要视情况而定。

这里要先简单说明进程的概念。事实上，每打开一个 Bash 窗口就在操作系统中创建了一个 Bash 进程，在 Bash 窗口中执行的命令也都是进程。前者称为父进程，后者则称为子进程。子进程运行时，父进程一般处于"睡眠"状态。子进程执行完毕，父进程重新开始运行。现在的问题是：在父进程中定义的变量，子进程是否可以继续使用？例 9-10 给出了答案。

例 9-10：在父进程中定义变量

```
[zys@centos8 ~]$ p_var="variable in parent process" // 在父进程中定义的变量
[zys@centos8 ~]$ bash                 // 使用 bash 命令创建子进程
[zys@centos8 ~]$ echo $p_var          // 这里已经处于子进程的工作界面
       <== 子进程中没有 p_var 变量，所以输出为空
[zys@centos8 ~]$ exit   // 退出子进程
exit
[zys@centos8 ~]$        // 返回父进程的工作界面
```

使用 bash 命令可以在当前 Bash 进程中创建一个子进程，同时进入子进程的工作界面。使用 exit 命令可以退出子进程。可以看出，默认情况下，子进程不会继承父进程定义的变量，因此子进程中显示的变量值为空。如果想让父进程中定义的变量在子进程中可以继续使用，则要借助前文提到的 export 命令，如例 9-11 所示。

例 9-11：export 命令的使用

```
[zys@centos8 ~]$ p_var="variable in parent process"
[zys@centos8 ~]$ export p_var          // 允许子进程使用该变量
[zys@centos8 ~]$ bash
[zys@centos8 ~]$ echo $p_var
variable in parent process             <== 子进程继承了该变量
[zys@centos8 ~]$ exit
```

export 命令解决了父子进程共享变量的问题，但 export 命令不是万能的。一方面，export 命令是单向的，即父进程把变量传递给子进程后，如果在子进程中修改了变量值，那么修改后的变量值无法传递给父进程，关于这一点，大家可以自己动手验证。另一方面，如果我们重新打开一个 Bash 窗口，会发现 p_var 变量并没有迁移过去。这涉及 Bash 的环境配置文件，具体原因会在小贴士乐园部分详细说明。

现在请大家思考一个问题：子进程定义的变量是否可以在父进程中继续使用？请大家自己动手实践，这里不演示。

9.1.3 通配符和特殊符号

通配符是 Bash 的一项非常实用的功能，尤其是当我们需要查找满足某种条件的文件名时，通配符往往能发挥巨大的作用。有些符号在 Bash 中有特殊的含义，这些特殊符号是我们在学习 Bash 时需要特别留意的。本小节就来学习 Bash 中的通配符和特殊符号。

1. 通配符

通配符用特定的符号对文件名进行模式匹配，也就是用特定的符号表示文件名的某种模式。当 Bash 在解释命令的文件名参数时，如果遇到这些特定的符号，就用相应的模式对文件名进行扩展，生成已存在的文件名并将其传递给命令。常用的通配符如表 9-1 所示。

微课

V9-4 Bash
通配符和特殊符号

表 9-1 常用的通配符

符号	含义
*	匹配 0 个或任意多个字符，也就是可以匹配任何内容
?	匹配任意单一字符
[ ]	匹配中括号内的任意单一字符，如[xyz]代表可以匹配 x、y 或者 z
[^]	如果中括号内的第 1 个字符是^，表示反向匹配，即匹配中括号内的字符之外的其他任意单一字符。如[^xyz]表示匹配除 x、y 和 z 之外的任意单一字符
[-]	-代表范围，如 0-9 表示匹配 0~9 的所有数字，a-z 表示匹配从 a~z 的所有小写字母

如果表中的解释不好理解，则可以通过例 9-12 来体验通配符的方便之处。

例 9-12：通配符的基本用法

```
[zys@centos8 ~]$ mkdir tmp
[zys@centos8 ~]$ cd tmp
[zys@centos8 tmp]$ touch f1 f2 F1 F2 file1
[zys@centos8 tmp]$ ls *          // 匹配任意文件
```

```
f1    F1    f2    F2    file1
[zys@centos8 tmp]$ ls f?              // 匹配文件名以 f 开头，后跟一个字符的文件
f1    f2
[zys@centos8 tmp]$ ls f*              // 匹配文件名以 f 开头的所有文件
f1    f2    file1
[zys@centos8 tmp]$ ls [^f]*           // 匹配文件名不以 f 开头的所有文件
F1    F2
[zys@centos8 tmp]$ ls [fF]?           // 匹配文件名以 f 或 F 开头，后跟一个字符的文件
f1    F1    f2    F2
[zys@centos8 tmp]$ ls f[0-9]          // 匹配文件名以 f 开头，后跟一个数字的文件
f1    f2
```

除了表 9-1 列出的通配符，Bash 还对通配符进行了扩展，以支持更复杂的文件名匹配模式。感兴趣的读者可以自行查找相关资料进行学习。

2. 特殊符号

学习 Bash 时要注意特殊符号的使用。应该尽量避免使用特殊符号作为文件命名，不然很可能出现各种意想不到的错误。Bash 中常见的特殊符号及其含义如表 9-2 所示。

表 9-2　Bash 中常见的特殊符号及其含义

特殊符号	含义
\	反斜线\有两个作用。一是作为转义字符，放在特殊符号之前，仅表示特殊符号本身；二是放在一条命令的末尾，按 Enter 键后可以换行输入命令（其实是转义后续的回车符）
/	斜线/是文件路径中目录的分隔符。以/开头的路径表示绝对路径，/本身表示根目录
|	|是 Bash 的管道符号。管道符号的作用是将管道左侧命令的输出作为管道右侧命令的输入，从而将多条命令连接起来
$	$是变量的前导符号，$后跟变量名，可以读取变量值
&	&可以将 Bash 窗口中的命令作为后台任务执行。后台任务的具体内容详见项目 8
;	在 Bash 窗口中连续执行多条命令时使用分号";"分隔
~	~表示用户的主目录
.	如果文件名以点号"."开头，则表示这是一个隐藏文件。在文件路径中，一个点号表示当前目录，两个点号表示父目录
> 和 >>	>和>>分别表示覆盖和追加形式的输出重定向
< 和 <<	<和<<是 Bash 的输入重定向符号
''	在 Bash 中为变量赋值时，单引号中的内容被视为一个字符串，其中的特殊字符为普通字符
""	和单引号类似，双引号包括的内容被视为一个字符串。但双引号中的特殊字符保留特殊含义，允许变量扩展
``	反单引号中的内容是要执行的具体命令。命令的执行结果可用于为变量赋值或其他用途

9.1.4　重定向操作

经过前文对这些 Linux 命令的介绍，相信大家已经发现一个现象：很多命令通过参数指明其运行所需的输入，同时会把命令的执行结果输出到屏幕中。在这个过程中其实隐含了 Linux 的两个重要概念，即标准输入和标准输出。默认情况下，标准输入通过键盘输入，标准输出通过屏幕（即显示器）输出。也就是说，如果没有特别的设置，Linux 命令从键盘获得输入，并在屏幕中显示执行结果。有时需要重新指定命令的输入和输出（即所谓的重定向），这就涉及在 Linux 命令中进行输出重定向和输入重定向。

1. 输出重定向

如果想对一条命令进行输出重定向，则要在这条命令之后输入大于符号"＞"，并且在其后跟一个文件名，表示将这条命令的执行结果输出到该文件中，如例 9-13 所示。

例 9-13：输出重定向——覆盖方式

```
[zys@centos8 tmp]$ pwd
/home/zys/tmp      <==执行结果默认显示在屏幕中
[zys@centos8 tmp]$ pwd >pwd.result   // 将执行结果输出到文件 pwd.result 中
[zys@centos8 tmp]$ cat pwd.result
/home/zys/tmp
```

从例 9-13 中可以看到，默认情况下，pwd 命令将当前工作目录输出到屏幕中。进行输出重定向后，pwd 命令的执行结果被保存到文件 pwd.result 中。需要特别说明的是，如果输出重定向操作中指定的文件不存在，则系统会自动创建这个文件。如果这个文件已经存在，则输出重定向操作会先清空该文件中的内容，再将结果写入其中。所以，使用>进行输出重定向时，实际上是对原文件的内容进行"覆盖"。如果想保留原文件的内容，即在原文件的基础上"追加"新内容，就必须使用追加方式的输出重定向，如例 9-14 所示。追加方式的输出重定向非常简单，使用两个大于符号>>即可。

例 9-14：输出重定向——追加方式

```
[zys@centos8 tmp]$ cat pwd.result
/home/zys/tmp      <== 当前内容
[zys@centos8 tmp]$ ls -l F*
-rw-r--r--.  1  zys  devteam  0  2 月 29 21:11  F1
-rw-r--r--.  1  zys  devteam  0  2 月 29 21:11  F2
[zys@centos8 tmp]$ ls -l F* >>pwd.result    // 将 ls 命令的结果追加到文件 pwd.result 中
[zys@centos8 tmp]$ cat pwd.result
/home/zys/tmp
-rw-r--r--.  1  zys  devteam  0  2 月 29 21:11  F1
-rw-r--r--.  1  zys  devteam  0  2 月 29 21:11  F2
```

2. 输入重定向

输入重定向是指将原来从键盘输入的数据改为从文件中读取。下面以 bc 命令为例演示输入重定向的使用方法。bc 命令以一种交互的方式进行算术运算，也就是说，用户通过键盘（即标准输入）在终端窗口中输入数学表达式，bc 命令会输出计算结果，如例 9-15 所示。

例 9-15：标准输入——从键盘获得输入

```
[zys@centos8 tmp]$ bc // 进入 bc 交互模式
23+34     <== 这一行通过键盘输入
57        <== 这一行是计算结果
12*3      <== 这一行通过键盘输入
36        <== 这一行是计算结果
quit      <== 退出 bc 交互模式
```

将例 9-15 中的两个数学表达式保存在一个文件中，通过输入重定向使用 bc 命令从这个文件中读取内容并计算结果，如例 9-16 所示。

例 9-16：输入重定向——从文件中获得输入内容

```
[zys@centos8 tmp]$ vim f1 // 添加下面两行内容
23 + 34
12 * 3
[zys@centos8 tmp]$ bc <f1 // 输入重定向：从文件 f1 中获得输入内容
```

```
57
36
[zys@centos8 tmp]$ bc <f1 >f2          // 同时进行输入重定向和输出重定向
[zys@centos8 tmp]$ cat f2
57
36
```

例 9-16 中，把两个数学表达式保存在文件 f1 中，并使用小于符号<对 bc 命令进行输入重定向。bc 命令从文件 f1 中每次读取一行内容进行计算，并把计算结果显示在屏幕中。例 9-16 还演示了在一条命令中同时进行输入重定向和输出重定向，也就是说，从文件 f1 中获得输入内容，并把结果输出到文件 f2 中。大家可以结合前面的示例分析这条命令的执行结果。

9.1.5 Bash 命令流

到目前为止，我们执行命令最常用的方式就是在命令行中输入一条命令，然后按 Enter 键。如果命令太长，则可以在行末输入转义符\换行，之后继续输入命令。不管是否换行输入，这种方式一次只能执行一条命令。有时我们希望连续执行多条命令，或者根据前一条命令的执行结果决定后一条命令是否执行，更多的时候是把前一条命令的执行结果作为后一条命令的输入。这些都涉及本小节要介绍的 Bash 命令流的概念。

微课

V9-6　Bash
命令流

1. 连续执行命令

（1）命令间没有依赖关系

如果想连续执行多条命令，最简单的做法就是在命令行窗口中用分号";"分隔这些命令。这时只要按一次 Enter 键，Bash 就会依次执行这些命令。这种方式适合于命令之间没有依赖关系的情况，也就是说，不管前一条命令的执行是成功还是失败，后一条命令都会执行。如例 9-17 所示，用分号分隔 clear 和 ls 两条命令，这样 ls 命令的输出就显示在屏幕的上方。

例 9-17：连续执行命令——用分号";"分隔命令

```
[zys@centos8 tmp]$ clear ; ls          // 依次执行 clear 和 ls 两条命令
f1   F1   f2   F2   file1   file2   pwd.result
```

（2）命令间有依赖关系

当命令间有依赖关系时，更好的做法是用&&或||这两种命令连接符。这两种符号的含义如表 9-3 所示。

表 9-3　命令连接符及其含义

命令连接符	含义
*cmd*1 && *cmd*2	如果 *cmd*1 执行成功，就接着执行 *cmd*2，否则不执行 *cmd*2
*cmd*1 || *cmd*2	如果 *cmd*1 执行失败，就接着执行 *cmd*2，否则不执行 *cmd*2

判断一条命令执行成功或失败的方法就是使用之前介绍的特殊变量$?。$?的值为 0 表示命令执行成功，不为 0 表示命令执行失败。&&和||的用法如例 9-18 所示。

例 9-18：连续执行命令——&&和||的用法

```
[zys@centos8 ~]$ cd bin && touch file1       // 如果 cd 命令执行成功，就接着执行 touch 命令
-bash: cd: bin: 没有那个文件或目录        <== cd 命令执行失败
[zys@centos8 ~]$ cd bin || mkdir bin          // 如果 cd 命令执行失败就接着执行 mkdir 命令
-bash: cd: bin: 没有那个文件或目录
[zys@centos8 ~]$ ls -ld bin
drwxr-xr-x. 2 zys devteam 6 2 月 29 21:31  bin    <== 目录 bin 已创建
```

当&&和||混合使用时，命令间的逻辑关系会变得很复杂。下面是混合使用&&和||的两种形式，这里分别解释它们的含义。

```
cmd1  &&  cmd2  ||  cmd3
cmd1  ||  cmd2  &&  cmd3
```

理解上面这两种形式的关键是记住两点：第一，要记住&&和||对命令执行结果（$?）的处理方式，即表 9-3 中的规则；第二，命令的执行结果会依次传递到下一个命令连接符进行处理。

具体来说，对第 1 种形式，如果 cmd1 执行成功，则命令执行结果（$?＝0）交给第 1 个命令连接符&&处理。按照表 9-3 的规则，会执行 cmd2。如果 cmd2 执行成功，由于下一个命令连接符是||，因此不会执行 cmd3。如果 cmd2 执行失败，那么会执行 cmd3。如果 cmd1 一开始就执行失败（$?≠0），那么第 1 个命令连接符&&的处理结果是不执行 cmd2，$?会继续传递给后面的"||"处理，结果是执行 cmd3。所以这种形式最终的效果就是：如果 cmd1 执行成功，就接着执行 cmd2，否则就执行 cmd3。

对第 2 种形式可以进行类似的分析。如果 cmd1 执行成功（$?＝0），则第 1 个命令连接符||的处理结果是不执行 cmd2。于是$?传递给第 2 个命令连接符&&，接着执行 cmd3。如果 cmd1 执行不成功（$?≠0），则||的处理结果是执行 cmd2。此时，如果 cmd2 执行成功，那么会接着执行 cmd3，否则不执行 cmd3。

例 9-19 演示了&&和||的混合使用。虽然在这个例子中，两种形式的执行结果相同，但是大家可以按照上面的方法分析命令间的关系，并思考如果 cd bin 命令执行失败，最终结果分别是什么。

例 9-19：连续执行命令——&&和||的混合使用

```
[zys@centos8 ~]$ cd bin && touch file1 || mkdir bin
[zys@centos8 bin]$ ls file1
file1
[zys@centos8 bin]$ cd ..
[zys@centos8 ~]$ cd bin || mkdir bin && ls
file1
```

2．管道命令

简单地说，通过管道命令可以让一条命令的输出成为另一条命令的输入。管道命令的基本用法如例 9-20 所示。

例 9-20：管道命令的基本用法

```
[zys@centos8 ~]$ cat /etc/os-release | wc          // wc 命令把 cat 命令的输出作为输入
     13      17     333
[zys@centos8 ~]$ cat /etc/os-release | wc | wc      // 连续使用两次管道命令
      1       3      24
```

使用管道符号|连接两条命令时，前一条命令（左侧）的输出成为后一条命令（右侧）的输入。还可以在一条命令中多次使用管道符号以实现更复杂的操作。例如，例 9-20 中的最后一条命令中，第 1 个 wc 命令的输出成为第 2 个 wc 命令的输入。

9.1.6　命令别名和命令历史记录

命令别名和命令历史记录是 Bash 提供的两个实用功能，可以在一定程度上提高工作效率。

1．命令别名

前文介绍 Bash 的特性时已经提到，为命令设置别名可以简化复杂的命令，或者以自己习惯的方式使用命令，方便操作。在 Bash 中设置别名非常简单，基本格式如下。

微课

V9-7　命令别名和命令历史记录

> alias   *命令别名* = '命令 [选项] [*参数*]'

下面简要介绍命令别名的基本概念，具体用法详见必备技能 28。

（1）如果没有 alias 关键字，别名的设置和 Bash 变量的几乎是相同的。

（2）单独使用 alias 命令可以查看 Bash 当前已设置的别名。

（3）使用别名还可以替换系统已有的命令。最常用的就是用 rm 代替 rm -i。这样，当使用 rm 命令删除文件时系统会有提示。

（4）在命令行中设置的命令别名只对当前 Bash 进程有效。重新登录 Bash 时，这些别名就会失效。如果想保留别名的设置，则可以在 Bash 的环境配置文件中设置需要的别名。这样，启动 Bash 时会从配置文件中读取相关设置并应用在当前 Bash 进程中。

（5）如果想删除已设置的命令别名，可以使用 unalias 命令。

2. 命令历史记录

Bash 会保存命令行窗口中执行过的命令，当需要查找过去执行过哪些命令或重复执行某条命令时，这个功能特别有用。Bash 把过去执行的命令保存在历史命令文件中，并且为每条命令分配唯一的编号。登录 Bash 时，Bash 会从历史命令文件中读取命令记录并将其加载到内存的历史命令缓冲区中。在当前 Bash 进程中执行的命令也会被暂时保存在历史命令缓冲区中。退出 Bash 时，Bash 会把历史命令缓冲区中的命令记录写入历史命令文件。

Bash 使用 history 命令处理和历史命令相关的操作。直接执行 history 命令可以显示历史命令缓冲区中的命令记录。HISTSIZE 变量指定 history 命令最多可以显示的命令条数，默认值是 1000。历史命令文件一般是~/.bash_history，由 HISTFILE 变量指定。可以通过修改 HISTFILE 变量以使用其他文件保存历史命令。历史命令文件最多可以保存的命令总数是由 HISTFILESIZE 变量指定的，默认值也是 1000。

默认情况下，history 命令只显示命令编号和命令本身。如果想同时显示历史命令的执行时间，则可以通过设置 HISTTIMEFORMAT 变量来实现。

Bash 除了能记录历史命令，还允许我们快速地查找和执行某条历史命令，常用操作如下。

（1）重复执行上一条命令。

在 Bash 命令行中输入!!或!-1 可以快速执行上一条命令。!-*n* 这种形式表示执行最近的第 *n* 条命令。也可以按【Ctrl+P】组合键或键盘的上方向键调出最近一条命令，然后按 Enter 键执行。连续按【Ctrl+P】组合键或上方向键可以一直向前显示历史命令。

（2）通过命令编号执行历史命令。

使用!*n* 可以快速执行编号为 *n* 的历史命令。

（3）通过命令关键字执行历史命令。

使用!*cmd* 可以查找最近一条以 *cmd* 开头的命令并执行。

（4）通过【Ctrl+R】组合键搜索历史命令。

按【Ctrl+R】组合键可以对历史命令进行搜索，找到想要重复执行的命令后按 Enter 键执行，也可以修改历史命令后再执行。

 任务实施

必备技能 27：Bash 综合应用

由于 Bash 是 CentOS 8 默认的 Shell，因此张经理对小朱的要求是熟练掌握 Bash 的基本概念和使用方法。张经理利用为软件开发中心配置开发环境的机会，向小朱演示 Bash 的基本用法。下面是张经理的操作步骤。

微课

V9-8　Bash 综合应用

第 1 步，登录开发服务器，打开一个终端窗口。

第 2 步，张经理需要查看 Bash 的环境变量，主要是 PATH 变量的值，如例 9-21.1 所示。张经理告诉小朱，环境变量是用户登录时系统自动定义的变量，使用 env 命令可以查看系统当前有哪些环境变量，PATH 是其中一个非常重要的环境变量。管道命令是 Bash 中使用最为频繁的命令之一，管道符号|左侧命令的输出作为右侧命令的输入，一定要熟练掌握这种用法。

例 9-21.1：Bash 综合应用——查看环境变量

```
[zys@centos8 ~]$ env | grep -i path
DBUS_SESSION_BUS_ADDRESS=unix:path=/run/user/1000/bus
PATH=/home/zys/.local/bin:/home/zys/bin:/usr/local/bin:/usr/bin:/usr/local/sbin:/usr/sbin
[zys@centos8 ~]$ echo $PATH
/home/zys/.local/bin:/home/zys/bin:/usr/local/bin:/usr/bin:/usr/local/sbin:/usr/sbin
```

第 3 步，软件开发中心会把编译好的可执行二进制文件保存在目录/home/dev_pub/bin 中，张经理要把这个目录添加到 PATH 变量中。这里，张经理定义了一个临时中间变量 devbin，然后将其追加到 PATH 变量尾部，如例 9-21.2 所示。

例 9-21.2：Bash 综合应用——追加环境变量值

```
[zys@centos8 ~]$ devbin=/home/dev_pub/bin
[zys@centos8 ~]$ export PATH=$PATH:$devbin
[zys@centos8 ~]$ echo $PATH
/home/zys/.local/bin:/home/zys/bin:/usr/local/bin:/usr/bin:/usr/local/sbin:/usr/sbin:/home/dev_pub/bin
```

第 4 步，张经理创建目录/home/dev_pub/bin 并进入其中。张经理特意使用";"连接多条命令，如例 9-21.3 所示。

例 9-21.3：Bash 综合应用——使用";"连接多条命令

```
[zys@centos8 ~]$ mkdir /home/dev_pub/bin ; cd /home/dev_pub/bin
mkdir: 无法创建目录 "/home/dev_pub/bin"：权限不够
-bash: cd: /home/dev_pub/bin: 权限不够
```

这一步操作没有成功，张经理让小朱分析失败的原因。小朱仔细分析后认为，因为用户 zys 没有在目录/home/dev_pub 中创建目录的权限，所以 mkdir 命令执行失败。但命令连接符";"不管前一条命令是否成功，都会接着执行后面的 cd 命令。由于目录/home/dev_pub/bin 创建失败，因此 cd 命令执行时也以失败告终。如果想根据前一条命令的执行结果决定后续执行的命令，则可以使用&&和||这两种命令连接符，如例 9-21.4 所示。

第 5 步，张经理同意小朱的分析，并按照小朱的想法进行测试。

例 9-21.4：Bash 综合应用——使用&&连续执行多条命令

```
[zys@centos8 ~]$ mkdir /home/dev_pub/bin && cd /home/dev_pub/bin \
> || echo "mkdir failed"
mkdir: 无法创建目录 "/home/dev_pub/bin"：权限不够
mkdir failed
```

第 6 步，小朱的想法得到验证，心里觉得很开心。他看到张经理换行输入命令，就问张经理能不能修改命令提示符以改善操作体验。张经理欣然应允，通过设置环境变量 PS1 和 PS2 满足了小朱的要求，如例 9-21.5 所示。

例 9-21.5：Bash 综合应用——设置命令提示符

```
[zys@centos8 ~]$ su - root
[root@centos8 ~]# PS1="[\u@\h \W][at \t]\$ "
[root@centos8 ~][at 21:40:33]$ PS2=">>>"
```

```
[root@centos8 ~][at 21:40:39]$ mkdir /home/dev_pub/bin &&  \ <== 换行继续输入
>>> chown ss:devteam /home/dev_pub/bin || echo "mkdir failed"
[root@centos8 ~][at 21:41:03]$ ls -ld /home/dev_pub/*
drwxr-xr-x. 2  ss  devteam   6  2月 29 21:42  /home/dev_pub/bin
-rw-r-----. 1  ss  devcenter 0  2月 24 10:46  /home/dev_pub/readme.devpub
[root@centos8 ~][at 21:51:23]$exit
[zys@centos8 ~]$
```

张经理这几步的操作比较复杂，他给了小朱几分钟的思考时间。小朱注意到虽然命令提示符在当前 Bash 环境下发生改变，但是当切换为 root 用户后，之前的修改就失效了。所以这种方式只对当前 Bash 有效。另外，他还注意到张经理在 ls 命令中用到了 Bash 通配符。*可以匹配任意字符，所以这条 ls 命令的作用就是显示目录/home/dev_pub 中的所有内容。

张经理告诉小朱，上面这些只是 Bash 最基础的操作。他叮嘱小朱一定不要浅尝辄止，因为关于 Bash 要学习的知识还有很多。

必备技能 28：命令别名和命令历史记录

命令别名和命令历史记录是 Linux 中的两种常用功能，张经理打算把这两个功能的相关操作再给小朱演示一遍。张经理首先演示命令别名的使用方法。下面是张经理的操作步骤。

第 1 步，张经理使用 ll 代替 ls -l 命令，然后使用 vi 替代 vim，这是很多 Linux 用户都会使用的常用别名，如例 9-22.1 所示。张经理还单独使用 alias 命令查看系统当前有哪些别名。

例 9-22.1：命令别名和命令历史记录——设置 ll 和 vi 别名

```
[zys@centos8 ~]$ cd tmp
[zys@centos8 tmp]$ alias ll='ls -l'
[zys@centos8 tmp]$ ll file1 file2          // 和 ls -l 命令的作用相同
-rw-r--r--. 1  zys  devteam 11  2月 29 21:19  file1
-rw-r--r--. 1  zys  devteam 6   2月 29 21:20  file2
[zys@centos8 tmp]$ alias vi=vim
[zys@centos8 tmp]$ alias ll vi
alias ll='ls -l'
alias vi='vim'
```

第 2 步，用 rm 代替 rm -i，如例 9-22.2 所示。

例 9-22.2：命令别名和命令历史记录——代替已有命令

```
[zys@centos8 tmp]$ rm file1
[zys@centos8 tmp]$ alias rm='rm -i'
[zys@centos8 tmp]$ rm file2
rm: 是否删除普通文件 'file2'? y
```

第 3 步，删除第 1 步设置的 ll 别名，如例 9-22.3 所示。

例 9-22.3：命令别名和命令历史记录——删除命令别名

```
[zys@centos8 tmp]$ alias ll
alias ll='ls -l'
[zys@centos8 tmp]$ unalias ll
[zys@centos8 tmp]$ alias ll
-bash: alias: ll: 未找到
```

下面张经理向小朱演示命令历史记录的使用方法。

第 4 步，张经理使用 history 命令显示历史命令缓冲区中的命令历史记录，以及最近 3 条历史命令。同时，张经理还查看和命令历史记录相关的几个环境变量的默认值，如例 9-22.4 所示。

例 9-22.4：命令别名和命令历史记录——显示命令历史记录及相关变量

```
[zys@centos8 tmp]$ history | more
  15  clear
  16  cd /tmp/
  17  clear
[zys@centos8 tmp]$ history 3
 1016  history | more
 1017  clear
 1018  history 3
[zys@centos8 tmp]$ echo $HISTSIZE
1000
[zys@centos8 tmp]$ echo $HISTFILE
/home/zys/.bash_history
[zys@centos8 tmp]$ echo $HISTFILESIZE
1000
```

第 5 步，小朱希望既能看到命令编号和命令本身，又能看到历史命令的执行时间，张经理告诉他可以通过设置环境变量 HISTTIMEFORMAT 的值实现这个功能，如例 9-22.5 所示。

例 9-22.5：命令别名和命令历史记录——显示历史命令的执行时间

```
[zys@centos8 tmp]$ HISTTIMEFORMAT="%F %T "
[zys@centos8 tmp]$ history 2
 1024  2024-02-29 21:51:16 HISTTIMEFORMAT="%F %T "
 1025  2024-02-29 21:51:20 history 2
```

第 6 步，张经理向小朱演示重复执行上一条命令的快速操作。小朱说自己平时都是通过键盘的上方向键调出最近一条命令，然后按 Enter 键执行。张经理告诉他除此之外还有其他方法，如例 9-22.6 所示。

例 9-22.6：命令别名和命令历史记录——重复执行上一条命令

```
[zys@centos8 tmp]$ mkdir sub_dir
[zys@centos8 tmp]$ !!          //执行上一条命令
mkdir sub_dir
mkdir: 无法创建目录 "sub_dir"：文件已存在
```

第 7 步，使用 !n 可以快速执行编号为 n 的历史命令，如例 9-22.7 所示。

例 9-22.7：命令别名和命令历史记录——通过命令编号执行历史命令

```
[zys@centos8 tmp]$ history 2
 1031  2024-02-29 21:52:44 mkdir sub_dir
 1032  2024-02-29 21:52:50 history 2
[zys@centos8 tmp]$ !1031        // 执行编号为 1031 的命令
mkdir sub_dir
mkdir: 无法创建目录 "sub_dir"：文件已存在
```

第 8 步，使用 !cmd 查找最近一条以 cmd 开头的命令并执行，使用 !ls 重复执行 ls file2 命令，如例 9-22.8 所示。

例 9-22.8：命令别名和命令历史记录——通过命令关键字执行历史命令

```
[zys@centos8 tmp]$ ls f1
f1
[zys@centos8 tmp]$ ls f2
f2
[zys@centos8 tmp]$ !ls
```

```
ls f2
f2
```

做完这个实验，小朱再次折服于 Bash 的强大功能，同时也更加清楚地认识到自己目前所掌握的知识还远远不够，需要继续努力学习。

 ## 小贴士乐园——Bash 环境配置文件

打开一个 Bash 窗口就进入了 Bash 的操作环境。Bash 允许用户根据个人习惯配置操作环境，如配置命令提示符的格式、配置命令的历史记录等。这些配置往往离不开 Bash 的环境配置文件。不同类型的 Shell 对应不同的环境配置文件，具体信息详见本书配套电子资源。

任务 9.2　正则表达式

 ### 任务陈述

正则表达式用于匹配特定模式的字符串，Linux 中的很多工具都支持正则表达式。使用正则表达式可以让系统管理员快速处理大量的文本文件，从中提取所需的信息，提高工作效率。本任务将介绍基础正则表达式的使用方法，并通过实际的例子演示正则表达式的强大功能。

 ### 知识准备

9.2.1　认识正则表达式

Linux 系统管理员的日常工作之一就是从大量的系统日志文件中提取需要的信息，或者对文件的内容进行查找、替换或删除操作，正则表达式（Regular Expression）是 Linux 系统管理员完成这些工作的"秘密武器"。如果没有正则表达式，那么系统管理员只能打开每一个文件逐行查找和比对，这样不仅效率低下，还非常容易出错。正则表达式极大地提高了系统管理员的工作效率和准确性。

正则表达式的处理对象是字符串，它使用一系列符号对字符串进行模式匹配。正则表达式并不是一个具体的命令，而是一套对字符串进行模式匹配的规则的集合。支持正则表达式的命令有很多，如 grep、vim、sed、awk 等。总的来说，正则表达式有下面 3 个作用。

（1）验证数据的有效性。例如，在一个用户注册页面中，可以利用正则表达式对用户的个人信息进行验证，检查用户的身份证号码或手机号码的格式是否正确，或者密码的复杂性是否满足要求。

（2）替换文本内容。可以先用正则表达式匹配文档中的特定文本，然后将其删除或替换为其他文本。

（3）从字符串中提取子字符串。根据正则表达式设定的模式匹配规则从字符串中提取一个子字符串，多用于从文档中查找特定文本。

虽然普通的 Linux 用户可能不经常使用正则表达式，但是对于系统管理员来说，正则表达式是不可或缺的。正是因为有了正则表达式，系统管理员才得以从海量的日志信息中解脱出来，将关注点集中于有用的信息。下面我们先学习基础正则表达式（Basic Regular Expression），然后在小贴士乐园部分学习扩展正则表达式（Extended Regular Expression）。

9.2.2　基础正则表达式用法

正则表达式从给定的文本中选择满足条件的字符串，常用于对文件的行内容进行匹配。正则表达式可以匹配普通字符串，也可以使用复杂的字符串模式匹配特定的字符串。本节使用 grep 命令演示基础正则表达式支持的匹配模式，用到的示例文件 reg_file 的内容如例 9-23 所示。其中，第 3 行是空行。

微课

V9-9　基础正则表达式用法

例 9-23：基础正则表达式用法——示例文件内容

```
[zys@centos8 ~]$ cd tmp
[zys@centos8 tmp]$ vim reg_file          // 输入下面几行内容
Repeat the dose after 12 hours if necessary
She dozed off in front of the fire with her "cat"

He hesitated for the merest frAction of a second,
and he said:"ohhhhhhhho, it hurts me"
```

（1）匹配普通字符串

正则表达式最简单的用法是直接查找特定的字符串。如果字符串中包含空格，则可以将其包含在单引号或双引号中。如果字符串中包含特殊字符，则可以使用转义符\，如例 9-24 所示。

例 9-24：基础正则表达式用法——匹配普通字符串

```
[zys@centos8 tmp]$ grep -n dose reg_file          // 匹配普通字符串
1:Repeat the dose after 12 hours if necessary
[zys@centos8 tmp]$ grep -n 'for the' reg_file          // 使用引号包含空格
4:He hesitated for the merest frAction of a second,
[zys@centos8 tmp]$ grep -n \"cat\" reg_file          // 使用转义符
2:She dozed off in front of the fire with her "cat"
```

（2）匹配字符集合

在正则表达式中，[ ]中可以包含一个或多个大写字母、小写字母或数字的任意组合，但正则表达式只会匹配其中的一个字符（英文字母和数字都是字符）。因此 do[sz]e 实际上可以匹配 dose 和 doze 两个字符串，而'fr[oA][nc]t'会匹配 front、froct、frAnt、frAct 这 4 个字符串，如例 9-25 所示。

例 9-25：基础正则表达式用法——匹配字符集合

```
[zys@centos8 tmp]$ grep -n 'do[sz]e' reg_file          // 匹配字符集合
1:Repeat the dose after 12 hours if necessary
2:She dozed off in front of the fire with her "cat"
[zys@centos8 tmp]$ grep -n 'fr[oA][nc]t' reg_file          // 连续匹配字符集合
2:She dozed off in front of the fire with her "cat"
4:He hesitated for the merest frAction of a second,
```

（3）匹配字符范围

为了简化对任意英文字母及数字的匹配，可以在[ ]中使用-表示某一范围的数字和字母，如用[a-z]表示从 a～z 的任意一个小写字母，用[A-Z]表示从 A～Z 的任意一个大写字母，用[0-9]表示从 0～9 的任意一个数字。例 9-26 采用这种简便形式实现匹配字符范围的功能。

例 9-26：基础正则表达式用法——匹配字符范围

```
[zys@centos8 tmp]$ grep -n 'fr[a-zA-Z][a-z]t' reg_file          // 连续匹配字符范围
2:She dozed off in front of the fire with her "cat"
4:He hesitated for the merest frAction of a second,
```

这种方法虽然简单，但是其有效性依赖于系统的语言设置（如中文或英文，由环境变量 LANG 控制）。也就是说，按照某些语言的编码规则，a～z 或 A～Z 并不是连续的。为了不受系统语言设置的影响，正则表达式提供了一套特殊符号，用于表示特定范围的字符，如表 9-4 所示。

表 9-4　正则表达式提供的特殊符号及其含义

特殊符号	含义
[:alnum:]	数字和英文大小写字母，即 0～9、A～Z、a～z
[:alpha:]	英文大小写字母，即 A～Z、a～z

特殊符号	含义
[:blank:]	空格和水平制表符（Tab）
[:cntrl:]	键盘上的控制键，如回车符（CR）、换行符（LF）、水平制表符（Tab）、删除符（Del）等
[:digit:]	十进制数字，即0～9
[:graph:]	除了空格和水平制表符以外的其他所有字符
[:lower:]	英文小写字母，即a～z
[:print:]	任何可以被输出的字符
[:punct:]	标点符号，即逗号","、句号"."、问号"?"等
[:upper:]	英文大写字母，即A～Z
[:space:]	空白字符，即空格、水平制表符（Tab）、垂直制表符（VT）、回车符（CR）、换行符（LF）、换页符（FF）
[:xdigit:]	十六进制数字，即0～9、A～F、a～f

例9-27演示了正则表达式中特殊符号的用法。注意，使用这些特殊符号时，必须使用两层[ ]。

例9-27：基础正则表达式用法——特殊符号的用法

```
[zys@centos8 tmp]$ grep -n '[[:digit:]]' reg_file       // 匹配十进制数字
1:Repeat the dose after 12 hours if necessary
[zys@centos8 tmp]$ grep -n '[[:punct:]]' reg_file       // 匹配标点符号
2:She dozed off in front of the fire with her "cat"
4:He hesitated for the merest frAction of a second,
5:and he said:"ohhhhhhhhho, it hurts me"
```

（4）字符反向匹配

[^]表示对[ ]中的内容进行反向匹配，即不包括[ ]中的任意一个字符。例如，如果只想匹配er而不要其前面的h或H，则可以使用例9-28所示的方法。

例9-28：基础正则表达式用法——字符反向匹配

```
[zys@centos8 tmp]$ grep -n '[^hH]er' reg_file       // 字符反向匹配：er前没有h或H
1:Repeat the dose after 12 hours if necessary
4:He hesitated for the merest frAction of a second,
```

字符反向匹配同样适合用-表示的字符范围或表9-4所示的特殊符号，如例9-29所示。注意，使用特殊符号反向匹配时，必须把反向匹配符号^放在两层[ ]之间。

例9-29：基础正则表达式用法——字符范围和特殊符号反向匹配

```
[zys@centos8 tmp]$ grep -n '[^a-zA-Z]f' reg_file       // 结合使用反向匹配和字符范围
2:She dozed off in front of the fire with her "cat"
4:He hesitated for the merest frAction of a second,
[zys@centos8 tmp]$ grep -n '[^[:blank:]]he' reg_file       // 结合使用反向匹配和特殊符号
1:Repeat the dose after 12 hours if necessary
2:She dozed off in front of the fire with her "cat"
4:He hesitated for the merest frAction of a second,
```

（5）匹配行首和行尾

使用正则表达式还可以非常简单地找到以某个单词或某种模式开头或结尾的行。^*str* 表示以字符串 *str* 开头的行，而 *str*$ 表示以字符串 *str* 结尾的行，如例9-30所示。

例9-30：基础正则表达式用法——匹配行首与行尾

```
[zys@centos8 tmp]$ grep -n '^She' reg_file       // 匹配行首字符串
2:She dozed off in front of the fire with her "cat"
```

```
[zys@centos8 tmp]$ grep -n '^[RH]' reg_file        // 匹配行首字符
1:Repeat the dose after 12 hours if necessary
4:He hesitated for the merest frAction of a second,
[zys@centos8 tmp]$ grep -n '^[[:lower:]]' reg_file  // 结合使用行首匹配和特殊符号
5:and he said:"ohhhhhhhhho, it hurts me"
[zys@centos8 tmp]$ grep -n 'ary$' reg_file          // 匹配行尾字符串
1:Repeat the dose after 12 hours if necessary
```

这里要特别提醒大家注意^和[ ]的位置。如果^在[ ]内部，则表示字符反向匹配。如果^在[ ]外部，则表示匹配行首字符。匹配行首、行尾的一种特殊用法是用^$表示空行，如例9-31所示。

例9-31：基础正则表达式用法——匹配空行

```
[zys@centos8 tmp]$ grep -n '^$' reg_file            // 匹配空行
3:
```

（6）匹配任意字符和重复字符

在正则表达式中，.表示匹配任意一个字符，且一个.只能匹配一个字符，如例9-32所示。

例9-32：基础正则表达式用法——匹配任意一个字符

```
[zys@centos8 tmp]$ grep -n 'o.d' reg_file           // o和d之间只有一个字符
4:He hesitated for the merest frAction of a second,
[zys@centos8 tmp]$ grep -n 'o..d' reg_file          // o和d之间有两个字符
2:She dozed off in front of the fire with her "cat"
```

如果要匹配0个或多个相同的字符，则可以使用*。*表示其前面的字符可以出现0次、一次或多次，如例9-33所示。

例9-33：基础正则表达式用法——匹配0个或多个相同的字符

```
[zys@centos8 tmp]$ grep -n 'o[a-z]*d' reg_file      // o和d之间有任意多个字符
2:She dozed off in front of the fire with her "cat"
4:He hesitated for the merest frAction of a second,
[zys@centos8 tmp]$ grep -n 's*' reg_file            // s出现0或多次
1:Repeat the dose after 12 hours if necessary
2:She dozed off in front of the fire with her "cat"
3:
4:He hesitated for the merest frAction of a second,
5:and he said:"ohhhhhhhhho, it hurts me"
```

在例9-33中，s*表示字母s可以出现0次或多次。也就是说，不管s有没有出现，都满足匹配的条件。如果要匹配s至少出现一次的行，应使用ss*；匹配s至少出现两次的行，应使用sss*。

如果想精确地限制字符出现的次数，则可以借助范围限定符{}。由于{和}在Shell中有特殊含义，因此必须使用转义符\对其进行转义。范围限定符的一般形式是\{m,n\}，表示字符可以出现m~n次，也可以使用\{m\}表示正好出现m次，使用\{$m,$\}表示至少出现m次，或使用\{,n\}表示最多出现n次，如例9-34所示。

例9-34：基础正则表达式用法——精确限制字符次数

```
 [zys@centos8 tmp]$ grep -n 'oh\{5,9\}o' reg_file   //o之后的h出现5~9次
5:and he said:"ohhhhhhhhho, it hurts me"
[zys@centos8 tmp]$ grep -n 's\{2\}' reg_file        // s出现2次
1:Repeat the dose after 12 hours if necessary
[zys@centos8 tmp]$ grep -n 's\{1,\}' reg_file       // s至少出现1次
1:Repeat the dose after 12 hours if necessary
4:He hesitated for the merest frAction of a second,
5:and he said:"ohhhhhhhhho, it hurts me"
```

```
[zys@centos8 tmp]$ grep -n 'off\{,1\}' reg_file          // of 之后的 f 最多出现 1 次
2:She dozed off in front of the fire with her "cat"
4:He hesitated for the merest frAction of a second,
```

表 9-5 所示为基础正则表达式的用法总结。

表 9-5　基础正则表达式的用法总结

表达式	含义	示例
str	匹配文本中的普通字符串 *str*	grep dose file1
[...]	匹配[ ]中的任意一个字符	grep 'do[sz]e' file1
[x-y]	匹配[ ]中的字符范围，如[0-9]、[A-Z]、[a-z]	grep 'fr[a-zA-Z][a-z]t' file1
特殊符号	特定的字符范围，如[:digit:]	grep [[:digit:]] file1
[^...]	反向匹配[ ]中的任意一个字符	grep '[^hH]er' file1
^*str*	以字符串 *str* 开头的行	grep '^She' file1
str$	以字符串 *str* 结尾的行	grep 'She$' file1
^$	空行	grep "^$" file1
.	任意一个字符	grep 'o.d' file1
*char**	字符 *char* 连续出现 0 次或多次	grep 's*' file1
char\{m,n\}	字符 *char* 连续出现 *m*～*n* 次	grep 'oh\{5,9\}o' file1
char\{m\}	字符 *char* 连续出现 *m* 次	grep 's\{2\}' file1
char\{m,\}	字符 *char* 至少连续出现 *m* 次	grep 's\{1,\}' file1
char\{,n\}	字符 *char* 最多连续出现 *n* 次	grep 'off\{,1\}' file1

任务实施

必备技能 29：正则表达式综合应用

小朱之前已经多次使用 grep 命令，也用过正则表达式。张经理为了考查小朱对正则表达式的掌握程度，从系统日志文件/var/log/messages 中选取部分内容，让小朱利用这个文件练习正则表达式的应用。示例文件内容如例 9-35.1 所示。

微课

V9-10　正则
表达式综合应用

例 9-35.1：正则表达式综合应用——示例文件内容

```
[zys@centos8 tmp]$ vim messages
Jan 31 18:20:01 centos7 systemd: Created slice User Slice of root.
Jan 31 18:20:01 centos7 kernel: Started session 7 of user root.
Jan 31 20:50:19 centos7 systemd: Started Hostname Service.
Jan 31 20:50:15 centos7 kernel: sda7: WRITE SAME failed. Manually zeroing.
Jan 31 20:50:22 centos7 kernel: XFS (sda8): Ending clean mount
Jan 31 21:43:02 centos7 kernel: Bluetooth: RFCOMM ver 1.11
```

下面是小朱的操作。

第 1 步，从文件中找出包含 systemd 字符串的文本行，如例 9-35.2 所示。

例 9-35.2：正则表达式综合应用——匹配普通字符串

```
[zys@centos8 tmp]$ grep -n systemd messages
1:Jan 31 18:20:01 centos7 systemd: Created slice User Slice of root.
3:Jan 31 20:50:19 centos7 systemd: Started Hostname Service.
```

第 2 步，从文件中找出包含 sys 或 ses 的文本行，如例 9-35.3 所示。

例 9-35.3：正则表达式综合应用——匹配字符集合

```
[zys@centos8 tmp]$ grep -n 's[ye]s' messages
1:Jan 31 18:20:01 centos7 systemd: Created slice User Slice of root.
2:Jan 31 18:20:01 centos7 kernel: Started session 7 of user root.
3:Jan 31 20:50:19 centos7 systemd: Started Hostname Service.
```

第 3 步，从文件中找出特定时间段的文本行，如例 9-35.4 所示。

例 9-35.4：正则表达式综合应用——匹配字符串范围

```
[zys@centos8 tmp]$ grep -n '20:50:[1-2][0-5]' messages
4:Jan 31 20:50:15 centos7 kernel: sda7: WRITE SAME failed. Manually zeroing.
5:Jan 31 20:50:22 centos7 kernel: XFS (sda8): Ending clean mount
```

第 4 步，使用正则表达式的特殊符号查找连续包含两个大写字母的文本行，如例 9-35.5 所示。

例 9-35.5：正则表达式综合应用——正则表达式特殊符号

```
[zys@centos8 tmp]$ grep -n '[[:upper:]][[:upper:]]' messages
4:Jan 31 20:50:15 centos7 kernel: sda7: WRITE SAME failed. Manually zeroing.
5:Jan 31 20:50:22 centos7 kernel: XFS (sda8): Ending clean mount
6:Jan 31 21:43:02 centos7 kernel: Bluetooth: RFCOMM ver 1.11
```

第 5 步，使用字符反向匹配功能查找 er 前没有小写字母的文本行，如例 9-35.6 所示。

例 9-35.6：正则表达式综合应用——字符反向匹配

```
[zys@centos8 tmp]$ grep -n '[^[:lower:]]er' messages
3:Jan 31 20:50:19 centos7 systemd: Started Hostname Service.
```

第 6 步，匹配以英文字母结尾的行，如例 9-35.7 所示。

例 9-35.7：正则表达式综合应用——匹配行尾

```
[zys@centos8 tmp]$ grep -n '[[:alpha:]]$' messages
5:Jan 31 20:50:22 centos7 kernel: XFS (sda8): Ending clean mount
```

第 7 步，匹配空行，如例 9-35.8 所示。

例 9-35.8：正则表达式综合应用——匹配空行

```
[zys@centos8 tmp]$ grep -n '^$' messages
[zys@centos7 tmp]$
```

第 8 步，匹配任意字符和重复字符，如例 9-35.9 所示。

例 9-35.9：正则表达式综合应用——匹配任意字符和重复字符

```
[zys@centos8 tmp]$ grep -n 'ooo*' messages
1:Jan 31 18:20:01 centos7 systemd: Created slice User Slice of root.
2:Jan 31 18:20:01 centos7 kernel: Started session 7 of user root.
6:Jan 31 21:43:02 centos7 kernel: Bluetooth: RFCOMM ver 1.11
[zys@centos8 tmp]$ grep -n '[[:upper:]]\{4,\}' messages
4:Jan 31 20:50:15 centos7 kernel: sda7: WRITE SAME failed. Manually zeroing.
6:Jan 31 21:43:02 centos7 kernel: Bluetooth: RFCOMM ver 1.11
```

张经理看得出小朱的基本功比较扎实，已经能够熟练使用基础正则表达式的各种匹配规则。他要求小朱学习扩展正则表达式的相关规则，并比较基础正则表达式和扩展正则表达式的不同。

 小贴士乐园——扩展正则表达式

一般来说，基础正则表达式可以满足大部分日常工作需求。在有些情况下，为了简化正则表达式的语法，可以使用更高级的扩展正则表达式。扩展正则表达式对基础正则表达式的规则进行了扩展，提供了更多的匹配模式，在语法上也更加简单。具体内容详见本书配套电子资源。

任务 9.3 Shell 脚本

 任务陈述

Shell 脚本是 Linux 自动化运维的主要工具，Linux 操作系统启动时会使用 Shell 脚本启动各种系统服务。Shell 脚本包含一组 Linux 命令，执行 Shell 脚本就相当于执行其中的命令。Shell 脚本更强大的功能在于它支持脚本编程语言，能够实现复杂的业务逻辑。本任务将学习 Shell 脚本的基本概念和编写方法。

知识准备

9.3.1 认识 Shell 脚本

Shell 脚本是 Linux 系统管理员和运维人员不可或缺的工具。本任务将简单介绍 Shell 脚本的基本概念和使用方法，重点演示 Shell 脚本中分支结构和循环结构的语法和使用方法。

微课

V9-11　Shell 脚本
入门

1. Shell 脚本的基本概念

Shell 脚本在 Linux 自动化运维中发挥着重要作用，如系统服务监控和启停、业务部署、数据处理和备份、日志分析等。Shell 脚本就是一个包含许多 Linux 命令的文件，即脚本文件。Shell 会读取脚本文件中的命令并按照特定的顺序执行。在命令行窗口中能够执行的命令都可以放在脚本文件中执行，包括 Bash 的内置命令、命令别名或外部命令等。

Shell 脚本的功能强大，这主要得益于它支持以编程的方式编写命令。具体地说，Shell 脚本支持高级程序设计语言中的一些编程要素，如变量、数组、表达式、函数等，从而支持算术运算和逻辑判断，以及更高级的分支结构和循环结构等程序结构。这样，Shell 执行脚本文件时就不再是线性的，而是可以根据实际需求灵活设计的。因此，Shell 脚本也可以看作一种编程语言。和 C 语言、Java 等编译型的高级编程语言不同的是，Shell 脚本语言是一种解释型的语言。Shell 是解释器，负责解释并执行脚本文件中的语句。需要说明的是，不同的 Shell 支持的脚本语言并不完全相同。但是这些差异并不影响我们对 Shell 脚本的学习和使用。本任务所讲的所有 Shell 脚本都是在 Bash 环境中执行的，介绍的语法也都是 Bash 所支持的。

2. Shell 脚本的结构

例 9-36 所示是一个非常简单的 Shell 脚本文件。下面以这个脚本文件为例讲解 Shell 脚本的结构。

例 9-36：Shell 脚本范例

```
[zys@centos8 ~]$ cd shell
[zys@centos8 shell]$ vim myscript.sh
#!/bin/bash
# This is my first shell script

echo "Hello world..."
```

脚本文件的第 1 行一般是以#！开头的特殊说明行，如例 9-36 中的#!/bin/bash。它的作用是指明这个脚本使用哪种 Shell 语法以及应该交由哪种 Shell 解释执行。

以#开头的注释行会被 Shell 直接忽略。对于脚本开发和维护人员来说，注释是非常有必要的。限于篇幅，下文的脚本将尽量减少注释。但在实际工作中，强烈建议大家在脚本中添加必要的注释。除了注释，Bash 对于空行、空格或制表符（Tab）也是直接忽略的。在脚本中添加这些空白内容主要是为了让脚本更加清晰、更有条理，提高脚本的可读性。

默认情况下，Shell 按照从上到下的顺序依次执行脚本文件中的命令。一行可以包含一条或多条命令。如果命令比较长，则可以使用转义符\换行后继续输入命令。这些和前文介绍的 Linux 命令行窗口的操作方式是相同的。

9.3.2 脚本执行与返回

1. 执行 Shell 脚本

下面以例 9-36 所示的脚本为例，介绍执行 Shell 脚本的 3 种方式并说明它们的区别。脚本前两行内容暂时不必关注，只需注意最后一行的 echo 命令。

（1）为脚本文件设置执行权限

第 1 种方式是设置脚本文件的执行权限，指定脚本文件的绝对路径或相对路径后直接执行，如例 9-37 所示。

微课

V9-12　Shell 脚本的执行方式

例 9-37：Shell 脚本执行方式——设置执行权限

```
[zys@centos8 shell]$ chmod a+x myscript.sh        // 为脚本文件设置执行权限
[zys@centos8 shell]$ ls -l myscript.sh
-rwxr-xr-x.  1  zys  devteam  67  2 月 29 22:39  myscript.sh
[zys@centos8 shell]$ ./myscript.sh                // 输入脚本文件名直接执行
Hello world...
```

（2）使用 sh 命令或 bash 命令

第 2 种方式是使用 sh 命令或 bash 命令执行脚本文件，只要把文件名作为 sh 命令或 bash 命令的参数即可。sh 其实是 bash 的链接文件，如例 9-38 所示。不管脚本文件有没有执行权限，都可以采用这种方式执行。

例 9-38：Shell 脚本执行方式——sh 命令或 bash 命令

```
[zys@centos8 shell]$ which sh
/usr/bin/sh
[zys@centos8 shell]$ ls -l /usr/bin/sh
lrwxrwxrwx.  1  root  root  4  1 月 12 2021  /usr/bin/sh  ->  bash
[zys@centos8 shell]$ sh myscript.sh    // 相当于 bash myscript.sh
Hello world...
```

（3）使用 source 命令或 "."

第 3 种方法是使用 source 命令或点号 "." 执行脚本文件，后跟脚本文件名，如例 9-39 所示。这种方法和之前学习 Bash 时用 source 命令或点号 "." 加载 Bash 环境配置文件很像。其实，Bash 环境配置文件本身就是脚本文件。学完本任务的内容后再去查看 Bash 环境配置文件，相信大家会对它们有更深的理解。

例 9-39：Shell 脚本执行方式——source 命令或点号 "."

```
[zys@centos8 shell]$ source myscript.sh        // 相当于 . myscript.sh
Hello world...
```

（4）3 种脚本执行方式的区别

从结果来看，上面 3 种执行方式没有任何区别，但它们其实有一个非常大的不同。对于前两种方式，脚本文件是在当前 Bash 进程的子进程中执行的，而第 3 种方式是直接在当前 Bash 进程中执行的。结合前面对 Bash 变量作用范围的介绍，可以得出一条结论：当使用前两种方式执行脚本文件时，在脚本文件中无法使用父进程创建的变量（除非使用 export 命令进行设置），第 3 种方式则没有这个问题。对上面的脚本文件进行适当修改，可以很好地说明这一点，如例 9-40 所示。

例 9-40：3 种脚本执行方式的区别

```
[zys@centos8 shell]$ vim myscript.sh
#!/bin/bash
```

```
echo "Hello world..."
echo "current pid is $$"                    # 在脚本中查询 PID
echo "value of p_var is '$p_var'"           # 在脚本中使用变量 p_var
[zys@centos8 shell]$ p_var="variable in parent process"       // 在父进程中定义变量 p_var
[zys@centos8 shell]$ echo   $$
4278                    <== 父进程的 PID
[zys@centos8 shell]$ sh   myscript.sh      // 第 2 种执行方式
Hello world...
current pid is 4428      <== 子进程的 PID
value of p_var is "      <== 变量值为空
[zys@centos8 shell]$ source   myscript.sh  // 第 3 种执行方式
Hello world...
current pid is 4278      <== 父进程的 PID
value of p_var is 'variable in parent process'
```

由于 source 命令在当前进程中执行脚本文件，因此如果在脚本文件中创建了一个变量，那么在脚本文件之外也是可以使用该变量的，如例 9-41 所示。正是因为 source 命令的这个特性，我们经常使用它来加载修改过的 Bash 环境配置文件，而不用重新启动 Bash。

例 9-41：在脚本文件之外使用脚本中定义的变量

```
[zys@centos8 shell]$ vim myscript.sh
#!/bin/bash
script_var='variable defined in shell script'           # 在脚本中定义变量
echo $script_var
[zys@centos8 shell]$ source myscript.sh                 // 第 3 种执行方式
variable defined in shell script
[zys@centos8 shell]$ echo   $script_var
variable defined in shell script        <== 脚本之外仍能使用
```

大家应该牢牢记住这 3 种方式的区别，以免使用时出现错误。本任务统一使用第 2 种方式执行脚本文件。如果没有特别说明，则脚本文件位于～/shell 目录中，名为 myscript.sh。

2. 脚本参数

如果把脚本文件名看作一条命令，那么同样可以向脚本文件传递参数。在脚本文件中使用参数时需要借助一些特殊的变量，具体包括以下几个。

（1）$n

n 是参数的编号，如$1 表示第 1 个参数，$2 表示第 2 个参数，以此类推。

（2）$#

$#表示参数的数量。

（3）$*和$@

$*和$@都表示脚本的所有参数，但二者稍有不同。$*把所有参数视作一个整体，形式为 "$1 $2 $3"，参数之间默认用空格分隔。$@的形式是 "$1""$2""$3"，参数之间是独立的。$*和$@的具体区别在后文讲解 for 循环时会详细介绍。

下面对上例中的脚本稍做修改，在执行时输入两个参数，如例 9-42 所示。

例 9-42：脚本参数

```
[zys@centos8 shell]$ vim myscript.sh
#!/bin/bash
echo "Hello world..."
echo "I'm from $1, $2"
```

```
echo "Total of $# parameters: $@"
[zys@centos8 shell]$ sh myscript.sh Jiangsu China          // 输入两个参数
Hello world...
I'm from Jiangsu, China
Total of 2 parameters: Jiangsu China
```

3. 脚本状态码

每个脚本文件执行结束都会向父进程（采用前两种执行方式）或当前进程（采用第 3 种执行方式）返回一个整数类型的状态码，用于表示脚本文件的执行结果。一般用 0 表示执行成功，用非 0 值表示执行失败。这个状态码可以使用$?特殊变量查看。另外，还可以在脚本中使用 exit 命令指定返回值，形式为 exit *n*，其中 *n* 是状态码，取值范围是 0～255，如例 9-43 所示。

例 9-43：指定脚本状态码

```
[zys@centos8 shell]$ vim myscript.sh
#!/bin/bash
echo "Hello world..."
exit 0                    # 在脚本中指定退出状态码为 0
[zys@centos8 shell]$ sh myscript.sh
Hello world...
[zys@centos8 shell]$ echo $?
0
```

Bash 读取到 exit 命令时会把其后的整数作为状态码返回，并结束脚本的运行。如果 exit 命令之后没有明确指定状态码，那么默认返回 exit 命令的前一条命令的状态码。其实脚本文件的末尾都隐含了一条 exit 命令，默认返回文件中最后一条命令的状态码。

9.3.3 运算符和条件测试

使用脚本进行数据处理或日志分析时，经常涉及算术运算、关系运算、文件分析、字符串比较等条件测试操作。Shell 脚本为此提供了丰富的工具和方法，本小节将系统地介绍这些工具和方法。学完本节，读者将能够编写简单的 Shell 脚本来完成数据和文件的各种运算和测试，并为后面编写更复杂的 Shell 脚本打下坚实的基础。

1. 算术运算

变量值的默认类型是字符串，要使用 declare 命令把变量定义为整数才能进行数值运算，这是我们在学习 Bash 变量时就已经了解过的内容。除此之外，在 Shell 脚本中还有其他方法可以进行数值运算。

常见的方法是采用$((表达式))的形式，即$后跟两层小括号，内层的小括号中是算术表达式。$((表达式))只支持整数的算术运算，如果表达式中有变量，则可以不使用$前导符号，如例 9-44 所示。

例 9-44：$((表达式))的基本用法

```
[zys@centos8 shell]$ vim myscript.sh
#!/bin/bash
a=5;b=6
echo   $(( 5 + 6 ))
echo   $(( $a + $b ))
[zys@centos8 shell]$ sh myscript.sh
11
11
```

还可以使用$((表达式))进行整数间的算术比较运算。运算符包括<（小于）、>（大于）、<=（小于或等于）、>=（大于或等于）、==（等于）和!=（不等于）。如果比较结果为真，那么表达式返回 1，否则返回 0，如例 9-45 所示。

例 9-45：$((表达式))的算术比较运算

```
[zys@centos8 shell]$ vim myscript.sh
#!/bin/bash
a=5;b=6
echo   $((a > b))
echo   $((a != b))
[zys@centos8 shell]$ sh myscript.sh
0
1
```

$((表达式))支持非常灵活的表达式。事实上，只要表达式满足 C 语言的运算规则，就都可以放在小括号中进行运算。例 9-46 演示了几个常用的 C 语言表达式。

例 9-46：$((表达式))中的 C 语言表达式

```
[zys@centos8 shell]$ vim myscript.sh
#!/bin/bash
a=5;b=6
echo   $(( a > b ? a : b ))      # 条件运算
echo   $(( a++ ))                # 自增运算
echo   $(( ++a ))                # 自增运算
[zys@centos8 shell]$ sh myscript.sh
6
5
7
```

2. test 条件测试

test 命令主要用于判断一个表达式的真假，即表达式是否成立。可以使用之前介绍过的$?特殊变量获取 test 命令的返回值。如果表达式为真，则 test 命令返回 0，否则返回一个非 0 值（通常为 1）。例如，经常需要在脚本中检查某个文件是否存在，然后根据检查的结果决定下一步的操作。可使用带-e 选项的 test 命令实现这个功能，如例 9-47 所示。

例 9-47：test 命令的基本用法

```
[zys@centos8 shell]$ vim myscript.sh
#!/bin/bash
test -e myscript.sh && echo "exist" || echo "not exist"
test -e myscript2.sh && echo "exist" || echo "not exist"
[zys@centos8 shell]$ sh myscript.sh
exist
not exist
```

test 命令可以进行数值间的关系运算、字符串运算及文件测试，下面分别介绍这些运算的语法。

（1）关系运算

使用 test 命令可以进行整数间的关系运算，关系运算符及其含义如表 9-6 所示。关系运算符只支持整数，不支持字符串，除非字符串的值是整数。关系运算符的用法如例 9-48 所示。

微课

V9-13 Shell 脚本
条件测试

表 9-6 关系运算符及其含义

关系运算符表达式	含义
$n1$ -eq $n2$	当 $n1$ 和 $n2$ 相等时返回真，否则返回假
$n1$ -ne $n2$	当 $n1$ 和 $n2$ 不相等时返回真，否则返回假

关系运算符表达式	含义
*n*1　-gt　*n*2	当 *n*1 大于 *n*2 时返回真，否则返回假
*n*1　-lt　*n*2	当 *n*1 小于 *n*2 时返回真，否则返回假
*n*1　-ge　*n*2	当 *n*1 大于或等于 *n*2 时返回真，否则返回假
*n*1　-le　*n*2	当 *n*1 小于或等于 *n*2 时返回真，否则返回假

例 9-48：test 命令的基本用法——关系运算符

```
[zys@centos8 shell]$ vim myscript.sh
#!/bin/bash
a=11 ; b=16
test $a -eq $b && echo "$a = $b" || echo "$a != $b"
test $a -gt $b && echo "$a > $b" || echo "$a <= $b"
test $a -ge $b && echo "$a >= $b" || echo "$a < $b"
[zys@centos8 shell]$ sh myscript.sh
11 != 16
11 <= 16
11 < 16
```

（2）字符串运算

字符串运算符及其含义如表 9-7 所示。其中，*str* 是待测试的字符串。字符串运算符的用法如例 9-49 所示。

表 9-7　字符串运算符及其含义

字符串运算符表达式	含义
-z　*str*	当 *str* 为空字符串时返回真，否则返回假
-n　*str*	当 *str* 为非空字符串时返回真，否则返回假。-n 可省略
*str*1　==　*str*2	当 *str*1 与 *str*2 相等时返回真，否则返回假
*str*1　!=　*str*2	当 *str*1 与 *str*2 不相等时返回真，否则返回假

例 9-49：test 命令的基本用法——字符串运算符

```
[zys@centos8 shell]$ vim myscript.sh
#!/bin/bash
a="centos"
b=""
test -z "$a" && echo "'$a' is null" || echo "'$a' is not null"
test -n "$b" && echo "'$b' is not null" || echo "'$b' is null"
test "$a" == "centos" && echo "'$a' =  'centos'" || echo "'$a' != 'centos'"
[zys@centos8 shell]$ sh myscript.sh
'centos' is not null
'' is null
'centos' = 'centos'
```

字符串表达式中的常量或变量最好用双引号引起来，否则当其中包含空格时，test 命令的执行会出错，如例 9-50 所示。

例 9-50：test 命令的基本用法——字符串包含空格

```
[zys@centos8 shell]$ vim myscript.sh
    1    #!/bin/bash
```

215

```
     2    os="centos 7"
     3    test $os == "centos 7" && echo "centos 7" || echo "not centos 7"
[zys@centos8 shell]$ sh myscript.sh
myscript.sh: 第 3 行: test: 参数太多
not centos 7
```

在例 9-50 中，使用$os == "centos 7"进行字符串比较时，Bash 用 os 的变量值替换$os，结果表达式变成了 centos 7 == "centos 7"。这个表达式包括 centos、7、centos 7 等 3 个参数，而==运算符只支持两个参数，所以脚本返回"参数太多"的错误。用双引号将$os 引起来就可以避免这个错误，具体操作这里不演示。

（3）文件测试

文件测试的操作比较多，包括文件类型测试、文件权限测试和文件比较测试。表 9-8、表 9-9 和表 9-10 分别列出了这 3 类文件测试的运算符及其含义。其中，*fname*、*fname*1 和 *fname*2 是待测试的文件名。例 9-51 是文件测试的综合示例。

表 9-8　文件类型测试运算符及其含义

文件类型测试表达式	含义
-e *fname*	当文件 *fname* 存在时返回真，否则返回假
-s *fname*	当文件 *fname* 存在且非空时返回真，否则返回假
-f *fname*	当文件类型为普通文件时返回真，否则返回假
-d *fname*	当文件类型为目录文件时返回真，否则返回假
-b *fname*	当文件类型为块设备文件时返回真，否则返回假
-c *fname*	当文件类型为字符设备文件时返回真，否则返回假
-S *fname*	当文件类型为套接字文件时返回真，否则返回假
-p *fname*	当文件类型为管道文件时返回真，否则返回假
-L *fname*	当文件类型为链接文件时返回真，否则返回假

表 9-9　文件权限测试运算符及其含义

文件权限测试表达式	含义
-r *fname*	当文件 *fname* 存在且具有读权限时返回真，否则返回假
-w *fname*	当文件 *fname* 存在且具有写权限时返回真，否则返回假
-x *fname*	当文件 *fname* 存在且具有执行权限时返回真，否则返回假
-u *fname*	当文件 *fname* 存在且具有 SUID 权限时返回真，否则返回假
-g *fname*	当文件 *fname* 存在且具有 SGID 权限时返回真，否则返回假
-k *fname*	当文件 *fname* 存在且具有 SBIT 权限时返回真，否则返回假

表 9-10　文件比较测试运算符及其含义

文件比较测试表达式	含义
*fname*1　-nt　*fname*2	当文件 *fname*1 比文件 *fname*2 新时返回真，否则返回假
*fname*1　-ot　*fname*2	当文件 *fname*1 比文件 *fname*2 旧时返回真，否则返回假
*fname*1　-ef　*fname*2	当文件 *fname*1 和文件 *fname*2 为同一文件时返回真，否则返回假

例 9-51：test 命令的基本用法——文件测试

```
[zys@centos8 shell]$ touch file1 ; ls -l
-rw-rw-r--. 1 zys zys 0 2月 29 20:40 file1
-rwxrwxr-x. 1 zys zys 92 2月 29 20:38 myscript.sh
[zys@centos8 shell]$ vim myscript.sh
#!/bin/bash
f1="myscript.sh"
f2="file2"
test -f "$f1" && echo "$f1: ordinary file " || echo "$f1: not ordinary file"
test -r "$f1" && echo "$f1: readable " || echo "$f1: not readable"
test "$f1" -nt "$f2" && echo "$f1 is newer than $f2" || echo "$f2 is newer than $f1"
[zys@centos8 shell]$ sh myscript.sh
myscript.sh: ordinary file
myscript.sh: readable
myscript.sh is newer than file2
```

（4）布尔运算

可以在 test 命令中对多个表达式进行布尔运算。两个以上的表达式称为复合表达式，复合表达式的值取决于每个子表达式的值。子表达式可以是前文介绍过的关系运算表达式、字符串运算表达式或文件测试表达式。布尔运算有与运算（and）、或运算（or）及非运算（!）3 种，对应的运算符及其含义如表 9-11 所示。布尔运算的基本用法如例 9-52 所示。

表 9-11　布尔运算符及其含义

布尔运算符表达式	含义
*expr*1 -a *expr*2	当表达式 *expr*1 和 *expr*2 同时为真时，复合表达式返回真，否则返回假
*expr*1 -o *expr*2	当表达式 *expr*1 和 *expr*2 任意一个表达式为真时，复合表达式返回真，否则返回假
! *expr*	当表达式 *expr* 为真时返回假，否则返回真

例 9-52：test 命令的基本用法——布尔运算

```
[zys@centos8 shell]$ vim myscript.sh
#!/bin/bash
a=11;b=16
f1="myscript.sh"
f2="file2"
test $a -gt $b -o $a -eq $b && echo "$a >= $b" || echo "$a < $b"
test -e "$f1" -a -r "$f1" && echo "$f1 is readable " || echo "$f1 is not exist or not readable"
[zys@centos8 shell]$ sh myscript.sh
11 < 16
myscript.sh is readable
```

3. 中括号条件测试

中括号[ ]条件测试是和 test 命令等价的条件测试方法，同样支持关系运算、字符串运算、文件测试及布尔运算，只是中括号里的表达式在书写格式上有特别的规定。具体地说，表达式里的操作数、运算符及中括号要用空格分隔。例 9-53 展示了几个使用中括号进行条件测试的例子，大家注意和 test 命令进行对比，看看二者在形式上是不是非常相似。

例 9-53：中括号条件测试基本用法

```
[zys@centos8 shell]$ vim myscript.sh
#!/bin/bash
```

```
a=11;b=16
fname="myscript.sh"
[ $a -eq $b ] && echo "$a = $b" || echo "$a != $b"
[ -n "$fname" -a "$fname" != "file2" ] && echo "'$fname' != 'file2'"   \         # 换行输入
|| echo "'$fname' is null or '$fname' = 'file2'"
[ -w "$fname" ] && echo "$fname is writable" || echo "$fname is not writable"
[zys@centos8 shell]$ sh myscript.sh
11 != 16
'myscript.sh' != 'file2'
myscript.sh is writable
```

9.3.4　分支结构

9.3.3 小节给出了几个在 Shell 脚本中进行条件测试的例子，但其实条件测试更多的是用在分支结构和循环结构中。这两种结构都需要根据条件测试的结果决定后续的操作。本小节先介绍分支结构的使用方法，下一小节再介绍循环结构的使用方法。

从整体形式上看，分支结构有 if 语句和 case 语句两种。相较而言，if 语句的使用范围更加广泛，下面详细介绍如何使用 if 语句进行条件测试。

微课

V9-14　if 分支结构

1. 基本的 if 语句

基本的 if 语句比较简单，只是对某个条件进行测试。如果条件成立就执行特定的操作。基本的 if 语句采用如下结构。

```
if  条件表达式 ；  then
        条件表达式成立时执行的命令
fi
```

关于这个结构，有下面几点需要说明。

（1）if 语句以关键字 if 开头。条件表达式可以采用 9.3.3 小节介绍的 test 命令或中括号[ ]两种形式。中括号条件测试在 if 语句中用得更多一些，所以后面的示例统一使用中括号。条件表达式可以只包含单一的条件测试，也可以是多个条件测试组成的复合表达式。表 9-11 所示的复合表达式都可以在 if 语句中使用。

（2）可以把复合表达式拆分为多个条件测试，每个中括号都包含一个条件测试，然后用&&或||连接各个条件测试。&&表示与关系（and），相当于布尔运算里的-a 运算符。||表示或关系（or），相当于布尔运算里的-o 运算符。

（3）关键字 then 可以和 if 处于同一行，也可以换行书写。处于同一行时，必须在条件表达式后添加分号“;”作为条件表达式的结束符，处于不同行时则不需要添加分号。限于篇幅，后文统一把 then 和 if 置于同一行。

（4）当条件表达式成立时，可以执行一条或多条命令。在脚本的编写方式上，通常使用 Tab 键对命令进行缩进。虽然这不是强制要求，但这样做会让脚本显得有条理、有层次，可读性比较好，所以强烈建议大家从一开始就养成这种良好的脚本编写习惯。

（5）if 语句以关键字 fi 结束。这是一个很有趣的设计，因为 fi 和 if 正好是倒序关系。

例 9-54 演示了基本的 if 语句的用法。需要说明的是，这个例子只是为了演示 if 语句的基本形式，并不算一个结构良好或逻辑严密的脚本。后面将对这个脚本进行优化。

例 9-54：基本的 if 语句的用法

```
[zys@centos8 shell]$ vim myscript.sh
#!/bin/bash
```

```
read -p "Do you like CentOS Linux(Y/N): " ans         # 从键盘读入 ans 变量值
if [ "$ans" == "y" ] || [ "$ans" == "Y" ]; then       # 如果 ans 是 y 或 Y
      echo " Very good!!!"
fi
if [ "$ans" == "n" ] || [ "$ans" == "N" ]; then       # 如果 ans 是 n 或 N
      echo " Oh, I'm sorry to hear that!!!"
fi
[zys@centos8 shell]$ sh myscript.sh
Do you like CentOS Linux(Y/N): Y                      <== 输入 "Y"
Very good!!!
```

2. 多重 if 语句

如果仔细分析例 9-54 中的脚本，我们就会发现它至少有两个不足需要改进：第一，如果输入是 y 或 Y，经过第 1 个 if 语句的测试后，还要在第 2 个 if 语句中进行一次测试，而第二次测试显然是多余的；第二，该脚本假设用户会输入 y、Y、n、N 中的一种，但是这个假设在很多情况下是不成立的，而且对于假设之外的输入，脚本没有给出任何提醒或错误提示。对于第 1 个问题，我们可以通过 if-else 语句加以解决，如下。

```
if   条件表达式 ;   then
      条件表达式成立时执行的命令
else
      条件表达式不成立时执行的命令
fi
```

和基本的 if 语句相比，if-else 语句用关键字 else 指定当 if 条件不成立时执行哪些命令，其余部分完全相同。改进后的脚本如例 9-55 所示。

例 9-55：使用 if-else 语句修改后的脚本

```
[zys@centos8 shell]$ vim myscript.sh
#!/bin/bash
read -p "Do you like CentOS Linux(Y/N): " ans
if [ "$ans" == "y" ] || [ "$ans" == "Y" ]; then
      echo " Very good!!!"
else       # 如果 if 中的条件不成立
      echo " Oh, I'm sorry to hear that!!!"
fi
[zys@centos8 shell]$ sh myscript.sh
Do you like CentOS Linux(Y/N): Y
Very good!!!
```

这一次，如果输入是 y 或 Y，则只会进行 if 后面的条件测试。这确实解决了前面提到的第 1 个问题，但这种改进却引入了一个新问题。因为 if-else 语句是一种 "二选一" 的结构。也就是说，if 和 else 之后的命令肯定有一个会执行，而且只有一个会执行。对于例 9-55 中的脚本而言，y 和 Y 之外的所有输入都会引发脚本执行 else 之后的命令。这不是一个理想的结果。我们希望的结果是：对 y、Y 和 n、N 分别给出不同的提示，对其他输入再给出另外一种提示。if-elif 语句可以帮助我们实现这个目标，如下。

```
if   条件表达式 1 ;   then
      条件表达式 1 成立时执行的命令
elif   条件表达式 2;   then
      条件表达式 2 成立时执行的命令
...
else
```

> *以上所有条件都不成立时执行的命令*

fi

关键字 elif 是 else if 的缩写，if-elif 语句中可以有多条 elif 语句。Bash 从 if 语句中的条件表达式 1 开始检查。如果条件成立就执行对应的命令，执行完之后退出 if-elif 语句。如果条件不成立就继续检查下一条 elif 语句中的表达式，直到某条 elif 语句中的表达式成立。如果 if 语句和所有 elif 语句之后的表达式都不成立，则执行 else 语句之后的命令。使用 if-elif 语句修改后的脚本如例 9-56 所示。

例 9-56：使用 if-elif 语句修改后的脚本

```
[zys@centos8 shell]$ vim myscript.sh
#!/bin/bash
read -p "Do you like CentOS Linux(Y/N): " ans
if [ "$ans" == "y" ] || [ "$ans" == "Y" ]; then
        echo " Very good!!!"
elif [ "$ans" == "n" ] || [ "$ans" == "N" ]; then
        echo " Oh, I'm sorry to hear that!!!"
else        # 如果 if 和 elif 中的条件都不成立
        echo "Wrong answer!!!"
fi
[zys@centos8 shell]$ sh myscript.sh
Do you like CentOS Linux(Y/N): N
Oh, I'm sorry to hear that!!!
[zys@centos8 shell]$ sh myscript.sh
Do you like CentOS Linux(Y/N): X
Wrong answer!!!
```

3. 嵌套 if 语句

在 if 语句中，当条件表达式成立时会执行相应的命令。如果这些命令中包含 if 语句，就形成了嵌套的 if 语句，复杂的 Shell 脚本往往使用这种结构。例 9-57 是一个嵌套 if 语句的简单例子。

例 9-57：嵌套 if 语句

```
[zys@centos8 shell]$ vim myscript.sh
#!/bin/bash
read -p "Do you like CentOS Linux(Y/N): " ans
if [ "$ans" == "y" ] || [ "$ans" == "Y" ]; then
        read -p "Are you sure(Y/N): " ans_confirm
        if [ "$ans_confirm" == "y" ] || [ "$ans_confirm" == "Y" ]; then
                echo "Very good!!!"
        fi
elif [ "$ans" == "n" ] || [ "$ans" == "N" ]; then
        echo "Oh, I'm sorry to hear that!!!"
else
        echo "Wrong answer!!!"
fi
[zys@centos8 shell]$ sh myscript.sh
Do you like CentOS Linux(Y/N): Y
Are you sure(Y/N): Y
Very good!!!
```

内层的 if 语句在语法上和外层的 if 语句完全相同。另外，这个例子中的脚本其实还有优化的空间。因为内层的 if 语句只处理输入是 y 或 Y 的情况，对其他输入没有响应。大家可以自己动手优化这个脚本，这里不演示。

9.3.5　循环结构

循环结构在 Shell 脚本中经常使用。在自动化运维中，经常需要反复执行某种有规律的操作，直到某个条件成立或不成立；还有一种常见的情形是把某种操作执行固定的次数，这些都可以使用循环结构实现。本小节将介绍几种常见的循环结构，以及控制循环结构执行流程的 break 语句和 continue 语句。

微课

V9-15　Shell 脚本的 3 种循环结构

1.　while 循环

while 循环主要用于执行次数不确定的某种操作，结构如下。

```
while   [ 循环表达式 ]
do                                              while   [ 循环表达式 ]  ;  do
    循环体                        或                 循环体
done                                            done
```

关于 while 循环，有以下几点需要说明。

（1）while 循环以关键字 while 开头，后跟循环表达式。循环表达式可以是用 test 命令或中括号表示的简单条件测试，也可以是使用布尔运算符的复合表达式。

（2）循环体是在关键字 do 和 done 之间的一组命令。关键字 do 可以和 while 处于同一行，也可以换行书写。如果处于同一行，则需要在循环表达式后添加分号 "；" 作为表达式结束符。这一点和 if 语句中关键字 if 和 then 的关系相同。

（3）while 循环的执行顺序是：首先检查循环表达式是否成立，成立就执行循环体中的命令，不成立则退出 while 循环结构，循环体执行完之后，再次检查循环表达式是否成立，然后根据检查结果决定是执行循环体还是退出 while 循环结构。所以 while 循环的执行流程可以概括为：只要循环表达式成立，就执行循环体，除非循环表达式不成立。

（4）如果循环表达式第一次的检查结果就为假，则直接退出循环结构，循环体一次也不会执行。所以对于 while 循环来说，循环体的执行次数是 0 到任意次。

（5）循环体中应该包含影响循环表达式结果的操作，否则 while 循环会因为循环表达式永远为真而陷入 "死循环"。

例 9-58 是一个使用 while 循环的简单例子。这个例子使用了一个特殊的 Bash 变量——RANDOM，它会生成一个范围为 0～32767 的随机数。$(($RANDOM*100/32767)) 的作用是把随机数的范围缩小到 0～99。用户猜测一个数字并输入，脚本把随机数和用户输入的数字进行比较，根据比较结果给出相应提示。这个过程一直持续到用户猜出正确的数字。

例 9-58：while 循环的基本用法

```
[zys@centos8 shell]$ vim myscript.sh
#!/bin/bash
random_num=$(( $RANDOM*100/32767 ))          # 生成范围为 0～99 的随机数
read   -p  "Input your guess: " guess_num     # 获取用户输入
while [ $random_num -ne $guess_num ]          # 如果不相等就一直执行
do
    if [ $random_num -gt $guess_num ]; then
        read   -p "Input a bigger num: " guess_num
    else
        read   -p  "Input a smaller num: " guess_num
    fi
done
echo "Great!!!"
[zys@centos8 shell]$ sh myscript.sh
```

Linux操作系统基础项目教程

```
Input your guess: 50
Input a bigger num: 75
Input a bigger num: 87
Input a smaller num: 82
Input a smaller num: 79
Input a bigger num: 81
Input a smaller num: 80
Great!!!
```

2. until 循环

until 循环的结构如下。

until [循环表达式]			until [循环表达式] ； do
do	或		循环体
循环体			done
done			

从形式上看，until 循环仅仅是用关键字 until 替换了关键字 while，但其实 until 循环和 while 循环的含义正好相反。until 循环的执行流程可以概括为：当循环表达式为真时结束循环，否则一直执行循环体。用 until 循环修改例 9-58 的脚本，结果如例 9-59 所示。

例 9-59：until 循环的基本用法

```bash
[zys@centos8 shell]$ vim myscript.sh
#!/bin/bash
random_num=$(( $RANDOM*100/32767 ))
read  -p  "Input your guess: " guess_num
until [ $random_num -eq $guess_num ]              # 如果相等就停止循环
do
    if [ $random_num -gt $guess_num ]; then
        read  -p "Input a bigger num: " guess_num
    else
        read  -p  "Input a smaller num: " guess_num
    fi
done
echo "Great!!!"
[zys@centos8 shell]$ sh myscript.sh
Input your guess: 50
Input a bigger num: 75
Input a bigger num: 87
Input a smaller num: 81
Input a bigger num: 84
Input a bigger num: 86
Great!!!
```

3. for 循环

和前面两种循环不同，for 循环主要用于执行次数确定的某种操作。如果事先知道循环要执行多少次，那么使用 for 循环是最合适的。for 循环的结构如下。

for var in value_list			for var in value_list ； do
do	或		循环体
循环体			done
done			

for 循环以关键字 for 开头。for 循环的关键要素是循环变量 var 和用空格分隔的变量值列表

value_list。for 循环每次把循环变量 *var* 设为 *value_list* 中的一个值，然后代入循环体执行，直到 *value_list* 中的每个值都使用一遍。所以 for 循环的执行次数就是变量值的数量。例 9-60 是一个简单的 for 循环示例，从这个示例中可以清楚地看到 Shell 脚本参数$@和$*的不同。

例 9-60：for 循环的基本用法

```
[zys@centos8 shell]$ vim myscript.sh
#!/bin/bash
i=1 ; j=1
echo 'parameters from $* are: '
for var in "$*"        # 把 $* 中的每个值代入循环
do
     echo "parameter $i : " $var
     i=$(( $i + 1 ))
done
echo 'parameters from $@ are: '
for var in "$@"        # 把 $@ 中的每个值代入循环
do
     echo "parameter $j : " $var
     j=$(( $j + 1 ))
done
[zys@centos8 shell]$ sh myscript.sh Jiangsu China
parameters from $* are:
parameter 1：Jiangsu China
parameters from $@ are:
parameter 1：Jiangsu
parameter 2：China
```

需要注意的是，变量值列表 *value_list* 不能用双引号引起来，不然它会作为一个整体被赋值给循环变量，但列表中的每个变量值都可以用双引号引起来，尤其是当变量值中包含空格时。另外，在实际的自动化运维脚本中，像例 9-60 那样直接把所有的变量值编写到脚本中是不常见的，例 9-60 所示的方式只适用于变量值很少的情形。通常的做法是通过一些命令产生一个变量值列表，具体的做法这里不演示，大家可以查阅相关资料，了解变量值列表的更多形式。

for 循环的另一种形式如下。

```
for  (( 初始化操作；循环表达式；赋值操作 ))
do
     循环体
done
```

这种形式的 for 循环有一个特点：循环变量的取值一般是整数，通过控制取值的上限或下限来确定循环体的执行次数。它的执行流程大致如下。

第 1 步，通过初始化操作为循环变量赋初值。

第 2 步，检查循环表达式是否成立。如果成立则进入第 3 步执行循环体，否则退出 for 循环。

第 3 步，执行循环体。循环体可以包含一条或多条命令，也可以包含分支结构或嵌套循环结构。

第 4 步，通过赋值操作改变循环变量的值。检查循环表达式是否成立。如果成立，则返回第 3 步执行循环体，否则退出 for 循环。

初始化操作、循环表达式和赋值操作可以用类似 C 语言的语法编写，如 i=1、i<8、i=i+1 或 i++ 等，具体语法这里不展开介绍，请大家参考相关资料进一步学习。例 9-61 使用 for 循环计算 1~100 的数值相加的结果。

例 9-61：C 语言形式的 for 循环

```
[zys@centos8 shell]$ vim myscript.sh
#!/bin/bash
sum=0
for (( i=1; i<=100; i++ ))
do
    sum=$(( $sum + $i ))
done
echo "sum(1...100) = $sum"
[zys@centos8 shell]$ sh myscript.sh
sum(1...100) = 5050
```

4. break 语句和 continue 语句

正常情况下，前面所讲的 3 种循环都会持续执行循环体直到某个条件成立（或不成立）。Shell 脚本提供了 break 和 continue 这两种语句，它们和条件测试结合使用可以改变循环结构的执行流程。这两种语句的作用稍有不同。break 语句的作用是终止整个循环结构，也就是退出循环结构。而 continue 语句是终止循环结构的本轮执行，直接进入下一轮循环。下面通过例 9-62 演示 continue 语句的基本用法。

例 9-62：continue 语句的基本用法

```
[zys@centos8 shell]$ vim myscript.sh
#!/bin/bash
sum=0
for (( i=1; i<=100; i++ ))
do
    if [ $(($i % 2)) -eq 0 ]; then        # 如果 i 为偶数停止本轮执行
        continue
    fi
    sum=$(($sum + $i))
done
echo "sum(1...100) = $sum"
[zys@centos8 shell]$ sh myscript.sh
sum(1...100) = 2500
```

在例 9-62 中，for 循环的循环体包括一个 if 条件测试，当循环变量是偶数（即对 2 取余为 0）时执行 continue 语句。continue 语句在这里的作用是停止本轮执行，即不执行为 sum 变量赋值的操作，直接进入 for 循环的赋值操作（i++）。所以这个 for 循环实际计算的是 1～100 之间所有奇数的和。如果把本例中的 continue 换成 break，那么当 i 的值是 2 时，整个 for 循环就终止了，最终的输出应该是 sum(1...100) = 1。大家可以自己动手修改这个脚本来验证结果。

9.3.6　Shell 函数

函数是 Shell 脚本编程的重要内容。函数代表一段已经编写好的代码，或者说函数就是这段代码的"别名"。在脚本中调用函数就相当于执行它所代表的这段代码。引入函数的主要目的是提高代码的复用性和将代码模块化。本小节简单介绍 Shell 函数的基本用法。

1. 定义和使用 Shell 函数

Bash 按照从上到下的顺序执行 Shell 脚本，所以在使用函数时必须先定义一个函数。定义函数的标准格式如下。

微课

V9-16　Shell 函数的基本用法

```
function  函数名 ( )
{
     函数体
     [ return  val ]
}
```

定义函数时有以下几点需要注意。

（1）函数定义以关键字 function 开头，function 后跟函数名，然后是一对小括号。可以省略 function 或小括号，但不能同时将其省略。一般选择有意义的字符串作为函数名，最好让他人看到函数名就能明白函数的主要用途。

（2）大括号括起来的部分称为函数体，也就是调用函数时要执行的命令。

（3）关键字 return 的作用是手动指定函数的返回值或退出码，后文将专门讨论函数的返回值。

（4）和其他绝大多数高级程序设计语言不同的是，调用 Shell 函数时直接使用函数名即可，不需要跟小括号。

例 9-63 演示了 Shell 函数的基本用法。该例定义了一个名为 foo 的函数。该函数从用户那里获得一个输入并给出响应。

例 9-63：Shell 函数的基本用法

```
[zys@centos8 shell]$ vim myscript.sh
#!/bin/bash
function  foo ( )          # 定义一个函数，函数名为 foo
{
     read -p "Do you like CentOS Linux(Y/N): " ans
     if [ "$ans" == "y" ] || [ "$ans" == "Y" ]; then
          echo " Very good!!!"
     elif [ "$ans" == "n" ] || [ "$ans" == "N" ]; then
          echo " Oh, I'm sorry to hear that!!!"
     else
          echo "Wrong answer!!!"
     fi
}

foo        # 调用函数
[zys@centos8 shell]$ sh myscript.sh
Do you like CentOS Linux(Y/N): Y
 Very good!!!
```

2. 参数和返回值

（1）函数参数

大家应该还记得，执行脚本时可以使用参数，其实调用 Shell 函数时也可以使用参数，而且两者使用参数的方法一样，都用到了$@、$*、$#、$n 这几个特殊的变量。不能在定义 Shell 函数时指定参数，这是 Shell 函数和其他编程语言的另一处不同。例 9-64 定义了一个简单的函数 sum()，它的作用是计算传入的两个参数的和。

例 9-64：Shell 函数的基本用法——使用参数

```
[zys@centos8 shell]$ vim myscript.sh
#!/bin/bash
function sum ( )          # 定义一个函数，函数名为 sum
{
     echo 'input parameters are: $@ = "'$@'"'
```

```
        if [ $# -ne 2 ]; then
                echo "usage: sum n1 n2"
                return 1
        fi
        echo "$1 + $2 = " $(($1 + $2))
}

sum 11 16                    # 调用函数，传入两个参数
sum 84                       # 调用函数，传入一个参数
[zys@centos8 shell]$ sh myscript.sh
input parameters are: $@ = "11 16"
11 + 16 =   27
input parameters are: $@ = "84"
usage: sum n1 n2
```

现在给大家提一个问题，如果脚本和函数都带有参数，那么函数中的$1 和$2 等变量究竟表示的是脚本的参数还是函数的参数呢？请大家自己动手编写脚本来验证答案。

（2）函数返回值

Shell 函数的返回值是一个带有迷惑性的概念，经常给熟悉 C 语言或其他高级程序设计语言的人带来困扰。因为 Shell 函数的返回值表示函数是否执行成功（一般返回 0），或者执行时遇到的某些异常情况（一般返回非 0 值），而不是指函数体的运行结果。Shell 函数的返回值通过$?特殊变量获得。以例 9-64 中的 sum()函数为例。使用 sum 11 16 调用 sum()函数，函数执行成功。因此返回值为 0，而不是函数体的运行结果 27。如果使用 sum 84 调用函数，那么返回值就是一个非 0 值（本例中为 1）。所以函数的返回值用退出码表述更准确。可以使用 return 语句手动指定函数的返回值，如果省略，则默认使用函数中最后一条命令的退出码。

有没有办法可以获得函数体的运行结果呢？一种可行的办法是使用 Bash 变量，如例 9-65 所示。注意，这种方法要求我们改变脚本的执行方式，即必须让脚本运行在当前 Bash 进程中。如果脚本在子进程中运行，那么当子进程结束时，对变量的所有修改也会消失。大家可以动手修改脚本进行验证。

例 9-65：Shell 函数的基本用法——返回函数体的运行结果

```
[zys@centos8 shell]$ var_sum=0
[zys@centos8 shell]$ vim myscript.sh
#!/bin/bash
function sum ( )                # 定义一个函数，函数名为 sum
{
        echo 'input parameters are: $@ = "'$@'"'
        if [ $# -ne 2 ]; then
                echo "usage: sum n1 n2"
                return 1
        fi

        var_sum=$(($1 + $2))    # 在函数中定义变量
}

sum 11 16               # 调用函数，传入两个参数
[zys@centos8 shell]$ source myscript.sh              // 注意脚本的调用方式
input parameters are: $@ = "11 16"
[zys@centos8 shell]$ echo $var_sum
27
```

任务实施

必备技能 30：Shell 脚本编写实践

为了向小朱演示 Shell 脚本的强大功能，张经理准备编写一个 Shell 脚本，从文件/etc/passwd 中读取用户信息，并从中筛选出指定用户，输出其用户名、UID 和主目录。实验中用到了本任务介绍的条件测试、分支结构和循环结构，还用到了之前没介绍的 cut 命令。下面是张经理的操作步骤。

V9-17　Shell 脚本
编写实践

第 1 步，登录开发服务器，打开一个终端窗口，切换到目录/home/zys/shell 中。

第 2 步，创建一个脚本文件，名为 getuser.sh。在脚本的开始处，先检查传入脚本的参数数量。由于执行该脚本时需要指定用户名，因此如果参数数量少于 1（即未传入参数），就直接退出脚本，如例 9-66.1 所示。注意：例子中的行号仅用于说明，不要输入脚本文件中。

例 9-66.1：Shell 脚本编写实践——搭建脚本主框架

```
[zys@centos8 shell]$ vim getuser.sh
    1   #!/bin/bash
    2   if [ $# -lt 1 ] ; then        # 如果参数数量少于 1
    3       echo "usage : getuser uname"
    4       exit 1
    5   fi
```

第 3 步，编写用于读取文件的脚本主循环，如例 9-66.2 所示。张经理使用 Shell 脚本中常用的 while 循环结构，每次从文件/etc/passwd 中读取一行内容，然后赋值给 userinfo 变量。在循环体的第 9 行用 echo 命令输出 userinfo 变量的值，这一行只是为了测试每轮循环中 userinfo 变量的值，测试无误后即可删去。

例 9-66.2：Shell 脚本编写实践——编写脚本主循环

```
[zys@centos8 shell]$ vim getuser.sh
    7   cat  /etc/passwd  |  while  read  userinfo      # 从文件/etc/passwd 中读取内容
    8   do
    9       echo  "read test : ( $userinfo )"           # 注意，此行仅测试时使用
   10   done
```

第 4 步，使用 cut 命令从 userinfo 变量中提取用户名、UID 和主目录，如例 9-66.3 所示。cut 命令使用分号“；”作为分隔符，把 userinfo 变量的值分隔为若干字段，然后从中提取第 1、3 和 6 个字段的值，并分别赋值给 uname、uid 和 homedir 这 3 个变量。

例 9-66.3：Shell 脚本编写实践——提取变量值

```
[zys@centos8 shell]$ vim getuser.sh
    9    uname=`echo  $userinfo  |  cut  -d':'  -f  1`    # 提取第 1 个字段的值
   10    uid=`echo  $userinfo  |  cut  -d':'  -f  3`      # 提取第 3 个字段的值
   11    homedir=`echo  $userinfo  |  cut  -d':'  -f  6`  # 提取第 6 个字段的值
```

第 5 步，检查 uname 变量的值是否和传入的用户名相同。如果不相同，则使用 continue 语句结束本轮循环，直接进入下一轮。如果相同，则输出 uname、uid 和 homedir 这 3 个变量的值，如例 9-66.4 所示。

例 9-66.4：Shell 脚本编写实践——检查用户名

```
[zys@centos8 shell]$ vim getuser.sh
   13    if [ "$uname" != "$1" ] ; then      # 如果和传入的用户名相同
   14        continue
```

```
15          else
16              echo "uname=($uname),uid=($uid),homedir=($homedir)"
17          fi
```

第6步，至此，脚本已初具雏形。张经理先演示脚本目前的执行效果，如例9-66.5所示。

例9-66.5：Shell 脚本编写实践——测试脚本

```
[zys@centos8 shell]$ sh getuser.sh              // 不传入参数
usage : getuser uname
[zys@centos8 shell]$ sh getuser.sh zys          // 传入一个真实的用户
uname=(zys),uid=(1000),homedir=(/home/zys)
[zys@centos8 shell]$ sh getuser.sh zyshihihi    // 传入一个不存在的用户
[zys@centos7 bin]$
```

脚本的执行结果看起来符合预期。张经理让小朱思考现在这个版本的脚本有没有可以优化的地方。小朱认真分析脚本后发现，在找到指定的用户后，循环结构并没有马上退出，而是继续读取后续的用户信息。虽然在执行结果中没有体现出来，但其实这降低了脚本的执行效率。小朱建议在找到指定的用户后使用 break 语句退出循环。

第7步，张经理同意小朱的想法，然后对脚本进行了相应修改，如例9-66.6所示。

例9-66.6：Shell 脚本编写实践——找到用户后退出脚本

```
[zys@centos8 shell]$ vim getuser.sh
13          if [ "$uname" != "$1" ] ; then
14              continue
15          else
16              echo "uname=($uname),uid=($uid),homedir=($homedir)"
17              break
18          fi
```

第8步，张经理补充说，如果循环结束之后没有找到指定的用户，脚本最好能给出一条提示信息，这样会提高脚本的易用性。为了实现这个功能，可以先定义一个变量 userfound，默认值设为 0。如果找到指定的用户，就将其值设为 1。在循环外部，根据 userfound 变量的值给出相应的提示。修改后的版本如例9-66.7所示。

例9-66.7：Shell 脚本编写实践——增加错误提示

```
[zys@centos8 shell]$ vim getuser.sh
7     userfound=0          # 变量初始值为 0
8     cat  /etc/passwd  |  while  read  userinfo
9     do
14        if [ "$uname" != "$1" ] ; then
15            continue
16        else
17            userfound=1          # 如果找到用户就设为 1
18            echo "uname=($uname),uid=($uid),homedir=($homedir)"
19            break
20        fi
21    done
22
23    test  $userfound -eq 1  &&  echo  "user $1 exists"  ||  echo  "user $1 not
found"
```

第9步，张经理问小朱这样写有没有问题，小朱信心满满地表示没有任何问题。于是张经理再次对脚本进行测试，如例9-66.8所示。

例 9-66.8：Shell 脚本编写实践——测试脚本

```
[zys@centos8 shell]$ sh getuser.sh zys          // 传入一个真实的用户
uname=(zys),uid=(1000),homedir=(/home/zys)
user zys not found          <== 提示用户不存在
[zys@centos8 shell]$ sh getuser.sh zyshihihi      // 传入一个不存在的用户
user zyshihihi not found      <== 提示用户不存在
```

出乎小朱意料，不管用户是否存在，脚本都提示用户不存在。这说明循环内部对 userfound 变量的赋值没有效果。张经理让小朱思考脚本执行失败的原因。遗憾的是，这个问题的难度超出了小朱的能力范围。看到小朱一筹莫展的样子，张经理告诉他，问题出在循环体的执行方式上。例 9-66.7 中脚本的第 8 行使用了管道操作，cat 命令的输出成为 while 循环的输入。但使用管道时，管道右侧的命令实际会在子进程中执行。根据 9.1.2 小节中关于 Bash 变量的介绍，如果在子进程中修改了变量的值，修改后的变量值是无法传递给父进程的。在本实验中，while 循环在子进程中执行，所以即使在 while 循环体中修改了 userfound 变量的值，在循环的外部（即父进程），userfound 变量的值仍始终为 0。

第 10 步，经过张经理这一番解释，小朱恍然大悟，没想到管道会和 Bash 子进程联系在一起。可是这个问题该如何解决呢？张经理告诉他，使用输入重定向即可避免这个问题，如例 9-66.9 所示。

例 9-66.9：Shell 脚本编写实践——使用输入重定向读取用户信息

```
[zys@centos8 shell]$ vim getuser.sh
    7    userfound=0
    8    #cat  /etc/passwd  |  while  read  userinfo      # 注释这一行
    9    while  read  userinfo          # 添加这一行
   10    do
   22    done < /etc/passwd          # 使用输入重定向从/etc/passwd 文件中读取用户信息
   23
```

第 11 步，张经理又对脚本进行了测试，如例 9-66.10 所示。

例 9-66.10：Shell 脚本编写实践——测试脚本

```
[zys@centos8 shell]$ sh getuser.sh zys          // 传入一个真实的用户
uname=(zys),uid=(1000),homedir=(/home/zys)
user zys exists          <== 提示用户存在
[zys@centos8 shell]$ sh getuser.sh zyshihih      // 传入一个不存在的用户
user zyshihih not found      <== 提示用户不存在
```

现在脚本终于可以正常工作了，完整的脚本如例 9-66.11 所示。小朱感觉自己又从张经理身上学到了宝贵的经验。他也暗自告诉自己，一定要成为像张经理那样优秀的人，不管要付出多少努力。

例 9-66.11：Shell 脚本编写实践——完整的脚本

```
[zys@centos8 shell]$ vim getuser.sh
    1    #!/bin/bash
    2    if [ $# -lt 1 ] ; then
    3            echo "usage : getuser uname"
    4            exit 1
    5    fi
    6
    7    userfound=0
    8    #cat  /etc/passwd  |  while  read  userinfo
    9    while  read  userinfo
   10    do
   11        uname=`echo  $userinfo  |  cut  -d':' -f 1`
   12        uid=`echo  $userinfo  |  cut  -d':' -f 3`
```

```
13          homedir=`echo  $userinfo  |  cut  -d':' -f 6`
14
15      if [ "$uname" != "$1" ] ; then
16              continue
17      else
18              userfound=1
19              echo "uname=($uname),uid=($uid),homedir=($homedir)"
20              break
21      fi
22  done < /etc/passwd
23
24  test  $userfound -eq 1 && echo "user $1 exists" || echo "user $1 not found"
```

小贴士乐园——特殊的 Bash 变量

　　PS1 和 PS2 是两个特殊的 Bash 变量。PS1 用于设置 Bash 的命令提示符，也就是在之前的例子中反复出现的[zys@centos8 ~]$或[root@centos8 ~]#等。读者可以根据个人习惯和实际需要自行设置命令提示符的格式和内容。PS2 也用来设置命令提示符。当使用转义符\换行输入命令，或者某条命令需要接收用户的输入时，后续行的命令提示符就是由 PS2 控制的。具体信息详见本书配套电子资源。

项目小结

　　本项目通过3个任务重点介绍了Bash的基本概念和重要功能、正则表达式的匹配规则及Shell脚本的编写方法。任务9.1介绍了Linux用户经常使用的Bash功能，如通配符、特殊符号、重定向操作、Bash命令流、命令别名和命令历史记录等。即使是普通的Linux用户，也应该熟练掌握这些基本概念和使用技巧。任务9.2介绍的正则表达式包含一套匹配字符串的规则，Linux中有很多命令支持正则表达式。利用正则表达式可以从大量的文本中快速提取所需的有用信息，提高工作效率。Shell脚本是自动化运维的重要工具。任务9.3介绍了常用的条件测试运算符、分支结构、循环结构，以及Shell函数等。在学习时要注意将这些概念付诸实践，通过反复练习来理解其使用方法。

项目练习题

1. 选择题

（1）查看 Bash 变量值的正确方法是（　　　）。

　　A. echo $*var_name*　　　　　　　　B. echo !*var_name*

　　C. echo #*var_name*　　　　　　　　D. echo $(*var_name*)

（2）关于 Bash 变量，下列说法错误的是（　　　）。

　　A. 变量可以简化 Shell 脚本的编写，使 Shell 脚本更简洁，也更易维护

　　B. 变量为进程间共享数据提供了一种新的手段

　　C. 使用变量之前必须先定义一个变量并设置变量的值

　　D. 6name 是一个合法的变量名

（3）下面的变量和 Linux 命令提示符有关的是（　　）。

    A. PATH　　　　　B. HOSTNAME　　　C. SHELL　　　　　D. PS1

（4）关于 Bash 通配符[^]，下列说法正确的是（　　）。

    A. 匹配中括号内的任意单一字符

    B. 如果中括号内的第 1 个字符是^，则表示反向匹配

    C. 匹配 0 个或任意多个字符，也就是可以匹配任何内容

    D. 匹配任意单一字符

（5）Bash 中的特殊符号$的作用是（　　）。

    A. $可以将 Bash 窗口中的命令作为后台任务执行

    B. 在 Bash 窗口中连续执行多条命令时使用符号$分隔

    C. $是变量的前导符号，$后跟变量名可以读取变量值

    D. $表示用户的主目录

（6）关于 Bash 重定向操作，下列说法错误的是（　　）。

    A. 默认情况下，标准输入通过键盘，标准输出通过屏幕

    B. 在一条命令后输入>，并且后跟文件名，表示将命令执行结果输出到该文件中

    C. >>也能实现输出重定向，和>的作用相同

    D. 输入重定向是指将原来从键盘输入的数据改为从文件中读取，使用<实现

（7）下列方法不能实现连续执行多条命令的是（　　）。

    A. cd bin ; ls　　　　　　　　　　　B. mkdir bin && cd bin || ls

    C. mkdir bin || ls && cd bin　　　　　D. cd bin \ ls

（8）下列设置命令别名的方法正确的是（　　）。

    A. rm=rm –i　　　　　　　　　　　　B. alias rm=rm –l

    C. unalias ls=ls –l　　　　　　　　　D. set ls=ls –l

（9）正则表达式的作用不包括（　　）。

    A. 验证数据的有效性　　　　　　　　B. 替换文本内容

    C. 从字符串中提取子字符串　　　　　D. 快速执行多条命令

（10）下列选项使用了正则表达式的反向匹配功能的是（　　）。

    A. grep '^She' reg_file　　　　　　　B. grep dose reg_file

    C. grep 'do[sz]e' reg_file　　　　　　D. grep 'o.d' reg_file

（11）下列方式（　　）可以从文件 reg_file 中匹配 s 至少出现 1 次的文本行。

    A. grep 's*' reg_file　　　　　　　　B. grep 'ss*' reg_file

    C. grep 's\{1\}' reg_file　　　　　　　D. grep 's\{,1\}' reg_file

（12）在 Bash 中查看某条命令的执行结果，使用的变量是（　　）。

    A. $#　　　　　　B. $*　　　　　　C. $?　　　　　　　D. $$

（13）在 Bash 脚本中判断文件 fname 是否存在，使用的方法是（　　）。

    A. test –f fname　　　　　　　　　　B. test –r fname

    C. test –e fname　　　　　　　　　　D. test –x fname

（14）下列关于 Bash 脚本中 if 语句的说法，错误的是（　　）。

    A. if 语句中的条件表达式可以使用 test 条件测试，也可以使用[ ]

    B. if 语句中的条件表达式可以使用单个表达式或复合表达式

    C. if 语句中关键字 if 和 then 可以处于同一行，不需要另加分隔符

    D. if 语句以关键字 fi 结束

（15）关于 while 和 until 循环的关系，下列说法正确的是（　　　）。

    A．如果表达式第一次检查结果为假，则两种循环直接退出循环结构

    B．while 循环可以执行 0 至多次，until 循环至少执行 1 次

    C．while 循环和 until 循环不能相互转换

    D．循环表达式为真时，while 循环继续执行。until 循环与之相反

2．填空题

（1）如果要连续执行多条没有依赖关系的命令，可以使用＿＿＿＿＿＿＿＿＿来分隔命令。

（2）为变量赋值时，变量名和变量值之间用＿＿＿＿＿＿连接。变量名＿＿＿＿＿＿大小写，删除变量时使用＿＿＿＿＿＿命令。

（3）把前一条命令的输出作为后一条命令的输入，这种机制称为＿＿＿＿＿＿。

（4）把一条命令的输出写入一个文件中，并且覆盖原内容，应该使用＿＿＿＿重定向操作。如果是追加到原文件，则应该使用＿＿＿＿＿＿重定向操作。

（5）查看变量 var_name 值的两种方法是＿＿＿＿＿＿和＿＿＿＿＿＿。

（6）为匹配以 001 开头的行，可以使用正则表达式＿＿＿＿＿＿＿。

（7）设置和取消命令别名时分别使用＿＿＿＿＿＿和＿＿＿＿＿＿命令。

（8）history 命令最多可以显示＿＿＿＿＿＿条命令，由环境变量＿＿＿＿＿＿定义。

（9）Bash 脚本中，两种常用的条件测试语法是＿＿＿＿＿＿和＿＿＿＿＿＿。

（10）Bash 脚本中有 3 种循环结构，分别是＿＿＿＿＿＿、＿＿＿＿＿＿和＿＿＿＿＿＿。

（11）在循环结构中，想要结束本轮循环，可以使用＿＿＿＿＿＿语句。

（12）在循环结构中，想要退出循环，可以使用＿＿＿＿＿＿语句。

（13）Bash 脚本中的函数以＿＿＿＿＿＿开头，调用函数时直接使用＿＿＿＿＿＿即可。

3．简答题

（1）简述 Bash 变量的作用及定义变量时的注意事项。

（2）简述两种输出重定向的区别。

（3）简述几种 Bash 命令流的基本用法。

（4）简述基础正则表达式的几种基本规则。

（5）分析 Bash 脚本中基本 if 语句及其变体的执行流程。

（6）分析 Bash 脚本中 3 种常用循环结构的执行流。

4．实训题

【实训 1】

本实训的主要任务包括练习使用 Bash 变量，熟悉变量使用的规则，使用输入重定向从文件中获取命令参数。同时，练习 Bash 命令流的基本用法，并利用命令别名和命令历史记录感受 Bash 的强大。请根据以下内容练习 Bash 基本操作。

（1）进入 CentOS 8，打开一个终端窗口。

（2）使用 env 命令查看系统当前有哪些环境变量，分析 PATH、SHELL、HOME 等常见环境变量的内容及含义。

（3）定义一个变量 var_dir，使用 read 命令从键盘读取变量值。

（4）将 var_dir 变量的值追加到 PATH 的末尾。

（5）修改命令提示符，在命令提示符中显示完整的工作目录名。

（6）使用 Bash 通配符查看目录～/tmp 中所有文件名以 f 开头、以 s 结尾的文件。

（7）使用输入重定向将 ls -al 命令的结果输入文件～/tmp/ls.result 中。

（8）使用 cat 命令查看文件～/tmp/ls.result 的内容，然后用 rm 命令删除该文件，两条命令

用";"连接。

（9）建立两个别名，用 cls 和 ll 分别代替 clear 和 ls -l 命令，然后删除别名 cls。

（10）查看最近执行的 10 条历史命令，使用指定编号执行倒数第 5 条命令。

【实训 2】

本实训的主要任务是练习基础正则表达式的使用方法。Linux 中有很多命令支持正则表达式，本任务使用 grep 命令配合基础正则表达式查找符合特定模式的字符串。请根据以下内容练习基础正则表达式的使用。

（1）用 vim 打开一个空文件，输入例 9-67 中的文本内容，保存为 regexp.txt，利用该文件完成后续操作。

（2）查找包含字符串 freedom 的文本行。

（3）查找包含字符串 our 但该字符串之前不是 f 的文本行。

（4）利用中括号的字符匹配功能，查找包含 change 和 chance 的文本行。

（5）结合使用中括号的字符匹配和反向匹配功能，查找不以 p、s 或 o 开头的单词的文本行。

（6）利用正则表达式的特殊符号，查找以分号";"结尾的文本行。

（7）利用正则表达式的特殊符号和字符范围匹配功能，查找至少包含一个数字的文本行。

（8）利用正则表达式的字符范围匹配功能，查找 s 至少连续出现两次的文本行。

例 9-67：实训测试文本

The four essential freedoms:

A program is free software if the program's users have the four essential freedoms:

The freedom to run the program as you wish, for any purpose (freedom 0).

The freedom to study how the program works, and change it so it does your computing as you wish (freedom 1). Access to the source code is a precondition for this.

The freedom to redistribute copies so you can help others (freedom 2).

The freedom to distribute copies of your modified versions to others (freedom 3). By doing this you can give the whole community a chance to benefit from your changes. Access to the source code is a precondition for this.

【实训 3】

在编写 Shell 脚本时，除了基本的 Bash 命令外，还经常用到运算符、条件测试、分支结构、循环结构，以及函数等 Shell 编程要素。本实训的主要任务是编写一个简单的 Shell 脚本，巩固本任务学习的 Shell 脚本知识。请根据以下内容练习编写 Shell 脚本的操作。

（1）编写一个 Shell 脚本，脚本中只包含 echo $$这一条有效命令。使用 3 种不同的方式执行脚本文件，查看脚本内部进程的 PID 和当前 Bash 进程的 PID。比较 3 种方式的区别。

（2）编写一个 Shell 脚本，在脚本中执行简单的算术运算，如 3×5、11+16 等。

（3）使用 test 条件测试完成以下几步操作。

① 编写一个 Shell 脚本，在脚本中使用关系测试运算符比较数字的大小关系。

② 编写一个 Shell 脚本，在脚本中使用字符串测试运算符检查字符串是否为空、字符串是否相等。

③ 编写一个 Shell 脚本，在脚本中使用文件测试运算符检查文件是否存在、文件的类型、文件的权限及文件的新旧等。

④ 编写一个 Shell 脚本，在脚本中使用布尔运算符构造复合表达式，综合运用关系运算、字符串运算、文件测试。

（4）使用中括号[ ]条件测试完成第（3）步的操作。

（5）使用 if 语句检查某个文件是否存在，如果不存在则给出相应提示。

（6）使用 if-else 语句检查某个字符串是否为空，根据结果给出相应提示。

（7）使用 if-elif 语句将用户输入的月份数字转换成对应的英文表示。如果数字的范围不为 1～12，则给出错误提示。

（8）分别使用 while 循环、until 循环和 for 循环实现以下功能。

① 计算 1～100 所有整数之和。

② 计算 1～100 所有偶数之和。

③ 计算 1～100 所有奇数之和。

（9）编写一个 Shell 函数。该函数接收一个 UID 作为参数，并根据 UID 显示对应的用户名。

项目10
学习Python

学习目标

知识目标

- 了解 Python 的特点和应用领域。
- 熟悉常用的 Python 开发工具。
- 了解与自动化运维相关的常用 Python 库。

能力目标

- 熟练掌握 Jupyter Notebook 的安装和使用。
- 能够使用 psutil 等 Python 库编写简单的系统运维程序。

素质目标

- 学习 Python 的特点，了解第三方库在 Python 开发生态中的重要性，明白"一个好汉三个帮"这一俗语蕴含的积聚正能量、齐心办大事的道理。
- 编写 Python 自动化运维程序，体会技术进步带来的巨大影响，理解"科技是第一生产力"这一论述的深刻内涵。

项目引例

　　小朱明显是对Shell脚本"动了心"，他惊叹于Shell脚本的强大功能和灵活多变，很想多花点时间深入学习。遗憾的是，实习之旅即将结束。张经理想利用最后一点时间让小朱接触其他的自动化运维工具，以拓宽小朱的知识面。另外，以Python和Ansible为代表的自动化运维工具也是未来的发展方向，张经理觉得有必要让小朱了解企业中的新技术和新工具，以免和社会脱节。评估了剩余的时间和小朱目前的知识水平后，张经理让小朱先集中精力学习Python，为自己的实习之旅画一个圆满的句号。小朱早就迫不及待了，未知的东西对他实在太有吸引力了……

任务 10.1 搭建 Python 开发环境

任务陈述

作为一种通用的程序设计语言，Python 易学、易用，而且包含丰富的类库，这让 Python 的应用领域和开发方向非常广泛，如自动化运维、人工智能、云服务、科学计算等。开发者使用 Python 能够快速构建复杂的应用程序。本任务重点介绍如何搭建 Python 开发环境，为后续开发 Python 程序做好准备。

知识准备

10.1.1 认识 Python

1. Python 概述

Python 是由荷兰国家数学与计算机科学研究中心的吉多·范罗苏姆（Guido von Rossum）于 20 世纪 90 年代初设计的。凭借免费、开源、简单易学、类库丰富和可移植性强等众多优秀特性，Python 在众多的程序设计语言中脱颖而出，在人工智能、科学计算与数据分析、云计算、Web 开发、自动化运维等领域获得了广泛的应用。随着版本的不断更新和语言功能的不断加入，越来越多的项目采用 Python 进行开发，Python 开发者大军日益壮大。

V10-1 进入
Python 世界

相比于其他解释型语言，Python 具有许多明显的特点。下面简单总结 Python 的部分特点，从中可以看出为什么 Python 能够得到如此多开发人员的喜爱。

- 语法简洁、易学易懂。Python 提供了高效的数据结构，语法简洁明了，只需很少的代码就可实现复杂的功能。与许多高级程序设计语言使用大括号表达代码逻辑关系不同，Python 使用缩进表示代码块，这使得 Python 代码结构清晰，易于阅读和理解。

- 类库丰富、生态完善。Python 解释器本身提供了几百个类和函数库，再加上由世界各地的程序员贡献的数量庞大的第三方库，Python 拥有丰富、完善的编程生态系统，开发者也得以快速构建复杂的应用程序。

- 平台无关、移植性强。Python 支持在多个操作系统和平台上运行，包括 Linux、Windows 和 Mac OS 等。在一个平台上开发的 Python 程序不经修改即可在其他平台上部署和运行，可移植性非常好。

- 混合编程、可扩展性好。通过接口和函数库的形式，Python 可以调用以 C/C++、Java 等语言编写的扩展模块以提高程序性能，或者与其他语言进行混合编程，充分利用各种语言的优势和资源。Python 也因此被称为"胶水语言"。

- 面向过程、面向对象。作为一种解释型语言，Python 既提供了高效的数据结构以用于面向过程编程，又能有效支持面向对象编程。这为开发者提供了灵活的编程模式以满足不同项目的开发需求。

2. Python 标准库和第三方库

Python 的应用领域十分广泛，其中一个重要的原因是 Python 拥有数量庞大的标准库和第三方库。这些库几乎覆盖了计算机技术的各个领域，使得开发者能够快速构建应用程序。不过 Python 标准库和第三方库在来源、安装方式和功能等方面都有所不同。

Python 标准库是由 Python 官方提供的内置在 Python 解释器中的函数库，可靠性和稳定性较高。Python 标准库不需要额外安装即可直接使用。Python 社区为解决特定领域的问题或扩展标准库的功能而开发的函数库称为第三方库，也称为第三方软件包。开发者需要下载并使用 pip 等包管理工具安装第三方库才能使用，而且安装时要注意版本兼容性和函数库的依赖关系。Python 标准库非常庞大，包含各种基础功能模块，覆盖了系统管理、网络通信、文本处理、数据库接口、图形系统等多个领域。

第三方库通常提供了更为专业的功能和更好的性能，可以满足不同的开发需求和应用场景。Python 解释器的更新往往带来 Python 标准库的更新，包括问题修复和功能扩充。而第三方库的更新和维护由开源社区或其他组织负责，其更新频率和质量也各有不同。随着新的第三方库不断出现，许多老的第三方库也随之停止更新维护。

10.1.2 Python 开发工具

Python 生态中包含许多 Python 开发工具供开发者使用。从标准的 Python 命令行（Python Shell）、增强型的 Python 命令行（IPython）、IDLE，到专业级的 Python 集成开发环境 PyCharm，再到基于网页的交互式应用程序 Jupyter Notebook，这些工具的定位和功能各有不同，可以满足不同开发者的需求。本小节对几种常用的 Python 开发工具进行简单介绍，在必备技能 31 中将完成 Jupyter Notebook 开发环境的搭建。

1. Python Shell

使用 Python 进行交互式编程的最简单方法是使用 Python 自带的 Python Shell。安装好 Python 之后，在 Linux 终端窗口中执行 python 命令即可进入 Python 交互式编程环境，如例 10-1 所示。与 Linux 命令行的操作方式类似，输入 Python 代码后按 Enter 键即可显示代码执行结果。

例 10-1：Python Shell 的基本用法

```
[zys@centos8 ~]$ python
Python 3.11.7 (main, Dec 15 2023, 18:12:31) [GCC 11.2.0] on linux
Type "help", "copyright", "credits" or "license" for more information.
>>> import platform
>>> print(platform.system())
Linux          <== 执行结果
>>> print(platform.release())
4.18.0-305.3.1.el8.x86_64    <== 执行结果
>>> exit()      <== 执行 exit()或按【 Ctrl+D 】组合键退出 Python Shell
 [zys@centos8 ~]$
```

Python Shell 简单易用，但它的不足也非常明显，基本上只能满足开发者的最低需求。例如，Python Shell 不支持语法高亮和自动缩进等对开发者来说非常实用的功能。

2. IPython

IPython 是增强型的 Python Shell，解决了 Python Shell 的不足，同时增加了许多组件以方便开发者进行交互式编程和数据分析。例如，IPython 支持语法高亮、自动缩进、搜索历史和执行 Linux Shell 命令等功能。IPython 会对每一行代码进行编号，这样可以提高交互式编程的可读性。IPython 支持 Tab 键自动补全功能，能够显示当前命名空间下的对象列表，开发者可以通过键盘的方向键进行选择。IPython 与操作系统的交互性很好，通过 !cmd 这种形式可以执行外部 Linux 命令。在命令行中输入 ipython 命令即可进入 IPython 交互式环境，其基本用法如例 10-2 所示。

例 10-2：IPython 的基本用法

```
[zys@centos8 ~]$ ipython

In [1]: sum = 0
In [2]: for i in range(1,100,2):
    ...:      sum += i
    ...:
In [3]: print(sum)
2500     <== 这一行是 sum 的值
In [4]: !echo "Hello world from echo command!"
```

```
Hello world from echo command!        <== echo 命令执行结果

In [5]: exit
[zys@centos8 ~]$
```

3. IDLE

IDLE 是安装 Python 软件包时自动安装的简单集成开发环境（IDE）。IDLE 是一个简易的带图形用户界面的 Python 编程工具，支持的基本功能包括语法加亮、段落缩进、简单文本编辑、程序调试等。IDLE 的工作环境是一个增强的交互式命令行解释器窗口。相比于 Python Shell 和 IPython 的交互式工作环境，IDLE 支持文本复制、粘贴、剪切等文件编辑功能。IDLE 的调试器提供了简单的断点、步进和变量监视等功能。在 Linux 命令行中执行 idle3 命令，即可打开 IDLE 的工作窗口，如图 10-1 所示。

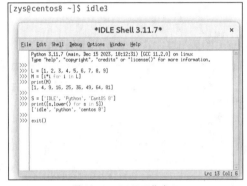

图 10-1　IDLE 工作窗口

4. PyCharm

PyCharm 是一款专业级的 Python 集成开发环境，旨在提高 Python 程序开发的效率。PyCharm 支持的功能包括语法高亮、代码跳转、智能提示、自动完成、调试、单元测试、项目管理、版本控制等。PyCharm 有 3 种版本，分别是付费的专业版（Professional Edition）、免费的社区版（Community Edition）和教育版（Education Edition）。专业版包含社区版的所有功能，并提供了其他更多高级功能，如 Web 开发、数据库管理、科学计算和远程开发等，适合专业开发人员和大型企业使用。社区版主要面向个人和小型团队开发人员，包含基本的开发功能。教育版是专为教育和培训机构设计的版本，可以免费提供给教师和学生使用，并针对教育和培训场景进行了优化。PyCharm 工作窗口如图 10-2 所示。

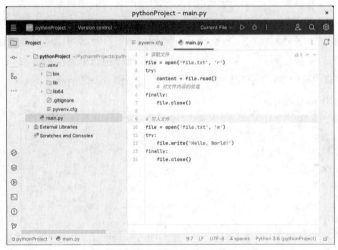

图 10-2　PyCharm 工作窗口

5. Jupyter Noteboook

IPython 在 4.0 版本之后分离成两个工具组件，即 IPython Shell 和带图形用户界面的 IPython Notebook。Jupyter Notebook 是 IPython Notebook 的升级版。Jupyter Notebook 是一个基于网页的交互式数据分析与记录工具，广泛应用于数据分析、科学计算和编程教学等场景。

在实际的开发场景中，可能会使用不同版本的 Python 搭建开发环境，这种开发环境也称为虚拟环境。每个开发环境需要的软件包有所不同。因此，Python 开发者经常面临的困境是 Python 的版本管理、切换，以及第三方软件包的安装升级等。Anaconda 是一个开源的软件包和 Python 环境管理器，支持在一台机器上搭建多个 Python 开发环境。各个开发环境之间相互独立，可以独立安装不同版本的 Python、第三方软件包及其依赖项，并能在不同的 Python 环境之间灵活切换。Anaconda 安装包自带 Python、conda 以及其他软件包，如 numpy、pandas 等。另外，Anaconda 还包括 Jupyter Notebook。因此，基本上只要安装 Anaconda 就可以搭建一个可用的 Python 开发环境，具体操作详见小贴士乐园。

任务实施

必备技能 31：搭建 Python 开发环境

在这个环节，张经理会带着小朱安装 Anaconda 以搭建 Python 开发环境，并向小朱演示 Jupyter Notebook 的使用方法。下面是张经理的操作步骤。

第 1 步，下载合适的 Anaconda 版本。 由于 Anaconda 官方网站的访问速度较慢，因此选择国内的清华镜像站点。注意：使用 wget 下载 Anaconda 安装文件时可能会出现 403 forbidden 的错误提示。这是因为 Web 服务器为防止网络爬虫消耗服务器资源而限制了访问代理。可以使用-U 选项设置访问代理，如例 10-3.1 所示。

微课

V10-2 搭建 Python 开发环境

例 10-3.1：搭建 Python 开发环境——下载 Anaconda

```
[zys@centos8 ~]$ wget -O anaconda.sh https://mirrors.tuna.tsinghua.edu.cn/anaconda/
archive/Anaconda3-2024.02-1-Linux-x86_64.sh
    2024-03-05 00:55:33 错误 403: Forbidden。          <== 下载出现错误
[zys@centos8 ~]$ wget -U Browser/1.0 -O anaconda.sh https://mirrors.tuna.tsinghua.
edu.cn/anaconda/archive/Anaconda3-2024.02-1-Linux-x86_64.sh
[zys@centos8 ~]$ ls -l anaconda.sh
-rw-rw-r--. 1 zys zys 1045673900 2 月 26 17:01  anaconda.sh
```

第 2 步，执行 Anaconda 安装脚本，启动 Anaconda 安装程序。首先需要阅读许可协议。按 Enter 键或 Space 键直至许可协议结束。输入 yes 接收许可协议，如例 10-3.2 所示。

例 10-3.2：搭建 Python 开发环境——开始安装 Anaconda

```
[zys@centos8 ~]$ sh anaconda.sh
In order to continue the installation process, please review the license agreement.
Please, press ENTER to continue
>>> Do you accept the license terms? [yes|no]
>>> yes          <== 输入 yes 接收许可协议
```

第 3 步，选择 Anaconda 安装路径。可以使用 Anaconda 的默认安装路径，也可以手动输入安装路径。这里直接按 Enter 键使用默认安装路径，如例 10-3.3 所示。

例 10-3.3：搭建 Python 开发环境——设置 Anaconda 安装路径

```
Anaconda3 will now be installed into this location:
/home/zys/anaconda3          <== 默认安装路径
```

```
– Press ENTER to confirm the location
– Press CTRL-C to abort the installation
– Or specify a different location below

[/home/zys/anaconda3] >>>          <== 按 Enter 键使用默认安装路径
installation finished.
```

第 4 步，通过安装程序初始化 Anaconda。输入 yes，安装程序会自动执行 conda init 命令来初始化 Anaconda，并将相关脚本写入 Bash 环境配置文件$HOME/.bashrc，如例 10-3.4 所示。

例 10-3.4：搭建 Python 开发环境——初始化 Anaconda

```
Do you wish to update your shell profile to automatically initialize conda?
You can undo this by running `conda init --reverse $SHELL`? [yes|no]
[no] >>> yes          <== 初始化 Anaconda
modified          /home/zys/.bashrc
==> For changes to take effect, close and re-open your current shell. <==
Thank you for installing Anaconda3!
```

第 5 步，关闭当前终端窗口，重新打开后可以看到命令提示符中多了（base），这是 Anaconda 默认创建的 Python 开发环境名称。可以通过一些简单的命令验证 Anaconda 是否安装成功，并检查 Anaconda 环境信息，如例 10-3.5 所示

例 10-3.5：搭建 Python 开发环境——验证 Anaconda 环境

```
(base) [zys@centos8 ~]$ echo $PATH
/home/zys/anaconda3/bin:/home/zys/anaconda3/condabin:...      <== PATH 环境变量
(base) [zys@centos8 ~]$ conda info
     active environment : base                 <== 当前激活的环境
     active env location : /home/zys/anaconda3
         user config file : /home/zys/.condarc
             conda version : 24.1.2             <== conda 版本
             python version : 3.11.7.final.0    <== 默认安装的 Python 版本
(base) [zys@centos8 ~]$ conda env list
base                    *    /home/zys/anaconda3
```

第 6 步，在命令行中执行 jupyter-notebook 命令，启动 Jupyter Notebook，如图 10-3 所示。

图 10-3　启动 Jupyter Notebook

第 7 步，单击【New】按钮，在下拉列表中选择【Notebook】，然后在弹出的【Select Kernel】对话框中选择【Python 3(ipykernel)】，即可新建一个 Jupyter Notebook 文档，如图 10-4（a）和图 10-4（b）所示。

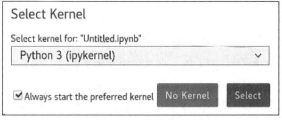

（a）新建 Notebook	（b）选择 Python Kernel

图 10-4　新建 Jupyter Notebook 文档

Jupyter Notebook 文档由 Markdown 单元和代码单元组成，如图 10-5 所示。Markdown 单元也称为文本标记单元，可以在其中插入普通文本、链接、图片，甚至插入数学公式。按【Ctrl+Enter】组合键或【Shift+Enter】组合键显示格式化的结果。代码单元是实际编写代码的地方。按【Ctrl+Enter】组合键即可执行当前代码单元并将运行结果显示在代码单元下方。按【Shift+Enter】组合键将执行代码并自动插入一个新的代码单元。

图 10-5　Jupyter Notebook 文档

最后，张经理提醒小朱，Jupyter Notebook 是一个非常好用的 Python 学习工具，他建议小朱熟练掌握 Jupyter Notebook 的使用方法，尤其是一些常用的快捷键，并在日常学习中反复练习。

 小贴士乐园——配置 Anaconda 环境

Anacona 在一台机器上部署多个不同版本的 Python 开发环境，独立管理每个开发环境的软件包。各个开发环境之间相互独立。使用 Anacona 管理 Python 环境的具体方法详见本书配套电子资源。

任务 10.2　编写 Python 运维程序

 任务陈述

面对快速增长的业务需求和复杂多变的市场环境，高效可靠的自动化运维工具成为企业维持业务系统稳定运行的重要技术保障。凭借简单高效的语法特点以及大量的标准库和第三方库，Python 在自动化运维领域获得日益广泛的应用。本任务主要介绍与运维相关的 Python 库，并在任务实施部分使用 Python 编写一个简单的系统运维程序。

 知识准备

10.2.1　Python 与自动化运维

随着信息技术的进步和企业业务需求的快速增长，企业业务系统不断增多且日趋复杂。业务系统往往包含不同的功能模块，从逻辑上又可分为存储、网络、数据库、服务等多个要素。虽然业务系统是一个整体，但其内部的任何一个功能模块或逻辑要素出现问题都可能影响整个系统的正常运行，给企业造成巨大损失。因此，业务系统的运维工作显得尤为重要。运维工作的核心是提早发现系统故障和隐患，包括软件层面和硬件层面，并根据事先制定的规则执行风险应对措施，尽快让系统恢复正常。

微课

V10-3　Python 与
自动化运维

显然，依靠系统管理员或运维工程师人工发现和处理问题的效率太低，无法满足日益增长的自动化运维需求。自动化运维是指通过运维工具监控业务系统环境变化、自动响应和处理风险事件，从而降低运维成本、提升运维效率并降低重大问题发生的概率。自动化运维工具一般包括监控和诊断优化工具，以及运维流程自动化工具。面对日益复杂的业务系统和多样化的用户需求，自动化运维已成为企业实施系统运维的不二选择。

在实践中，自动化运维一般是通过编写脚本和程序以自动化地管理系统。Python 的特点使其成为自动化运维的流行语言。正如任务 10.1 中所述，Python 语法简单、易学易用，高效的数据结构带来开发效率的提升，而庞大的标准库和第三方库则几乎能够实现任何常见的运维任务，如系统监控、网络管理、应用部署和数据管理等。另外，还可以使用 Python 对常用的运维工具和平台进行二次开发，以满足个性化的自动化运维需求。

10.2.2　与运维相关的 Python 库

从管理对象来看，Python 可以完成系统、应用、数据和网络等方面的自动化运维工作。

使用 Python 实施系统运维的一个显著优势是 Python 拥有大量的标准库和第三方库，这些库能够满足广泛的运维需求。下面列举部分与系统运维相关的 Python 库及其主要特点和功能。注意：这些库一般不是实现相关功能的唯一库。

- subprocess 库定义了多个创建子进程的函数以执行外部命令或其他程序，并获取命令执行结果，从而实现系统配置和管理。
- 基于 paramiko 库开发的 Python 代码可以实现 SSH 相关功能，包括安全的远程命令执行、文件传输和 SSH 代理等。
- os 库和 shutil 库支持访问和操作文件系统，实现文件的复制、移动和删除等操作。logging 库提供了丰富的日志功能，可以设置日志级别，支持日志文件回滚，并以统一的格式输出日志信息。
- pyinotify 库通过调用 Linux 内核的 inotify 功能以实时、高效监控文件系统的更改，包括文件和目录的更改。watchdog 库的功能与 pyinotify 库的类似。但与 pyinotify 库只能在 Linux 系统中使用不同，watchdog 库在 Linux、Windows、Mac OS 等系统中都可以使用。
- psutil 是一个跨平台的开源 Python 库，支持获取 Linux 系统状态，如系统进程信息、CPU、内存和磁盘等系统资源的使用情况，从而及时发现并处理系统故障。
- smtplib 和 email 是 Python 内置的两个与邮件相关的标准库。smtplib 库基于简单邮件传送协议（Simple Mail Transfer Protocol，SMTP）发送纯文件邮件或 HTML 格式邮件，还支持邮件附件。email 库用于构建和解析邮件内容。

- 在网络设备层，Python 可以通过套接字编程和 socket 库管理底层网络，在操作系统和网络设备之间搭建一个低层次的网络接口。在网络应用层，利用 socket 库和 requests 库可以完成数据采集、流量监控、故障诊断等操作。
- fabric 是一个基于 SSH 的 Python 库，支持在本地或远程服务器上自动化地执行 Linux 命令，非常适合自动化的远程应用部署和系统维护。

- Ansible 库是基于 Python 开发的自动化运维工具，广泛应用于流程控制、应用部署、配置管理等自动化运维领域。相比于 fabric 库，Ansible 库的功能更强大，自动化程度也更高。
- Python 在数据采集、处理、分析、可视化等方面的表现尤其突出，被广泛用于科学计算和数据分析，典型的函数库包括 numpy、scipy、pandas 和 matplotlib 等。例如，numpy 是使用 Python 进行科学计算的函数库，可以用于存储和处理大型矩阵，而这是 Python 标准库所缺少的。matplotlib 是一个用于绘制图表和进行数据可视化的 Python 库。使用 matplotlib 提供的绘图工具可以生成各种静态、交互式和动画图表。

 任务实施

必备技能 32：编写 Python 监控程序

自从搭建好 Python 开发环境，小朱就迫不及待地想要实际体验一下。张经理也鼓励小朱趁热打铁，可以先编写一个简单的 Python 程序监控服务器性能。张经理告诉小朱，psutil 库是一个跨平台的第三方 Python 库，专门用来获取操作系统以及硬件的相关信息，非常适合用于进行系统监控、性能监控和进程管理。小朱在网上找了点资料，下面是小朱的操作步骤。

V10-4　编写 Python 监控程序

第 1 步，打开 Jupyter Notebook，新建一个 Jupyter Notebook 文档，然后引入 psutil 库，如图 10-6 所示。

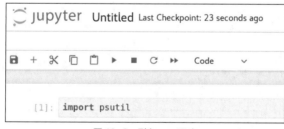

图 10-6　引入 psutil 库

第 2 步，编写函数 get_cpu_info()，获取 CPU 相关信息，如图 10-7 所示。

```python
def get_cpu_info():
    # 获取CPU使用率、CPU数量及系统平均负载
    cpu_percent = psutil.cpu_percent(interval=None, percpu=False)
    cpu_count = psutil.cpu_count()
    cpu_loadavg = psutil.getloadavg()
    return (cpu_percent, cpu_count, cpu_loadavg)
```

图 10-7　获取 CPU 相关信息

第 3 步，编写函数 get_mem_info()，获取内存相关信息，如图 10-8 所示。

```
def get_mem_info():
    # 获取物理内存、使用的物理内存、没有使用的物理内存及内存使用占比
    mem = psutil.virtual_memory()
    mem_total = mem.total
    mem_used = mem.used
    mem_free = mem.free
    mem_percent = mem.percent
    return (mem_total, mem_used, mem_free, mem_percent)
```

图 10-8　获取内存相关信息

第 4 步，编写函数 get_disk_info()，获取磁盘相关信息，如图 10-9 所示。

```
def get_disk_info():
    #获取所有磁盘信息、单个磁盘信息以及磁盘 IO 统计信息
    partitions = psutil.disk_partitions()
    disk_usage = psutil.disk_usage(path='/dev/sda1')
    disk_io_counters = psutil.disk_io_counters()
    return (partitions, disk_usage, disk_io_counters)
```

图 10-9　获取磁盘相关信息

第 5 步，编写函数 get_net_info()，获取网络相关信息，如图 10-10 所示。

```
def get_net_info():
    #获取网卡 IO 统计信息、接口配置信息、接口状态信息以及当前网络连接信息
    net_io_counters = psutil.net_io_counters(pernic=False, nowrap=True)
    net_if_addrs = psutil.net_if_addrs()
    net_if_stats = psutil.net_if_stats()
    net_connections = psutil.net_connections(kind='inet')
    return (net_io_counters, net_if_addrs, net_if_addrs, net_connections)
```

图 10-10　获取网络相关信息

第 6 步，调用以上函数，如图 10-11 所示。

```
cpu_info = get_cpu_info()
mem_info = get_mem_info()
disk_info = get_disk_info()
net_info = get_net_info()
```

图 10-11　调用函数

程序基本编写完成了。小朱面带笑容地请张经理指导。张经理肯定了小朱的学习能力和思路，但是他也直言不讳地指出，这样的程序在实际生产环境中是不能使用的。获得原始的系统数据只是自动化运维的起点，更重要的是要对这些数据进行分析，提前发现系统的隐患，并自动实施预先制定的应对措施。小朱明白了张经理的良苦用心，他收起了笑容，再次投入紧张的学习中。

 小贴士乐园——自动化运维工具 Ansible

Ansible 凭借强大的功能、丰富的模块、灵活的配置等特点，从众多的自动化运维工具中脱颖而出，成为许多企业系统管理员和运维工程师的首选，在流程控制、应用部署和配置管理等自动化运维领域被广泛使用。关于 Ansible 的特点和功能详见本书配套电子资源。

项目小结

　　本项目包含两个任务。任务10.1重点介绍了Python的功能特点和常用的Python开发工具。Python凭借众多优秀的特性在人工智能、科学计算与数据分析、云计算、Web开发、自动化运维等领域获得了广泛的应用。Python的显著优势得益于其拥有丰富的标准库和大量开源的第三方库。这些库在很大程度上助力开发者快速构建应用程序，极大地提高了开发效率。Python的开发工具和平台也很多。任务10.1重点介绍了基于网页的Python开发平台Jupyter Notebook。任务10.2主要关注Python在自动化运维领域的应用，简单介绍了一些与运维相关的Python库，并使用psutil库演示了如何监控系统状态，包括监控CPU、内存、磁盘和网络等。Python功能强大，且被广泛应用，值得大家多花时间深入学习。

项目练习题

1. 选择题

（1）第 1 个 Python 编译器诞生于（　　　）年。

　　A. 1985　　　　B. 1991　　　　C. 1999　　　　D. 2008

（2）作为解释型的语言，Python 具有（　　）特性。

　　A. 开发效率高　　　　　　　　　B. 执行效率高

　　C. 编译后才可执行　　　　　　　D. 不需要解释器

（3）下列关于 Python 特点的描述中，不正确的是（　　　）。

　　A. Python 是脚本语言　　　　　　B. Python 是通用型语言

　　C. Python 不是开源的语言　　　　D. Python 可以在多种平台上运行

（4）下列不是 Python 开发平台的是（　　　）。

　　A. PyCharm　　　　　　　　　　B. IPython

　　C. Jupyter Notebook　　　　　　D. R Studio

（5）下列不是 IPython 特性的是（　　　）。

　　A. IPython 是一种网页应用

　　B. IPython 提供基于命令行的交互式编程环境

　　C. IPython 支持语法高亮、自动缩进和搜索历史等功能

　　D. IPython 可以执行 Linux 命令

（6）下列关于 Python 开发环境的说法中，不正确的是（　　　）。

　　A. 不同的开发项目往往需要不同的开发环境

　　B. 不同的开发环境可以安装同一个包的不同版本

　　C. 开发环境之间会相互影响

　　D. Anaconda 可以设置和管理 Python 开发环境

（7）下列关于自动化运维的说法，正确的是（　　　）。

　　A. 业务系统日益复杂，自动化运维的重要性也日益提升

B. 自动化运维需要大量有经验的系统管理员或运维工程师参与

C. 自动化运维的关键是保证业务系统永远不出故障

D. 使用 Python 实施自动化运维的主要原因是 Python 语法简单，易学易用

2. 填空题

（1）Python 的特点包括_____、_____、_____（写出 3 个即可）。

（2）Python 可以调用其他语言的扩展模块，或者与其他语言混合编程，因此也被称为_____。

（3）Python_____是由 Python 官方提供的内置在 Python 解释器中的函数库。

（4）Python 社区为解决特定领域的问题或扩展 Python 标准库的功能而开发的库称为_____。

（5）Python 的开发平台和工具包括_____、_____、_____、_____（写出 4 个即可）。

（6）IPython 支持_____、_____、_____、_____等功能（写出 4 个即可）。

（7）Jupyter Notebook 是基于_____的交互式数据分析与记录工具。

3. 简答题

（1）简述 Python 的特点和应用领域。

（2）简述 Python 常用的开发环境。

（3）简述与自动化运维相关的 Python 库。

4. 实训题

【实训 1】

Python 凭借其诸多优秀的特性吸引了大量开发者。搭建 Python 开发环境是使用 Python 的基础。Jupyter Notebook 是一个基于网页的交互式数据分析与记录工具，很适合初学者学习 Python 编程。请根据以下内容搭建 Jupyer Notebook 环境，并在其中编写简单的 Python 程序。

（1）使用 wget 工具从国内的 Anaconda 镜像站点上下载适合实验机的 Anaconda 安装文件。

（2）解压缩 Anaconda 安装文件后运行安装脚本，安装完成后初始化 Anaconda 环境。

（3）验证 Anaconda 安装信息，包括查看 conda 和 Python 版本、查看自动创建的开发环境和已安装的软件包。

（4）在命令行中执行 jupyter-notebook 命令，启动 Jupyter Notebook，编写系统监控程序。

（5）在 Jupyter Notebook 中编写简单的测试程序，熟悉 Jupyter Notebook 的使用方法。

【实训 2】

Python 的开发生态中包含大量与系统运维相关的工具和库。因此，Python 在自动化运维领域受到越来越多的关注。请根据以下内容使用 Python 编写一个简单的系统监控程序。

（1）启动 Jupyter Notebook，编写系统监控程序。

（2）编写代码获取 CPU 信息，包括 CPU 完整信息、CPU 使用率、特定时间 CPU 的利用率、CPU 数量、CPU 统计信息、CPU 频率和系统平均负载等。

（3）编写代码获取内存信息，包括物理内存使用情况和交换内存使用情况等。

（4）编写代码获取磁盘信息，包括所有磁盘信息、单个磁盘信息和磁盘 I/O 统计信息等。

（5）编写代码获取网络信息，包括网卡 I/O 统计信息、接口信息、接口状态信息和当前网络连接信息等。

（6）编写代码获取进程信息，包括当前运行的全部进程、单个进程、用户启动的进程信息、当前正在运行的进程信息等，并且根据 PID 判断指定的进程是否存在。

（7）编写代码获取其他系统信息，包括系统开机时间戳、登录系统的用户信息及硬件信息等。